Tobias Tippelt

Elektrotechnik einfach erklärt

Die Grundlagen im Handumdrehen verstehen

2. überarbeitete und erweiterte Auflage

Elektrotechnik einfach erklärt

Die Grundlagen im Handumdrehen verstehen

von

Tobias Tippelt

2. Auflage

Website:
🌐 www.elektrotechnik-einfach.de

YouTube:
▶ / Elektrotechnik einfach erklärt

Bibliografische Information der Deutschen Nationalbibliothek

Die Deutsche Nationalbibliothek verzeichnet diese Publikation in der Deutschen Nationalbibliografie; detaillierte bibliografische Daten sind im Internet über http://dnb.dnb.de abrufbar.

ISBN 978-1976284410

© 2020 Tobias Tippelt

Elektrotechnik einfach erklärt
Die Grundlagen im Handumdrehen verstehen

2. Auflage

Autor und Herausgeber	Tobias Tippelt
	c/o AutorenServices.de
	Birkenallee 24
	36037 Fulda
Kontakt	info@elektrotechnik-einfach.de
Druck	CreateSpace, ein Unternehmen von Amazon.com
	4900 LaCross Road
	North Charleston, SC 29406
	USA

Das Werk, einschließlich seiner Teile, ist urheberrechtlich geschützt. Jede Verwertung außerhalb der engen Grenzen des Urheberrechtsgesetzes ist ohne Zustimmung des Autors unzulässig. Dies gilt insbesondere für die elektronische oder sonstige Vervielfältigung, Übersetzung, Verbreitung und öffentliche Zugänglichmachung.

Printed in Germany

Inhalt

ÜBER DEN AUTOR 9

VORWORT 10

HINWEISE ZUM BUCHAUFBAU 12

1 GRUNDLAGEN 15

1.1 Vorbereitung 15
1.1.1 Sehr große und sehr kleine Zahlen 15
1.1.2 Das griechische Alphabet 17
1.1.3 Das Einheitensystem „Système International" 18

1.2 Leistung, Energie und Wirkungsgrad 20
1.2.1 Leistung und Energie 20
1.2.2 Wirkungsgrad η 25

1.3 Atome, Protonen und Elektronen 28
1.3.1 Das Bohrsche Atommodell und die elektrische Ladung Q ... 28
1.3.2 Aufbau eines Atoms am Beispiel Kupfer 30

1.4 Wie funktioniert ein Stromkreis? 32
1.4.1 Was ist ein Stromkreis? 32
1.4.2 Das Wassermodell 33

1.5 Bestandteile und Größen eines Stromkreises 35
1.5.1 Was ist elektrischer Strom? 35
1.5.2 Was ist ein elektrischer Leiter? 36
1.5.3 Was ist eine Quelle? 38
1.5.4 Was ist elektrische Spannung? 38
1.5.5 Was ist ein elektrischer „Verbraucher"? 39
1.5.6 Offener Stromkreis 39
1.5.7 Was ist das Potential und wie hängt es mit der Spannung zusammen? 40
1.5.8 Technische und physikalische Stromrichtung 42
1.5.9 Zusammenfassung realer Stromkreis und Wassermodell ... 43

2 ELEKTRISCHES UND MAGNETISCHES FELD ... 45

2.1 Was ist ein Feld? ... 45

2.2 Das magnetische Feld ... 47
2.2.1 Der stromdurchflossene Leiter, die rechte-Faust-Regel ... 50
2.2.2 Ströme oder Feldlinien senkrecht zur Zeichenebene ... 51
2.2.3 Die magnetische Flussdichte B und die Lorentzkraft ... 53

2.3 Das elektrische Feld ... 57

3 GLEICHSTROMTECHNIK ... 61

3.1 Was ist eine Gleichgröße? ... 62

3.2 Spannungs- und Stromquelle ... 63
3.2.1 Spannungsquelle ... 63
3.2.2 Stromquelle ... 65

3.3 Der Widerstand im Gleichstromkreis ... 66
3.3.1 Elektrischer Widerstand als physikalische Größe ... 66
3.3.2 Das Bauelement Widerstand ... 67
3.3.3 Energieumwandlung am Widerstand ... 69
3.3.4 Der spezifische Widerstand ρ und der Leitwert G ... 70

3.4 Das Ohmsche Gesetz ... 72

3.5 Reihen- und Parallelschaltung von Widerständen im Gleichstromkreis . 73
3.5.1 Was ist eine Reihenschaltung? ... 73
3.5.2 Was ist eine Parallelschaltung? ... 75

3.6 Leistung im Gleichstromkreis ... 78

3.7 Die Kirchhoffschen Gesetze ... 81
3.7.1 Strom- und Spannungspfeil ... 81
3.7.2 Das erste Kirchhoffsche Gesetz: Die Knotenregel ... 82
3.7.3 Das zweite Kirchhoffsche Gesetz: Die Maschenregel ... 84

3.8 Verbraucher- und Erzeuger-Zählpfeilsystem ... 85
3.8.1 Das Verbraucher-Zählpfeilsystem ... 86
3.8.2 Das Erzeuger-Zählpfeilsystem ... 87
3.8.3 Welches Zählpfeilsystem verwenden wir nun? ... 88

3.9 Der Kondensator im Gleichstromkreis ... 89
3.9.1 Was ist ein Kondensator? ... 89
3.9.2 Aufbau eines Kondensators ... 89

3.9.3	Der Kondensator im Gleichstromkreis	93
3.9.4	Der Aufladevorgang des Kondensators und das elektrische Feld	94
3.9.5	Simulation des Aufladevorgangs eines Kondensators	96
3.9.6	Entladevorgang des Kondensators	98
3.9.7	Strom und Spannung an einem Kondensator	100
3.9.8	Parallelschaltung von Kondensatoren	101
3.9.9	Reihenschaltung von Kondensatoren	104

3.10 Die Spule im Gleichstromkreis ... 106

3.10.1	Was ist eine Spule?	106
3.10.2	Aufbau einer Spule	107
3.10.3	Die Spule im Gleichstromkreis	109
3.10.4	Die Spule anhand des Wassermodells	109
3.10.5	Das magnetische Feld einer Spule	113
3.10.6	Aufladevorgang und Eigeninduktivität einer Spule	114
3.10.7	Die Gegeninduktivität	117
3.10.8	Simulation des Aufladevorgangs einer Spule	118
3.10.9	Entladevorgang einer Spule	120
3.10.10	Reihen- und Parallelschaltung von Spulen	122

4 WECHSELSTROMTECHNIK ... 123

4.1 Was ist eine Wechselgröße? ... 123

4.2 Was ist eine Mischgröße? ... 130

| 4.2.1 | Mischgrößen mit dominantem Gleichanteil | 131 |
| 4.2.2 | Mischgrößen mit dominantem Wechselanteil | 132 |

4.3 Warum nutzen wir eigentlich Wechselstrom? ... 135

4.4 Mathematische Grundlagen ... 137

| 4.4.1 | Trigonometrie | 137 |
| 4.4.2 | Komplexe Zahlen | 153 |

4.5 Der Wechselstromkreis ... 162

| 4.5.1 | Sinusförmige Wechselspannung und Wechselstrom | 163 |
| 4.5.2 | Zeigerdiagramme in der Wechselstromtechnik | 172 |

4.6 Der Widerstand im Wechselstromkreis ... 173

| 4.6.1 | Strom und Spannung an einem Widerstand | 173 |
| 4.6.2 | Ohmscher Widerstand eines Widerstands im Wechselstromkreis | 175 |

4.7 Der Kondensator im Wechselstromkreis ... 176

| 4.7.1 | Strom und Spannung am Kondensator | 176 |
| 4.7.2 | Der Widerstand eines Kondensators im Wechselstromkreis | 178 |

4.8	Die Spule im Wechselstromkreis	180
4.8.1	Strom und Spannung an der Spule	180
4.8.2	Der Widerstand einer Spule im Wechselstromkreis	182
4.9	Die drei Bauelemente *R*, *C* und *L* auf einen Blick	184
4.10	Komplexe Wechselstromrechnung	185
4.10.1	Was ist eine Impedanz?	185
4.10.2	Kurze Einführung in die komplexe Wechselstromrechnung	187
4.11	Leistung im Wechselstromkreis	189
4.11.1	Wirkleistung, die Arbeiterin unter den Leistungen	190
4.11.2	Blindleistung	192
4.11.3	Warum ist Scheinleistung kein frisch gezapftes Bier?	196

5 WIE GEHT ES WEITER? ... 199

FORMELZEICHEN, ÜBERSICHTEN UND FORMELSAMMLUNG .. 200

Griechische Formelzeichen in diesem Buch ... 200

Lateinische Formelzeichen in diesem Buch ... 200

Wichtige Übersichten ... 202

Formelsammlung ... 208

STICHWORTVERZEICHNIS ... 211

Über den Autor

Tobias Tippelt schloss im Jahr 2015 erfolgreich das Bachelor-Studium Energiemanagement (Bachelor of Engineering) an der Hochschule für Technik und Wirtschaft Heilbronn ab. Im Anschluss an das Bachelor-Studium arbeitete er im Rahmen eines Unternehmensprogrammes für ein Jahr in der erneuerbaren Energien Branche. Anschließend absolvierte er den Master-Studiengang Elektro- und Informationstechnik (Master of Science) an der Hochschule für Technik und Wirtschaft in Karlsruhe, welchen er Anfang 2018 erfolgreich abschloss.

Seine berufliche Laufbahn nach dem Studium begann er als Entwicklungsingenieur im Bereich Sensorik bei einem Automobilzulieferer in Süddeutschland. Heute arbeitet er im gleichen Unternehmen als Entwicklungsingenieur im Bereich Leistungselektronik für Anwendungen in der Elektromobilität.

Neben seiner hauptberuflichen Tätigkeit als Ingenieur begeistert Tobias viele Tausend Abonnenten auf seinem YouTube Kanal "Elektrotechnik einfach erklärt" mit alltagsnahen Erklärvideos rund um Elektrotechnik und Elektronik. Das übergeordnete Ziel seiner Videos und seines Buches ist es, Schülern, Studenten oder allgemein Technik-Interessierten, einen einfachen Weg in die spannende Welt der Elektrotechnik zu ermöglichen.

Vorwort

Warum beginnt man sich mit der Elektrotechnik zu beschäftigen? Die Gründe können vielfältig sein. Vielleicht hat man ein Studium angefangen, eine berufliche Umorientierung vorgenommen oder einfach Interesse als Privatperson an diesem ausgesprochen spannenden Gebiet der Technik. Wer anfängt sich einzuarbeiten, wird hierfür unter anderem einschlägige Grundlagenliteratur zu Rate ziehen. Oft strotzt diese jedoch nur so vor theoretischen Herleitungen und es mangelt an anschaulichen Beispielen, wie es bei wissenschaftlichen Büchern häufig der Fall ist. Als Neuling auf dem Themengebiet der Elektrotechnik empfindet man dies als wenig hilfreich.

Und genau an dieser Stelle setzt dieses Buch an. Mit einfachen Erklärungen, vielen Beispielen und anschaulichen Modellen bekommt der Leser ein Gefühl für grundlegende elektrotechnische Zusammenhänge und kann so ein Grundverständnis aufbauen. Das Ziel ist sozusagen „die Brücke" zur Grundlagenliteratur „zu schlagen", denn deren Inhalte sind mit einem gewissen Vorwissen deutlich besser nachvollziehbar. Auf „wissenschaftliche Schnörkel" wird dabei in diesem Buch verzichtet. Der Fokus liegt viel eher darauf, dem Leser Begriffe und Grundlagen möglichst alltagsnah zu erklären und möglichst präzise die Kernpunkte zusammen zu fassen. Es sei dabei erwähnt, dass dieses Buch nicht den Anspruch erhebt, die Grundlagen der Elektrotechnik vollumfassend darzulegen. Vielmehr sollen dem Leser nach der Lektüre die jeweils wichtigsten Begriffe aus den einzelnen Grundlagenthemen bekannt sein und vor allem wird er sie auch wirklich verstanden haben. Auf Basis dieses Verständnisses ist der Leser dann in der Lage, grundlegende elektrotechnische Fragen beantworten zu können.

Das vorliegende Buch geht von einem Leser aus, der sich bis dato noch nicht mit der Elektrotechnik befasst hat. Auch ohne sonstige ingenieurwissenschaftliche Vorkenntnisse kann man mit diesem Buch sehr gut in die Welt der Elektrotechnik einsteigen, da quasi „bei Null" begonnen wird. In einem „Vorbereitungskapitel" werden zunächst wichtige Begriffe aus dem Bereich Ingenieurwissenschaften wie physikalische Größen, Präfixe oder auch das griechische Alphabet eingeführt. Anschließend werden wichtige Grundbegriffe wie Energie, Leistung, Strom und Spannung erklärt. In Kapitel 2 wird eine Einführung zu magnetischen und elektrischen Feldern gegeben. Das dritte Kapitel umfasst Grundlagen der Gleichstromtechnik, wobei umfassend auf die elementaren Bauelemente Widerstand, Kondensator und Spule eingegangen wird. Im letzten Kapitel werden zunächst die zwei notwendigen mathematischen Themengebiete Trigonometrie und komplexe Zahlen behandelt, um dann abschließend auf die Grundlagen der Wechselstromtechnik einzugehen.

Wer komplexe Zusammenhänge auf einfach nachvollziehbare Erklärungen herunterbricht, läuft Gefahr, diese Zusammenhänge zu stark zu vereinfachen. Ich habe mich nach bestem Wissen und Gewissen bemüht, trotz teilweise starker Vereinfachung oder Abstrahierung immer wissenschaftlich korrekt zu bleiben. Für Anmerkungen und konstruktive Kritik bin ich immer dankbar.

In der vorliegenden zweiten Auflage wurden mehrere Verbesserungsvorschläge von aufmerksamen Lesern aufgenommen. Vielen Dank an dieser Stelle für die Nachrichten und die guten Ideen. Außerdem wurden in der zweiten Auflage neben vielen kleinen Ergänzungen und Überarbeitungen das Wassermodell etwas umgestaltet, die Unterkapitel zum Kondensator und zur Spule erweitert sowie das vierte Kapitel zum Wechselstrom „anfängerfreundlicher" gestaltet.

Viel Spaß beim Einstieg in die Elektrotechnik!

Tobias Tippelt,

Stuttgart, Dezember 2020

Hinweise zum Buchaufbau

Um den roten Faden im Buch zu verdeutlichen, wird zu Beginn eines jeden Kapitels eine Grafik in Pyramidenform gezeigt, die das jeweilige Kapitel in den Gesamtkontext des Buches einordnet.

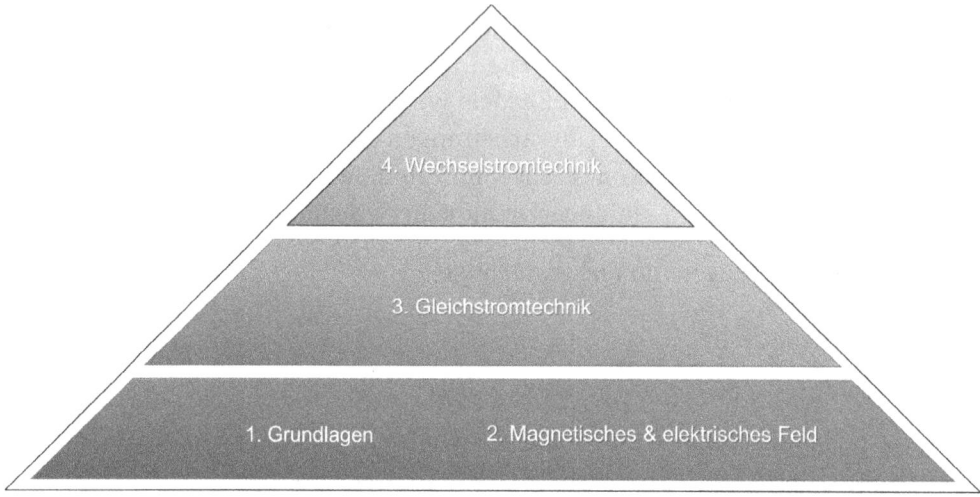

Abbildung 0.1 Grafik zur Veranschaulichung des roten Fadens

Es gibt einige Festlegungen in diesem Buch, welche das Lesen erleichtern sollen. Wichtige und neu eingeführte Begriffe werden **fett** geschrieben. Formelzeichen, wie z. B. P für „Leistung" werden kursiv geschrieben. Einheiten wie m für „Meter" werden genauso wie Zahlenwerte nicht kursiv geschrieben.

Um den Lerneffekt beim Lesen dieses Buches zu verstärken, wurden einige „Bausteine", die immer wieder im Buch vorkommen, zur besseren Einprägsamkeit der Inhalte verwendet.

Die wichtigsten Aspekte sind in prägnanten und kurzen **„Merke-Kästen"** wiederholend zusammengefasst. Dies sieht dann wie folgt aus:

> Inhalt des jeweiligen „Merke-Satzes".

Bei komplexeren Sachverhalten werden häufig **Rechenbeispiele** in grauen Kästen gegeben, um den Inhalt zu veranschaulichen. Dies sieht dann zum Beispiel wie folgt aus:

Rechenbeispiel:

Gegeben: X, Y

Gesucht: Z

Rechnung...

Teilweise werden im Buch verwandte, aber eigentlich nicht ganz zugehörige Themen in einem Kapitel integriert. Um diese **Exkurse** zu kennzeichnen, sind diese Textabschnitte wie folgt formatiert:

Exkurs: Thema XY

Inhalt des Exkurses

Exkurs Ende

In diesem Buch werden zahlreiche **Gleichungen** angegeben, mit Hilfe derer Zusammenhänge häufig erst richtig verstanden werden können. Die Gleichungen werden dabei immer im gleichen Aufbau angegeben. Die folgende Gleichung zeigt diesen Aufbau beispielhaft:

$$P = \frac{W}{t} = \frac{E}{t} \qquad (1.1)$$

Leistung P [Watt, W], Arbeit W [Joule, J], Energie E [Wattsekunden, Ws], Zeit t [Sekunden, s]

In der oberen Zeile steht die Gleichung selbst, sowie rechtsbündig die Nummerierung der Gleichung. Die erste Ziffer der Nummerierung gibt dabei das Hauptkapitel an, in welchem die Gleichung steht. Die Ziffer hinter dem Punkt nummeriert die Gleichungen in jedem Hauptkapitel durch. Unter dieser ersten Zeile sind immer alle Größen der Gleichung (z. B. Leistung) mit ihrem Formelzeichen (z. B. P), ihrer Einheit in ausgeschriebener Form (z. B. Watt) und ihrem Einheitenzeichen (z. B. W) angegeben. Dies soll dem Leser das Verständnis zur Gleichung erleichtern, da man naheliegender Weise vor allem am Anfang nicht alle Formelzeichen und Einheiten im Kopf hat.

Hinweise zum Buchaufbau

Im vorliegenden Buch wird aus Gründen der besseren Lesbarkeit auf die gleichzeitige Verwendung männlicher und weiblicher Sprachformen verzichtet. Sämtliche Personenbezeichnungen gelten für beide Geschlechter.

Alle Gleichungen mit den zugehörigen Formelzeichen sowie einige der im Buch vorkommenden Tabellen und wichtige Übersichten finden sich auch noch einmal am Ende des Buches unter „**Formelzeichen, Übersichten und Formelsammlung**".

Die Formelsammlung erhalten Sie auch als PDF-Datei verlinkt auf der Elektrotechnik einfach erklärt **Website** unter:

https://www.elektrotechnik-einfach.de/formelsammlung/

Es empfiehlt sich, die Formelsammlung auszudrucken und während der Lektüre neben sich zu legen, da im Laufe des Buches immer wieder auf Gleichungen verwiesen wird und diese mit Hilfe des Ausdrucks auf einen Blick nachgesehen werden können. Neben der Website bietet auch der YouTube-Kanal „Elektrotechnik einfach erklärt" zu vielen Themen in diesem Buch passende Videos, welche die Zusammenhänge anschaulich visualisieren.

1 Grundlagen

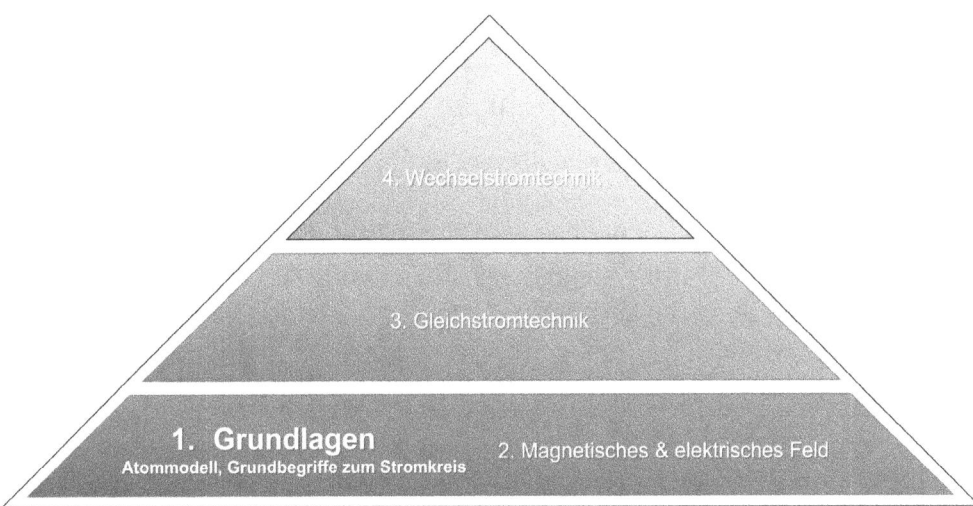

Abbildung 1.1 Kapitel 1 im Kontext des Buches

In diesem ersten Kapitel wird im Rahmen einer „Vorbereitung" auf einige grundlegende Festlegungen und Zusammenhänge eingegangen, die in vielen technischen und naturwissenschaftlichen Gebieten essentiell sind. Es wird unter anderem erklärt, wie man in den Natur- und Ingenieurswissenschaften sehr große oder sehr kleine Zahlen darstellt oder was es mit dem Einheitensystem „Système international" auf sich hat.

Anschließend werden wichtige grundlegende Begriffe im Zusammenhang mit „Leistung" und „Energie" erläutert, es wird das Bohrsche Atommodell vorgestellt und auf den Begriff Ladung eingegangen.

Abschließend klären wir anschaulich, wie ein Stromkreises funktioniert und erläutern wichtige elektrotechnische Grundbegriffe wie Strom, Spannung und Potential.

1.1 Vorbereitung

1.1.1 Sehr große und sehr kleine Zahlen

In der Elektrotechnik kommen, wie in vielen anderen Ingeniurs- und Naturwissenschaften, häufig sehr kleine oder sehr große Zahlen vor. Um hier nicht immer lange Zahlenkolonnen schreiben zu müssen, verwendet man stattdessen Zehnerpotenzen mit ganzzahligen Exponenten (Exponent = Hochzahl). Diese Zehnerpotenzen werden mit bestimmten Kürzeln, sogenannten **Präfixen** beschrieben.

Wir beginnen mit den Präfixen, um **sehr große Zahlen** auszudrücken. Das wohl bekannteste Präfix, welches wir aus dem Alltag kennen, ist **Kilo** (k). Wenn wir einem

1 Grundlagen

Freund von einer Urlaubsreise erzählen, werden wir nicht sagen: „Wir sind über 1.000.000 Meter bis nach Süditalien gefahren". Vielmehr werden wir sagen: „Wir sind über 1.000 **Kilo**meter bis nach Süditalien gefahren". Das Präfix „Kilo" bedeutet also „Tausend". Mit einer Zehnerpotenz ausgedrückt schreibt man 10^3, also:

$$10^3 = 10 \cdot 10 \cdot 10 = 1.000$$

Auch beziffern wir unser Körpergewicht nicht in Gramm, sondern in Kilogramm. Im Zusammenhang mit Kraftwerken oder Energiebedarfen sind möglicherweise die Präfixe **Mega** (Million), **Giga** (Milliarde) und **Terra** (Billion) schon bekannt. Diese Präfixe werden in der elektrischen Energietechnik verwendet, um sehr große Energiemengen oder Leistungen anzugeben, wie wir im Unterkapitel 1.2 noch feststellen werden.

Eine **physikalische Größe** wie die Länge oder die Zeit nennen wir vereinfacht „Größe". Jede Größe hat ein **Formelzeichen**, wie z. B. l für die Länge oder t für die Zeit. Diese Formelzeichen werden in diesem Buch kursiv geschrieben. Auch hat jede Größe eine zugehörige **Einheit**, wie z. B. „Sekunde" für die Zeit oder „Meter" für die Länge. Jede Einheit hat ein zugehöriges **Einheitenzeichen** wie z. B. s für Sekunde oder m für Meter. Bei der Verwendung von Präfixen, kombinieren wir das Präfix mit dem Einheitenzeichen der Größe, z. B. **km** für **Kilo**meter.

Einen Überblick mit den wichtigsten Präfixen zur Darstellung großer Zahlen gibt die folgende Tabelle.

Tabelle 1-1 Präfixe zur Darstellung großer Zahlen

Name	Symbol	Zehnerpotenz	Ausgeschriebene Zahl
Kilo	k	10^3	1.000 (Tausend)
Mega	M	10^6	1.000.000 (Million)
Giga	G	10^9	1.000.000.000 (Milliarde)
Terra	T	10^{12}	1.000.000.000.000 (Billion)

Genauso wie für große Zahlen gibt es auch Präfixe, um **sehr kleine Zahlen** auszudrücken. Diese verwenden wir z. B., um kleine Stromstärken zu beziffern oder um kleine Naturkonstanten anzugeben. Das wohl bekannteste Präfix für kleine Zahlen ist „**Milli**" (m). Dieses kennen wir aus dem Alltag, z. B. im Zusammenhang mit Längenangaben, nämlich „Millimeter" (mm) oder auch im Zusammenhang mit Volumenangaben, nämlich „Milliliter" (ml). „Milli" ist quasi das Pendant zu „Kilo". Anstatt jedoch eine Einheit um den Faktor 1.000 zu vergrößern, wird eine Einheit mit dem Präfix „m" mit dem Faktor $\frac{1}{1.000}$ multipliziert, also „verkleinert". Ein Millimeter ist folglich ein tausendstel Meter. Aus der Schulmathematik ist vielleicht noch bekannt, dass eine Zahl mit einem negativen Exponenten als dieselbe Zahl im Nenner eines Bruches mit positivem Exponenten und dem Zähler 1 geschrieben werden kann. Das klingt kompliziert, man kann es sich aber an folgendem Beispiel verdeutlichen:

$$10^{-3} = \frac{1}{10^3} = \frac{1}{1.000} = 0{,}001$$

Ein Millimeter kann also wie folgt geschrieben werden:

$$1\text{ mm} = 0{,}001\text{ m} = 1 \cdot 10^{-3}\text{ m} = \frac{1}{10^3}\text{ m}$$

Die für uns wichtigsten Präfixe für die Darstellung kleiner Zahlen sind in Tabelle 1-2 aufgeführt.

Tabelle 1-2 Darstellung kleiner Zahlen

Name	Symbol	Zehnerpotenz	Ausgeschriebene Zahl
Milli	m	10^{-3}	0,001 (Ein Tausendstel)
Mikro	µ	10^{-6}	0,000001 (Ein Millionstel)
Nano	n	10^{-9}	0,000000001 (Ein Milliardstel)
Piko	p	10^{-12}	0,000000000001 (Ein Billionstel)

Wir können anhand von Tabelle 1-2 sehen, dass die ausgeschriebene Zahl immer so viele Nachkommastellen hat, wie der Wert des Betrags des Exponenten lautet. So kann man sich diesen Zusammenhang leicht merken.

1.1.2 Das griechische Alphabet

Wie in Tabelle 1-2 zu sehen, wird für das Präfix „Mikro" der griechische Buchstabe µ („My", gesprochen „Mü") verwendet. Griechische Buchstaben werden in der Elektrotechnik generell sehr häufig als Formel- oder Einheitenzeichen verwendet. So ist das kleine Phi φ beispielsweise das Formelzeichen für die Größe elektrisches Potential oder das große Omega Ω das Zeichen für die Einheit Ohm.

Bei tiefergehender Beschäftigung mit der Elektrotechnik, z. B. im Rahmen eines Studiums, ist es immer wieder nützlich, die Buchstaben des griechischen Alphabets gut zu kennen, daher sind diese in der folgenden Tabelle aufgeführt. Die schwarzen, fett markierten Buchstaben werden in der Elektrotechnik besonders oft verwendet, daher ist es empfehlenswert, diese auswendig zu lernen.

1 Grundlagen

Tabelle 1-3 Griechisches Alphabet

Großbuchstabe	Kleinbuchstabe	Buchstabe ausgeschrieben	Buchstabe gesprochen
A	α	Alpha	„Alfa"
B	β	Beta	„Beta"
Γ	γ	Gamma	„Gamma"
Δ	δ	Delta	„Delta"
E	ε	Epsilon	„Epsilon"
Z	ζ	Zeta	„Zeta"
H	η	Eta	„Eta"
Θ	θ	Theta	„Theta"
I	ι	Iota	„Jota"
K	κ	Kappa	„Kappa"
Λ	λ	Lambda	„Lambda"
M	μ	My	„Mü"
N	ν	Ny	„Nu"
Ξ	ξ	Xi	„Xi"
O	ο	Omikron	„Omikron"
Π	π	Pi	„Pi"
P	ρ	Rho	„Ro"
Σ	σ	Sigma	„Sigma"
T	τ	Tau	„Tau"
Y	υ	Ypsilon	„Üpsilon"
Φ	φ	Phi	„Fi"
X	χ	Chi	„Chi"
Ψ	ψ	Psi	„Psi"
Ω	ω	Omega	„Omega"

1.1.3 Das Einheitensystem „Système International"

Wer schon einmal nach Großbritannien oder in die USA gereist ist, hat vermutlich festgestellt, dass dort häufig völlig andere Einheiten als in Deutschland verwendet werden. Längen werden z. B. in „Inches" (Zoll), „Yards", oder „Miles" (Meilen) angegeben. Gewichte werden z. B. in „Stone" und „Pfund" gemessen. In einer international vernetzten Welt sind unterschiedliche Einheiten jedoch hinderlich. Daher hat man sich auf ein international genormtes Einheitensystem, das sogenannte **Système International (SI)**, geeinigt.

Das SI-Einheitensystem umfasst sieben Basiseinheiten. Die für uns fünf wichtigsten Basiseinheiten lauten **Meter** (Länge), **Kilogramm** (Masse), **Sekunde** (Zeit), **Kelvin** (Temperatur) und **Ampere** (Stromstärke). Außerdem gibt es noch die Basiseinheiten Mol (Stoffmenge) und Candela (Lichtstärke). Sechs der sieben Basiseinheiten liegen bestimmte Vorgänge in der Natur zugrunde, welche die Einheit definieren. Ein Meter ist z. B. die Länge der Strecke, welche Licht im Vakuum in der Zeit von $t = \frac{1}{299\,792\,458}$ Sekunden zurücklegt. Die Ausnahme bildet das Kilogramm. Diese Basisgröße wird durch das äußerst exakte „Urkilogramm" definiert, welches in Paris gut gesichert aufbewahrt wird. Eine vollständige Übersicht der sieben Basisgrößen ist in der folgenden Tabelle gegeben.

Tabelle 1-4 SI-Basiseinheiten

Basisgröße	Formelzeichen	Einheit	Einheitenzeichen
Länge	l	Meter	m
Masse	m	Kilogramm	kg
Zeit	t	Sekunde	s
Stromstärke	I	Ampere	A
Temperatur	T	Kelvin	K
Stoffmenge	N	Mol	mol
Lichtstärke	I_V	Candela	cd

In der Tabelle fällt auf, dass vor der Einheit „Gramm" das Präfix „Kilo" steht. Die Basisgröße Kilogramm bildet hier die Ausnahme, alle anderen SI-Basiseinheiten werden ohne Präfix geschrieben.

Neben den Basiseinheiten gibt es eine Vielzahl von **abgeleiteten SI-Einheiten**, welche alle mit den Basisgrößen ausgedrückt werden können. Für eine gleich folgende Rechnung schauen wir uns drei Größen mit abgeleiteten SI-Einheiten beispielhaft an:

- die Kraft F mit der Einheit Newton N (in SI-Basiseinheiten als $\frac{m \cdot kg}{s^2}$ ausdrückbar)
- der Druck p mit der Einheit Pascal Pa (in SI-Basiseinheiten als $\frac{kg}{m \cdot s^2}$ ausdrückbar)
- die Fläche A mit der Einheit Quadratmeter m² (in SI-Basiseinheiten als m·m ausdrückbar)

Wir sollten uns noch merken, dass wir innerhalb einer Rechnung bei Verwendung unterschiedlicher Präfixe (oder Größen mit und ohne Präfix innerhalb einer Rechnung) immer bezüglich der korrekten Verrechnung aufpassen müssen. Am besten ist es, die Präfixe immer als Zehnerpotenz umzuschreiben und dann gegebenenfalls zu kürzen bzw. miteinander zu verrechnen. Bei der Größe Zeit t rechnet man Stunden und Minuten in Sekunden um.

1 Grundlagen

> Präfixe sollten bei Rechnungen in Zehnerpotenzen umgeschrieben und dann miteinander verrechnet werden. Die Größe Zeit t muss von Stunden bzw. Minuten in Sekunden umgerechnet werden.

Schauen wir uns passend dazu ein Rechenbeispiel zur Präfixverrechnung an. Die Größe Druck p wird als Kraft F pro Fläche A definiert, es gilt also $p = \frac{F}{A}$. Wir nehmen an, dass wir die Kraft in Kilonewton (kN), z. B. $F = 5$ kN und die Fläche in Quadratmillimeter (mm²), z. B. $A = 100$ mm² als Angabe haben und den resultierenden Druck p herausfinden wollen. Nun dürfen wir diese Zahlenwerte natürlich nicht mit 5 und 100 direkt in die Gleichung einsetzen und dann als Einheit Pascal für den Druck angeben, ohne die Präfixe beachtet zu haben. Stattdessen schreiben wir die Präfixe als Zehnerpotenzen und rechnen dann wie im folgenden Rechenbeispiel.

<u>Rechenbeispiel:</u>

Gegeben: $F = 5\ kN$, $A = 100\ mm^2$

Gesucht: p

$$p = \frac{F}{A}$$

$$p = \frac{5\ kN}{100\ mm^2} = \frac{5 \cdot 10^3\ N}{10 \cdot 10^{-3}\ m \cdot 10 \cdot 10^{-3}\ m} \quad \Rightarrow \textit{Umschreiben der Präfixe in Zehnerpotenzen}$$

$$p = 50.000.000\ Pa = 50\ MPa$$

1.2 Leistung, Energie und Wirkungsgrad

1.2.1 Leistung und Energie

Wenn man Zeitungsartikel zum Thema erneuerbare Energien oder zur Energieversorgung im Allgemeinen liest, bemerkt man gelegentlich, dass die Begriffe „Leistung" und „Energie" durcheinandergebracht werden. Es heißt dann z. B. fälschlicherweise „Die installierte Windkraftleistung betrug im Jahr 2017 in Deutschland 45 GWh" oder „Der Photovoltaikpark im Ort X erbringt einen jährlichen elektrischen Energieertrag von 200 MW". In diesen Beispielen wurde jeweils die verkehrte Einheit verwendet. Der Zusammenhang zwischen den beiden Größen Energie und Leistung ist jedoch eigentlich leicht verständlich. Schauen wir uns dafür das folgende Beispiel an.

1 Grundlagen

Wir beginnen das Beispiel mit dem Begriff **Energie** bzw. **Arbeit** und betrachten dafür folgende Situation: Ein Maurer möchte Steine von einer Palette auf dem Erdboden auf die erhöhte Ladefläche seines Lieferwagens transportieren. Dafür benötigt er Energie, man sagt auch: „Er muss Arbeit verrichten". Arbeit und Energie bezeichnen ein und dieselbe physikalische Größe.

> Energie und Arbeit sind unterschiedliche Begriffe für dieselbe Größe.

Die vom Maurer aufgebrachte Energie ist dann sogar zu einem gewissen Teil gespeichert, da die Steine nach dem Transport auf einer höheren Ebene liegen.

Nun betrachten wir die **Leistung** in diesem Beispiel. Der Maurer muss für den Transport Leistung erbringen, da die Steine angehoben und zur Ladefläche getragen werden müssen. Stellen wir uns vor, er transportiert 5 Steine in einer Minute von der Palette auf die Ladefläche. Dafür benötigt er eine bestimmte Menge Energie. Wenn er sich nun sehr anstrengt und in derselben Zeit wie zuvor (eine Minute) 10 Steine auf die Ladefläche transportiert, dann hat er die doppelte Energie in der gleichen Zeit aufgebracht, womit sich auch seine Leistung verdoppelt hat. Leistung ist in der Physik also als Arbeit pro Zeit definiert.

Damit kommen wir zur ersten wichtigen Gleichung in diesem Buch. Die Leistung P ist dabei eine zeitlich konstante Leistung.

$$P = \frac{W}{t} = \frac{E}{t} \tag{1.1}$$

Leistung P [Watt, W], Arbeit W [Joule, J], Energie E [Wattsekunden, Ws], Zeit t [Sekunden, s]

Zur Erklärung der Zeilen unter der Gleichung: Zunächst wird die Größe genannt (z. B. Leistung), dann wird das zugehörige Formelzeichen aufgeführt (z. B. P) und in den eckigen Klammern ist die Einheit (z. B. Watt) mit dem jeweiligen Einheitenzeichen (z. B. W) genannt.

Wir erkennen an der Gleichung, dass die Arbeit W und die Energie E identische Größen sind. Man spricht bei Arbeit auch von „Arbeit verrichten". Wenn die Energie eines Körpers verändert wird, z. B. wurde die Energie der Steine in unserem Maurerbeispiel durch das Anheben derselben verändert, wird Arbeit an diesem Körper verrichtet. Arbeit oder Energie können in der Einheit **Joule [J]** angegeben werden. In der Elektrotechnik, insbesondere in der Energietechnik, verwenden wir jedoch üblicherweise **Wattstunden [Wh]** als Einheit für die Größe Energie. Wir müssen dabei beachten, dass ein Joule [J] dabei nicht einer Wattstunde, sondern

1 Grundlagen

einer **Wattsekunde [Ws]** entspricht. Der Zusammenhang zwischen Joule (= Wattsekunde) und einer Wattstunde ist der Faktor 3600 (1 Stunde = 60 · 60 Sekunden = 3.600 Sekunden). Eine Wattstunde sind also 3.600 Wattsekunden bzw. Joule. Die Einheiten Joule und Wattsekunde seien hier nur erwähnt, für den Anfang merken wir uns „Wh" als Einheit für die Energie. Zum besseren Verständnis schauen wir uns den eben erklärten Sachverhalt in Tabellenform an.

Tabelle 1-5 Arbeit und Energie mit Einheiten

Größe	Einheit
Arbeit, Energie	1 J = 1 Ws
Arbeit, Energie	1 Wh = 3.600 J = 3.600 Ws

Es ist sehr hilfreich für wichtige Größen in der Elektrotechnik einige typische Werte für die jeweilige Größe im Kopf zu haben, um neue Werte richtig einordnen zu können. Wir betrachten deshalb nun einige Beispiele mit zugehörigen, typischen Werten für die Größe Leistung mit der Einheit Watt und die Größe Energie mit der Einheit Wattstunden. Beginnen wir mit Beispielen zur Leistung.

- Ein sportlicher **Fahrradfahrer** erbringt über einen längeren Zeitraum, wie z. B. eine Stunde, eine Leistung von circa $P = $ **150 Watt**. Wer in einem Fitnessstudio angemeldet ist, kann dies beim nächsten Training überprüfen. In der Regel wird die jeweils momentan abgegebene Leistung auf dem Display von Indoor-Fahrrädern angezeigt.
- Als nächstes Beispiel schauen wir uns eine typische **Photovoltaikanlage** auf dem Dach eines Einfamilienhauses an. Wenn die Sonne optimal scheint, gibt die Anlage ihre maximale Leistung von z. B. $P = $ **8.000 Watt** oder $P = $ **8 kW** ab. Das würde der Leistung von 53 Fahrradfahrern entsprechen.
- Ein weiteres Beispiel, um ein Gefühl für Leistung zu bekommen, ist ein **Mittelklasseauto**. Bei Autos kennen wir die Leistungsangabe in der veralteten Einheit „PS" (1 PS = 735,5 W). Ein Mittelklassewagen hat zum Beispiel eine Leistung von $P = $ **120 PS**, was $P = $ **88.260 W** oder $P = $ **88,26 kW** entspricht. Umgerechnet wären dies 588 Fahrradfahrer!
- Abschließend betrachten wir noch ein **Steinkohlekraftwerk**. Die Nennleistung eines Steinkohlekraftwerkes in Deutschland, also diejenige Leistung, auf die das Kraftwerk ausgelegt ist, beträgt z. B. $P = $ **700.000.000 W** oder $P = $ **700 MW**. Dies entspricht knapp 4,7 Millionen Fahrradfahrern!

Eine Übersicht von einigen typischen Leistungswerten wird in der folgenden Tabelle gegeben.

1 Grundlagen

Tabelle 1-6 Typische Leistungswerte

Erzeuger	Typische Leistung in Watt	Leistungsangabe mit Präfix
Fahrradfahrer	150 W	-
Photovoltaikanlage, Einfamilienhaus	8.000 W	8 kW
Mittelklasse PKW	88.000 W	88 kW
Große Windkraftanlage	5.000.000 W	5 MW
Steinkohlekraftwerk	700.000.000 W	700 MW
Kernkraftwerk	1.000.000.000 W	1 GW

Nun schauen wir uns einige Beispiele für Energiemengen an.

- Beginnen wir wieder mit dem Fahrradfahrer aus den Beispielen zur Leistung. Wir können mit Gleichung (1.1) die vom Radfahrer aufgebrachte Energie berechnen, wenn er eine Stunde mit der konstanten Leistung von $P = 150$ W fahren würde: $E = P \cdot t = 150$ W $\cdot$ 1 h $= 150$ Wh. Der Radfahrer verrichtet also bei konstanter Fahrweise eine Arbeit von $W = 150$ Wh innerhalb einer Stunde.
- Nun schauen wir uns die, ebenfalls bereits erwähnte, Photovoltaikanlage an. Auch hier können wir mit Gleichung (1.1) den (elektrischen) Energieertrag der Anlage, z. B. für einen Tag, ausrechnen. Wir nehmen an, die Sonne scheint an einem Sommertag $t = 10$ h lang optimal und geht anschließend direkt unter (vereinfachtes Szenario). Dann hat diese Anlage an diesem Tag folgende elektrische Energie erbracht: $E = P \cdot t = 8.000$ W $\cdot$ 10 h $= 80$ kWh. Ein Radfahrer müsste also ungefähr 530 Stunden fahren, was circa 22 Tagen entspricht, um den Tagesenergieertrag der Photovoltaikanlage zu erbringen.
- Betrachten wir als Nächstes einen kleinen, aus dem Alltag bekannten, Energiespeicher für elektrische Energie: die **AAA Batterie**. Diese speichert typischerweise eine elektrische Energiemenge von circa $E = 1$ Wh bis $E = 1,5$ Wh.
- Schauen wir uns nun an, wie viel Energie in einem Liter **Diesel-Kraftstoff** steckt. Man spricht bei Kraftstoffen von „Heizwert", also die bei der Verbrennung freiwerdende Wärmemenge. Diese liegt bei Diesel bei circa $E = 10.000$ Wh oder $E = 10$ kWh pro Liter. Die Wärmeenergie kann natürlich nicht komplett zum Antrieb genutzt werden, da der entsprechende Verbrennungsmotor, wie jede Maschine, keinen Wirkungsgrad von 100 % hat, doch dazu gleich mehr. Umgerechnet sind dies circa 10.000 AAA-Batterien! In einem Liter Diesel steckt umgerechnet viel mehr Energie als in

1 Grundlagen

einem Liter Batterien (angenommen, man würde möglichst viele Batterien in einem Volumen von einem Liter unterbringen).
- Als nächstes betrachten wir den elektrischen Jahresenergiebedarf („Stromverbrauch") eines Haushalts mit vier Personen in einem Einfamilienhaus in Deutschland. Dieser liegt ungefähr bei $E = 3.500.000$ Wh oder $E = 3.500$ kWh. Man könnte hier auch „3,5 MWh" sagen, die Angabe in kWh ist jedoch für dieses Beispiel üblicher. Man bräuchte also bei einem idealen Diesel-Generator 350 Liter Diesel, um diesen elektrischen Jahresenergiebedarf abzudecken.
- Abschließend wollen wir uns den elektrischen Brutto-Jahresenergiebedarf der Bundesrepublik Deutschland, welcher auch die Eigenbedarfe der Kraftwerke und die Netzverluste umfasst, anschauen. Dieser schwankt natürlich von Jahr zu Jahr, liegt aber ungefähr bei unglaublichen $E \approx 600.000.000.000.000$ Wh oder $E \approx 600$ TWh. Dies entspricht dem Bedarf von 150 Millionen vier Personen-Haushalten.

Die zugehörige Übersicht zu typischen Energiemengen ist in der folgenden Tabelle aufgeführt.

Tabelle 1-7 Typische Energiemengen

Beispiel	Typische Energiemenge in Wattstunden	Energiemenge mit Präfix
AAA Batterie	1 bis 1,5 Wh	-
Fahrradfahrer (1 h kontinuierliche Fahrt)	150 Wh	-
1 Liter Diesel	10.000 Wh	10 kWh
Photovoltaikanlage (1 Sommertag)	80.000 Wh	80 kWh
El. Jahresenergiebedarf 4-Personenhaushalt	3.500.000 Wh	3.500 kWh oder 3,5 MWh
El. Energiebedarf BRD / Jahr	600.000.000.000.000 Wh	600 TWh

1.2.2 Wirkungsgrad η

Beschäftigen wir uns nun mit dem bereits erwähnten Begriff **Wirkungsgrad**, welcher eng mit den Größen Energie und Leistung zusammenhängt. Dazu schauen wir uns ein System an, welches in seiner Funktionsweise ein wenig dem Maurer-Beispiel ähnelt: ein Pumpspeicherkraftwerk. In einem Pumpspeicherkraftwerk wird Wasser von einem niedrig gelegenen Becken durch Rohre in ein höher gelegenes Becken gepumpt. Es wird dabei elektrische Energie aus dem Versorgungsnetz in lokal gespeicherte Lageenergie umgewandelt. Dieses Prinzip ist in Abbildung 1.2 schematisch gezeigt.

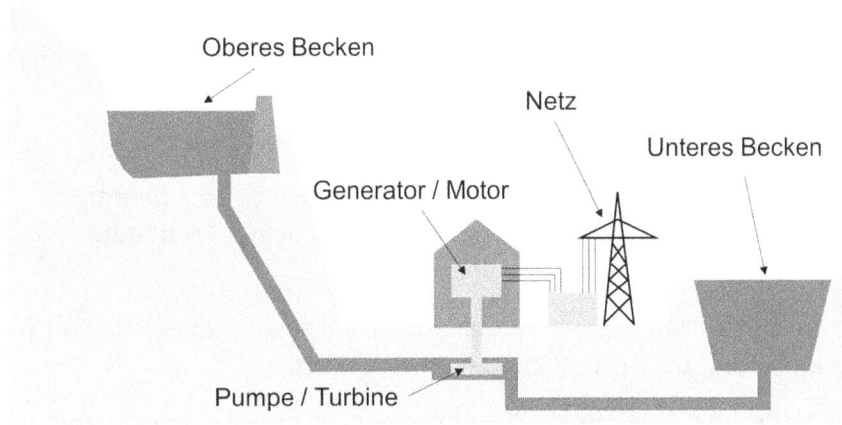

Abbildung 1.2 Schema eines Pumpspeicherkraftwerks

Es ist naheliegend, dass dabei nicht die gesamte elektrische Energie aus dem Stromversorgungsnetz durch den Pumpvorgang in Lageenergie umgewandelt werden kann. Ein Teil der Energie wird durch den antreibenden Motor, die Pumpen, die Rohrreibung etc. in Wärmeenergie umgewandelt. Wir nennen diese Wärmeenergie **Verluste**, da sie nicht für den eigentlichen Zweck, hier die Umwandlung in Lageenergie, genutzt werden kann. Auch wenn man umgangssprachlich von „Energieverbrauch" spricht; Energie wird nie „verbraucht". Sie wird immer nur von einer Energieform (z. B. elektrische Energie) in eine andere Energieform bzw. in andere Energieformen (z. B. Lageenergie und Wärmeenergie) umgewandelt. In der Physik wird dieses wichtige Naturgesetz **Energieerhaltung** genannt.

> Energie wird nie verbraucht, sondern immer nur in andere Energieformen umgewandelt (Energieerhaltung).

1 Grundlagen

Von Verlusten spricht man bei Wärmeenergie auf Umgebungstemperaturniveau deshalb, weil sie deutlich weniger nützlich ist als elektrische Energie oder z. B. auch die in einem Kraftstoff enthaltene Energie.

Nachdem im Pumpspeicherkraftwerk das Wasser auf ein höheres Niveau gepumpt wurde, kann es bei Schleusenöffnung natürlich auch wieder durch die Rohre nach unten fließen. Wenn es dabei eine Wasserturbine durchströmt, kann über einen Generator wieder elektrische Energie „erzeugt" werden. Auch hier gilt, dass dies wieder ein Umwandlungsvorgang ist. Die Lageenergie wird wieder in elektrische Energie und auch in Wärmeenergie gewandelt, z. B. durch Rohreibung oder Generatorverluste. Das Verhältnis von abgegebener, „nützlicher" Energie und zugeführter Energie bei einem System oder einer Maschine wird **Wirkungsgrad η** genannt. Für den Wirkungsgrad η gilt:

$$\eta = \frac{E_{ab}}{E_{zu}} \tag{1.2}$$

Wirkungsgrad η [Prozent, %], abgegebene nützliche Energie E_{ab} [Wattstunden, Wh], zugeführte Energie E_{zu} [Wattstunden, Wh]

Wir sehen, der Wirkungsgrad ist eine dimensionslose (einheitenlose) Größe, da sich die Einheit für die Energie aus dem Bruch kürzt.

Bei einer Wirkungsgradkette mit mehreren Teilsystemen / -maschinen werden die einzelnen Wirkungsgrade der jeweiligen Stufen multipliziert, um den **Gesamtwirkungsgrad** zu erhalten. Im Beispiel eines Pumpspeicherkraftwerkes könnte diese Rechnung für den Entladevorgang wie folgt aussehen:

$$\eta_{Entladen} = \eta_{Rohr} \cdot \eta_{Turbine} \cdot \eta_{Generator} \cdot \eta_{Transformator}$$

oder in Zahlenwerten ausgedrückt:

$$\eta_{Entladen} = 99{,}5\,\% \cdot 93\,\% \cdot 96\,\% \cdot 99\,\% = 87{,}9\,\%$$

Der Wirkungsgrad des gesamten Entladevorgangs wäre also $\eta_{Entladen} = 87{,}9\,\%$. Wir können uns merken, dass eine Maschine oder ein Gerät in der Praxis nie den Wirkungsgrad von $\eta = 100\,\%$ erreichen kann, da immer ein Teil der zugeführten Energie in nicht nutzbare Energie, welche meist Wärme ist, umgewandelt wird.

Eine Maschine oder ein Gerät kann nie einen Wirkungsgrad von $\eta = 100\,\%$ erreichen.

Ein Traum vieler „Tüftler" war und ist das sogenannte „Perpetuum Mobile"; eine (Fantasie-)Maschine mit einem Wirkungsgrad η von gleich oder gar größer als $\eta = 100\,\%$. Es würde mit einer solchen Maschine also Energie aus dem Nichts geschaffen. Wir wissen nun, dass dies nicht möglich ist, da es dem Energieerhaltungssatz widerspricht.

Um wieder einige Bezugswerte für Wirkungsgrade im Kopf zu haben schauen wir uns die folgenden Beispiele an.

- Beginnen wir mit einer einfachen Glühlampe. Diese hat einen bescheidenen Wirkungsgrad von gerade einmal $\eta = 5\,\%$. Das bedeutet, dass nur circa 5 % der eingesetzten elektrischen Energie in Nutzenergie, also Licht, umgewandelt wird. Die restlichen 95 % der zugeführten elektrischen Energie werden in Abwärme umgewandelt. Deshalb ist eine Glühlampe, genauso wie viele andere elektrische Geräte, nach längerem Betrieb auch sehr warm.
- Schauen wir uns als nächstes ein durchschnittliches, modernes Steinkohlekraftwerk an. Dieses erreicht einen Wirkungsgrad von circa $\eta = 40\,\%$. Das heißt 40 % der, in der Kohle gespeicherten Energie wird am Netzverknüpfungspunkt als elektrische Energie in das Netz eingespeist. Die restlichen 60 % gehen in den verschiedenen Prozessstufen als Abwärme, Generatorverluste etc. „verloren".
- Betrachten wir nun einen Elektromotor. Hier gibt es unzählige Bauformen und Varianten. Der sogenannte Drehstrom-Asynchronmotor ist der Standardmotor in der Industrie, daher wählen wir diesen als typischen Vertreter. Ein typischer Elektromotor dieser Bauart hat z. B. einen Wirkungsgrad von $\eta = 90\,\%$ im Betriebspunkt. Teilweise werden bei Elektromotoren auch noch deutlich bessere Wirkungsgrade erreicht. Im Falle eines Wirkungsgrades von $\eta = 90\,\%$ heißt dies, dass 90 % der zugeführten elektrischen Energie in nützliche Arbeit an der Antriebswelle umgewandelt wird, z. B. um ein Förderband anzutreiben.
- Abschließend schauen wir uns einen typischen Ottomotor an, wie er in Millionen von PKWs weltweit verbaut wird. Ottomotoren erreichen Wirkungsgrade von circa $20\,\% < \eta < 35\,\%$, was im Vergleich zum Elektromotor deutlich niedriger ist.

1 Grundlagen

Die genannten typischen Wirkungsgrade sind in nachfolgender Tabelle aufgeführt.

Tabelle 1-8 Typische Wirkungsgrade

Beispiel	Typischer Wirkungsgrad η in %
Glühlampe	5 %
Photovoltaikmodul	15 %
Ottomotor	25 %
Modernes Kohlekraftwerk	40 %
Elektromotor (z. B. Drehstrom-Asynchronmotor mit $P = 10$ kW)	90 %

Nachdem wir nun wissen, was es mit Leistung, Energie und dem Wirkungsgrad auf sich hat, wenden wir uns einem völlig anderen Thema zu, nämlich der „Welt der Atome".

1.3 Atome, Protonen und Elektronen

1.3.1 Das Bohrsche Atommodell und die elektrische Ladung Q

Um die Zusammenhänge in den folgenden Kapiteln besser verstehen zu können, ist es hilfreich, eine Vorstellung davon zu haben, wie ein Atom aufgebaut ist. Ein einfaches und gängiges Modell hierfür ist das **Bohrsche Atommodell**, welches nach seinem Entwickler, dem dänischen Physiker Niels Bohr benannt wurde.

Das Atommodell von Bohr besagt, dass Atome aus einem Atomkern und einer Atomhülle bestehen. Der Atomkern besteht dabei aus **Protonen** und **Neutronen**. Diese Teilchenarten sind beide ortsfest, das heißt sie können ihre Position innerhalb des Atoms nicht verändern. Neutronen sind für die Elektrotechnik weniger wichtig, daher werden wir nicht näher auf sie eingehen. In der Atomhülle befinden sich die **Elektronen**. Diese kreisen nach dem Modell auf geschlossenen Bahnen um den Atomkern, ähnlich wie Planeten um die Sonne.

Protonen und Elektronen werden auch als **Ladungsträger** bezeichnet, da sie mit **Ladung** behaftete Teilchen sind. Die **elektrische Ladung Q** ist dabei eine physikalische Größe mit der **Einheit Coulomb** und ist quasi eine Eigenschaft dieser Teilchen. So wie beide Teilchen eine Masse haben, haben sie auch eine Ladung. Während die Masse von Protonen und Elektronen jedoch unterschiedlich ist, ist ihre Ladung betragsmäßig identisch. Protonen „tragen" dabei eine **positive Ladung**, Elektronen eine **negative Ladung**. Diese Ladungsmenge von Protonen und Elektronen entspricht der sogenannten **Elementarladung e**. Die Elementarladung e ist nicht weiter teilbar und somit die kleinste existierende Ladungsmenge. Protonen besitzen also eine Ladungsmenge von $+e$ und Elektronen eine Ladungsmenge von $-e$.

Der Wert einer einzelnen Elementarladung e ist unvorstellbar klein und lautet $e = 1{,}6022 \cdot 10^{-19}$ Coulomb.

> Elektronen sind sehr kleine Teilchen, welche alle exakt dieselbe negative (Elementar-)Ladung $-e$ besitzen. Die Ladung von Protonen und Elektronen ist betragsmäßig gleich.

Wie bereits angedeutet, kann elektrische Ladung entweder positiv oder negativ sein. Generell gilt, dass sich Ladungsträger mit gleichnamiger Ladung, z. B. zwei Elektronen abstoßen und ungleichnamige Ladungen, also positive und negative Ladungen, sich gegenseitig anziehen. Ladungen wirken folglich eine Kraft aufeinander aus, die sogenannten **Coulomb-Kraft**, benannt nach dem französischen Physiker Charles Augustin de Coulomb. Die beschriebene Anziehung und Abstoßung von Ladungen stellt die Grundlage für viele elektrotechnische Zusammenhänge dar, wie wir im Laufe dieses Buches noch feststellen werden.

> Gleichnamige Ladungen stoßen sich gegenseitig ab, ungleichnamige Ladungen ziehen sich gegenseitig an.

Eine elektrische Ladung Q basiert letztlich immer auf vielen einzelnen Elementarladungen e. Wenn man also von einer (negativen) Ladungsmenge Q liest, kann man sich immer eine große Menge an Elektronen vorstellen, welche diese Ladungsmenge bilden.

> Eine Ladungsmenge Q ist die Summe aus vielen einzelnen Elementarladungen e.

Nachdem nun die Begriffe Elektron, Proton und Ladung bekannt sind, wenden wir uns nun noch einmal dem Bohrschen Atommodell zu. Die Bahnen, auf denen die Elektronen um den Atomkern kreisen, werden auch **Atomschalen** genannt. Diese Schalen sind in bestimmten Abständen zum Kern angeordnet. Es können immer nur eine bestimmte Anzahl an Elektronen die Schalen eines Atoms besetzen. Die genaue Bezeichnung der Schalen sowie die maximale Anzahl an Elektronen pro Schale ist in nachfolgender Tabelle 1-9 aufgeführt.

1 Grundlagen

Tabelle 1-9 Schalen im Bohrschen Atommodell

Schalenbezeichnung	Maximale Anzahl an Elektronen pro Schale
K-Schale (innerste Schale)	2 Elektronen
L-Schale	8 Elektronen
M-Schale	18 Elektronen
N-Schale	32 Elektronen
O-Schale	50 Elektronen
P-Schale	72 Elektronen
Q-Schale (äußerste Schale)	98 Elektronen

Die **Ordnungszahl** im Periodensystem gibt an, wie viele Elektronen und Protonen ein Atom des jeweiligen **Elements** besitzt. Beispiele für Elemente sind Wasserstoff, Sauerstoff oder Eisen. Jedes Atom eines Elements im Periodensystem hat immer genau so viele Elektronen wie Protonen. Da die Ladung eines Elektrons betragsmäßig genauso groß wie die Ladung eines Protons ist, ist ein Atom im gewöhnlichen Zustand elektrisch neutral, also weder positiv noch negativ geladen. Die positiven Protonen und negativen Elektronen eines Atoms heben sich also in ihrer Wirkung nach außen hin auf.

1.3.2 Aufbau eines Atoms am Beispiel Kupfer

Schauen wir uns nun das Bohrsche Atommodell anhand eines Atoms des Elements Kupfer an. Wir wählen Kupfer deshalb, weil es ein typisches Material für Kabel, also Verbindungsleitungen in der Elektrotechnik ist. Das Element Kupfer hat die Ordnungszahl 29, was bedeutet, dass es 29 Protonen im Kern und 29 Elektronen auf seinen Schalen hat. In Abbildung 1.3 ist ein Kupferatom nach dem Bohrschen Atommodell dargestellt.

1 Grundlagen

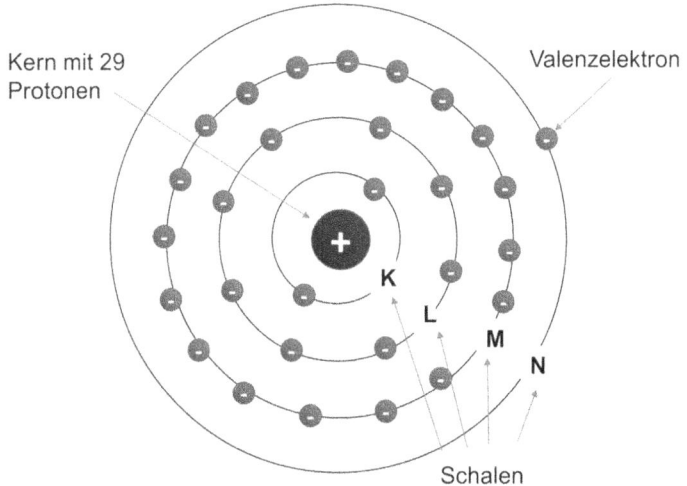

Abbildung 1.3 Bohrsches Atommodell für das Element Kupfer

Die Elektronen kreisen auf den eingezeichneten Bahnen (Schalen) um den Kern. Sie werden zwar einerseits vom Kern durch seine positive Ladung angezogen, andererseits werden sie durch die Fliehkraft nach außen gezogen. In Summe bleiben die Elektronen dadurch auf ihrer Kreisbahn.

Jedes Element hat immer nur diejenigen Schalen, die auch durch Elektronen besetzt sind. Die Elektronen auf der jeweils äußersten Schale eines Atoms werden **Valenzelektronen** genannt. Wie in Abbildung 1.3 zu sehen ist, hat das Element Kupfer genau ein Valenzelektron. Valenzelektronen spielen in der Elektrotechnik eine wichtige Rolle.

> Die Elektronen auf der äußersten Schale werden Valenzelektronen genannt. Sie spielen eine wichtige Rolle in der Elektrotechnik.

Bei metallischen Materialien wie z. B. Kupfer oder Aluminium, bilden die Atome eine Kristall- bzw. Gitterstruktur. Innerhalb dieser Gitterstruktur sind die Valenzelektronen nicht an einzelne Atome gebunden, sondern bewegen sich im Normalzustand ohne definierte Richtung durch die Gitterstruktur. Man nennt die Summe der Valenzelektronen in Metallen deshalb auch **Elektronengas**, da sie sich mit ihrer richtungslosen Bewegung ähnlich wie ein Gas verhalten. Unter bestimmten Voraussetzungen kann man die Valenzelektronen jedoch zu einer gerichteten Bewegung „zwingen", darauf werden wir im Folgenden noch genauer eingehen. Da die Valenzelektronen im Metall nicht an einzelne Atome gebunden sind, nennt man sie auch „frei bewegliche Elektronen" oder „freie Elektronen".

1 Grundlagen

Wir kennen nun die wichtigsten Präfixe, die griechischen Buchstaben und das internationale Einheitensystem, wissen, was es mit den Begriffen Leistung, Energie und Wirkungsgrad auf sich hat und haben die elektrische Ladung und das Atommodell nach Niels Bohr kennengelernt. Nach dieser Vorbereitung beginnen wir mit einem Grundkonstrukt der Elektrotechnik, dem Stromkreis.

1.4 Wie funktioniert ein Stromkreis?

1.4.1 Was ist ein Stromkreis?

Ein **Stromkreis** ist, wie der Name schon sagt, ein geschlossener Kreis aus **Leitungen**, durch welche **elektrischer Strom** fließt. Ein Stromkreis besteht mindestens aus:

- Einer sogenannten **Quelle**, hier fließt der Strom heraus und dort kommt er auch wieder an
- **Leitungen**, durch diese fließt der Strom
- Einem **Verbraucher**, hier wird elektrische Energie in andere Energieformen umgewandelt

In Abbildung 1.4 ist ein einfacher Stromkreis dargestellt.

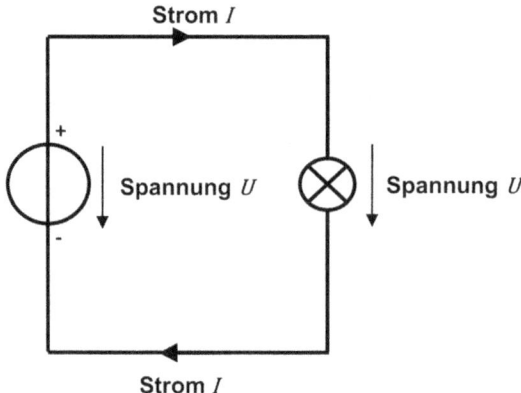

Abbildung 1.4 Einfacher Stromkreis

Man nennt eine Darstellung wie in Abbildung 1.4 gezeigt auch **Schaltbild** oder **Schaltplan**. In einem Schaltbild wird grafisch dargestellt, wie die einzelnen Komponenten eines Stromkreises angeordnet und verknüpft sind. Der Begriff **Schaltung** wird für komplexere Stromkreise mit vielen Bauelementen oder auch für mehrere zusammengeschaltete Stromkreise verwendet. Für die Darstellung verwendet man sogenannte **Schaltzeichen**, welche reale Bauelemente repräsentieren. Auf die einzelnen Elemente und Begriffe in Abbildung 1.4 werden wir im Folgenden sowie in Kapitel 3 zur Gleichstromtechnik näher eingehen.

Für Schaltpläne gibt es einige Konventionen, die helfen, sie richtig zu „lesen". In der Regel wird die Quelle bei einfachen Schaltplänen auf der linken Seite eingezeichnet. Die elektrischen Leitungen werden nur horizontal oder vertikal gezeichnet. Bei Verzweigungen oder „Kreuzungen" von zwei Leitungen, die elektrisch miteinander verbunden sind, wird ein Punkt in die Verzweigung gesetzt, wie in nachfolgender Grafik gezeigt.

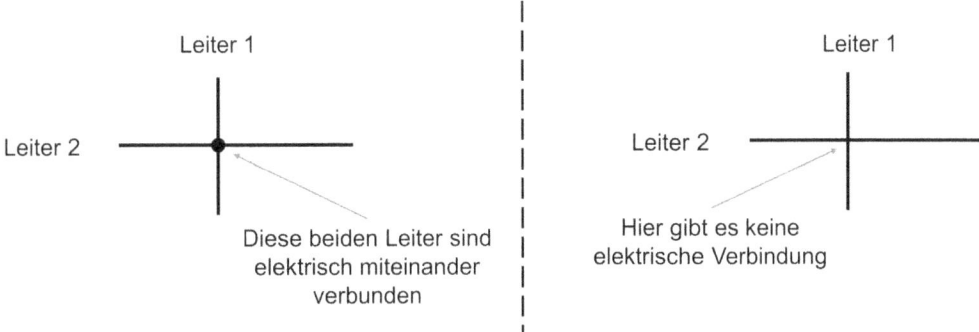

Abbildung 1.5 Darstellung von Verzweigungen in Schaltplänen

Wenn kein Punkt eingezeichnet ist, bedeutet dies, dass keine elektrische Verbindung zwischen den beiden Leitungen besteht.

> Bei einer Kreuzung von zwei Leitungen, die elektrisch miteinander verbunden sind, wird diese Verbindung durch einen Punkt in der Kreuzung dargestellt.

Dies waren einige der wichtigsten Regeln für das Nachvollziehen von Schaltplänen. Darüber hinaus gibt es noch verschiedene weitere Regeln. Einige davon werden wir im Laufe dieses Buches noch kennenlernen.

1.4.2 Das Wassermodell

In diesem und den folgenden Kapitelabschnitten werden wir die Vorgänge im Stromkreis anhand des sogenannten „Wassermodells" nachvollziehen. Diese Betrachtungsweise ist zwar nicht unbedingt wissenschaftlich, sie hilft aber enorm eine Vorstellung von den Größen Strom(-stärke) und Spannung sowie von der Funktionsweise eines Stromkreises zu bekommen. Es sei an dieser Stelle betont, dass dieses Modell nicht immer 1:1 auf die Elektrotechnik übertragbar ist. Für den Anfang ist es jedoch sehr nützlich und anschaulich.

Stellen wir uns für das Modell ein geschlossenes System aus Rohrleitungen vor. Der Begriff „geschlossenes System" bedeutet dabei, dass der Endpunkt gleichzeitig der Anfangspunkt ist. In den Rohrleitungen fließt Wasser, welches mit einem bestimmten Druck aus einer Quelle durch die Rohre gedrückt wird. Diese Quelle ist

1 Grundlagen

sowohl Ausgangs- als auch Endpunkt des Kreises. Das bedeutet, dass das Wasser aus der Quelle herausfließt und an einem anderen Punkt an der Quelle auch wieder ankommt. Außerdem ist noch ein „Verbraucher", über den das Wasser fließen muss, im Kreis platziert. Wir stellen uns diesen Verbraucher als eine Wassermühle vor, welche vom fließenden Wasser angetrieben wird. Der Wasserkreis besteht also aus:

- Einer Quelle, welche gleichzeitig den „Anfang" und das „Ende" des Wasserkreises darstellt
- Einem geschlossenen System aus Rohrleitungen
- Fließendem Wasser, welches mit einem bestimmten Druck aus der Quelle durch die Rohrleitungen gedrückt wird, es herrscht also eine **Druckdifferenz** zwischen Anfangs- und Endpunkt
- Einem Verbraucher, wir stellen uns eine Wassermühle vor

Wir werden nun jede Komponente und Größe des Wassermodells auf eine Komponente im Stromkreis übertragen. In der folgenden Abbildung sind links das beschriebene Wassermodell und rechts ein einfacher elektrischer Stromkreis nebeneinandergestellt. Wir werden diese Grafik erst am Ende dieses Kapitels richtig verstehen, für eine erste Vorstellung sei sie jedoch schon an dieser Stelle gezeigt.

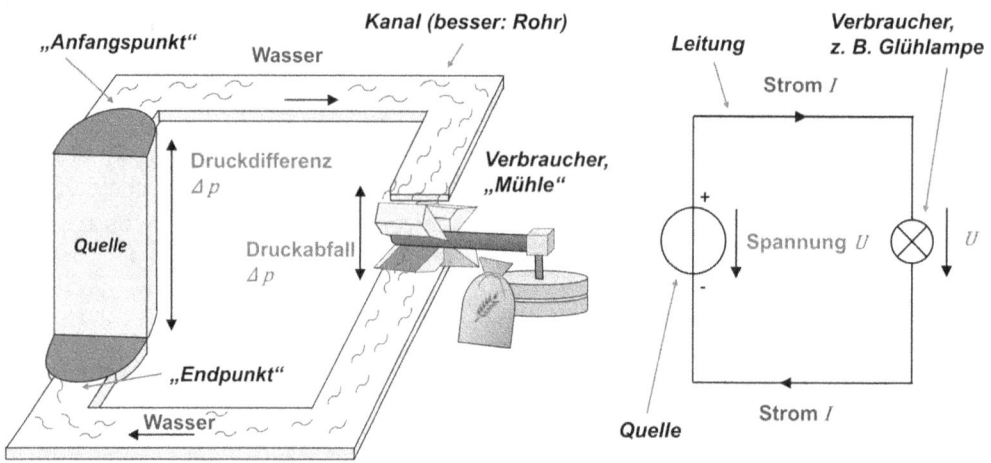

Abbildung 1.6 Das Wassermodell

Aus Darstellungsgründen sind die Wasserleitungen als Kanäle anstatt als Rohre visualisiert. Das gedankliche Modell mit Rohren entspricht jedoch eher der Realität in der Elektrotechnik. Deshalb werden wir im Text auch immer den Begriff „Rohre" zur Beschreibung des Modells verwenden.

Im folgenden Unterkapitel werden wir nun auf die in Abbildung 1.6 gezeigten Zusammenhänge und Begriffe eingehen.

1.5 Bestandteile und Größen eines Stromkreises

1.5.1 Was ist elektrischer Strom?

Ganz ähnlich wie der beschriebene Wasserkreis funktioniert auch ein Stromkreis. Hier fließt allerdings logischerweise kein Wasser, sondern **elektrischer Strom**.

Das fließende Wasser im Wassermodell kann man sich als winzige Wassermoleküle vorstellen, die aufgrund des aufgebauten Druckes der Quelle durch die Rohrleitung gedrückt werden. Den Strom im (Metall)-Leiter können wir uns als eine gerichtete Bewegung von vielen Ladungsträgern, den Elektronen, vorstellen. Dies ist in Abbildung 1.7 schematisch dargestellt.

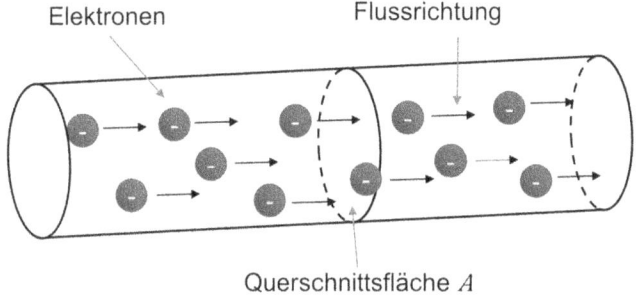

Abbildung 1.7 Elektrischer Strom in einem Metallleiter

Die Elektronen, die den Stromfluss bilden, sind dabei die Valenzelektronen. Wie bereits im Unterkapitel zum Bohrschen Atommodell beschrieben, können sich diese freien Elektronen unter bestimmten Bedingungen durch den Leiter bewegen, dazu gleich mehr.

Wir haben nun also schon eine Vorstellung, was Strom in einem Metallleiter ist, nämlich negative Ladungen, genauer gesagt Elektronen, die sich in eine bestimmte Richtung bewegen, vergleichbar mit gerichtet bewegten Wassermolekülen.

Der Strom, genauer gesagt die **Stromstärke**, hat das **Symbol I** und die **SI-Einheit Ampere**. Die **Stromstärke** wird häufig umgangssprachlich einfach „Strom" genannt. Die Stromstärke ist als geflossene Ladung ΔQ pro Zeit Δt definiert. Die griechischen Deltas Δ zeigen dabei an, dass es sich um eine bestimmte Ladungsmenge bzw. um einen bestimmten Zeitabschnitt handelt.

> Elektrischer Strom ist elektrische Ladung, welche sich in eine bestimmte Richtung bewegt.

1 Grundlagen

Die zugehörige Gleichung für die Stromstärke lautet:

$$I = \frac{\Delta Q}{\Delta t} \tag{1.3}$$

Stromstärke I [Ampere, A], Ladungsmenge ΔQ [Ampere mal Sekunden, A·s], Zeitabschnitt Δt, [Sekunden, s]

Beim aufmerksamen Lesen der Gleichung fällt auf, dass die Einheit der Ladung nicht als „Coulomb", sondern als „Ampere mal Sekunden" angegeben wurde. Beide Arten die Einheit anzugeben sind dabei korrekt. Die Schreibweise „Ampere mal Sekunden" nutzt jedoch die SI-Basiseinheiten. Dies ist bei Berechnungen hilfreich, da man durch das Kürzen der Einheiten in einem Bruch schnell plausibilisieren kann, ob die resultierende Einheit zur gesuchten Größe in einer Rechnung passt. Daher werden wir im Folgenden in diesem Buch nur noch „Ampere mal Sekunden" bzw. kurz „Amperesekunden" oder „As" als Einheit für die Ladung nutzen.

Wie wir an Gleichung (1.3) sehen, gibt die Stromstärke im Zusammenhang mit metallischen Leitern an, wie viele Ladungsträger (Elektronen) pro Zeitabschnitt durch den Leiter fließen. Den Begriff **Leiter** behandeln wir im nächsten Kapitelabschnitt. Genauer ausgedrückt gibt die Stromstärke an, welche Ladungsmenge durch den **gesamten Querschnitt** an einer beliebigen **Stelle des Leiters** in einer bestimmten Zeit fließt.

Die Stromstärke I gibt die durch einen Leiterquerschnitt A fließende Ladungsmenge ΔQ pro Zeitabschnitt Δt an.

Hilfreich für das Verständnis des eben beschriebenen Zusammenhangs ist die nochmalige Betrachtung von Abbildung 1.7.

1.5.2 Was ist ein elektrischer Leiter?

Nun schauen wir uns als nächstes die „Rohrleitungen" im Wassermodell an. Diese sind im Stromkreis die **elektrischen Leiter**. Ein elektrischer Leiter kann z. B. ein Kupferdraht sein. In Abbildung 1.7 stellt der Zylinder, durch den sich die Elektronen bewegen, den Leiter dar. Ein Leiter zeichnet sich dadurch aus, dass er sich gut zum Transport von Ladungen eignet. Ein elektrischer Leiter besitzt viele frei bewegliche Ladungsträger und hat einen geringen **elektrischen Widerstand**. Das bedeutet, dass das Material „gut durchlässig" für die Ladungsträger ist. Man kann diese Eigenschaft auch als hohe **Leitfähigkeit** bezeichnen. Auf den elektrischen Widerstand sowie die Leitfähigkeit werden wir im Kapitel 3 im Rahmen der Gleichstromtechnik näher eingehen.

1 Grundlagen

In der Praxis werden in der Regel **Metalle** als elektrische Leiter verwendet, da sie eine hohe elektrische Leitfähigkeit besitzen. Bei metallischen Materialien kommt diese hohe Leitfähigkeit durch die bereits beschriebene hohe Anzahl an freien Valenzelektronen zustande.

> Metallische Materialien sind aufgrund der hohen Anzahl an freien Valenzelektronen sehr gute elektrische Leiter.

Ganz vereinfacht und bildlich gesprochen kann man sich elektrischen Stromfluss in einem Leiter wie folgend vorstellen: Man nehme ein vollständig mit Murmeln gefülltes Rohr. Wenn nun am einen Ende des Rohres eine weitere Murmel hineingeschoben wird, fällt am anderen Ende eine Murmel heraus. Bei elektrischem Stromfluss verhält es sich ähnlich, die Elektronen bewegen sich nicht mit gleichmäßiger Geschwindigkeit, sondern „schieben und stoßen" sich quasi gegenseitig durch den Leiter oder genauer gesagt durch das Atomgitter des Leiters.

In der Praxis werden vor allem die Metalle Kupfer und Aluminium als Leiter für elektrischen Strom in Kabeln und **Freileitungen** verwendet. Freileitungen sind die für die elektrische Energieversorgung typischen „Stromleitungen", welche überall auf der Welt im Freien eingesetzt werden und die von den charakteristischen Tragmasten getragen werden.

Abbildung 1.8 Freileitungen mit Tragmasten

1 Grundlagen

1.5.3 Was ist eine Quelle?

Der Strom fließt im Stromkreis, wie im Wassermodell, aus einer **Quelle**. Diese ist gleichzeitig Start- und Endpunkt des Stromkreises. Eine Quelle hat einen **negativen Pol**, den „Minuspol" und einen **positiven Pol**, den „Pluspol". Am Minuspol herrscht **Elektronenüberschuss,** dort befinden sich viele Elektronen, die sich gegenseitig abstoßen „wollen" und am Pluspol herrscht **Elektronenmangel**, dort „wollen" die Elektronen hinwandern. Diese zwei Pole kann man mit einem elektrischen Leiter verbinden. Nun können wir uns leicht vorstellen, was passiert: Die sich abstoßenden Elektronen „wollen" durch die Verbindung (Leiter) vom negativen Pol zum positiven Pol fließen, da dort Elektronenmangel herrscht. Es fließt Strom! Der Minuspol stellt für den Elektronenfluss also den Startpunkt und der Pluspol den Endpunkt im Stromkreis dar.

> Elektronen fließen vom Minuspol zum Pluspol einer Quelle.

Auffällig ist, dass im Stromkreis in Abbildung 1.6 auf Seite 34 der Strom andersherum fließend, nämlich vom Plus- zum Minuspol, eingezeichnet ist. Diese Flussrichtung wird **technische Stromrichtung** genannt. Auf diese werden wir in Kapitelabschnitt 1.5.8 genauer eingehen.

Ein Beispiel für eine elektrische (Spannungs-)Quelle ist eine Batterie, doch auch dazu später mehr.

1.5.4 Was ist elektrische Spannung?

Sehr wichtig ist auch der bereits beschriebene „Wasserdruck". Der Wasserdruck zwischen dem „Start-" und dem „Endpunkt" an der Quelle im Wassermodell entspricht im Stromkreis der **elektrischen Spannung U**, welche durch die elektrische Quelle bereitgestellt wird. Die Spannung entspricht also dem Druck, mit dem das Wasser durch die Rohre gedrückt wird, genauer gesagt, der Druckdifferenz zwischen dem Anfangs- und dem Endpunkt (Plus- und Minuspol bei technischer Stromrichtung) an der Quelle.

Die Spannung „drückt" die Elektronen sozusagen durch den Kreis. Sie ist die bereits erwähnte Bedingung bzw. die Kraft, die dafür sorgt, dass sich die freien Valenzelektronen durch den Leiter bewegen. Die Spannung hat das **Formelzeichen U** und die **Einheit Volt**.

> Das fließende Wasser im Modell entspricht in einem Stromkreis dem elektrischen Strom. Der Druck, mit dem das Wasser durch die Leitungen gedrückt wird, entspricht im Stromkreis der elektrischen Spannung.

1.5.5 Was ist ein elektrischer „Verbraucher"?

Betrachten wir als letztes noch den **Verbraucher** im Kreis. Wir können uns den Verbraucher als eine Wassermühle vorstellen, welche durch das strömende Wasser angetrieben wird. Es ist naheliegend, dass der Wasserdruck durch das Wasserrad der Mühle verringert wird. Es gibt also eine Druckreduktion bzw. einen Druckabfall an der Mühle, dem Verbraucher im Wassermodell. Genauso gibt es einen Spannungsabfall an einem elektrischen Verbraucher. Man spricht hierbei auch davon, dass an einem Verbraucher „eine Spannung abfällt". Der Begriff „Abfall" hat dabei natürlich nichts mit Müll zu tun, sondern ist als „Reduktion" zu verstehen. Anstatt dem Begriff „Spannungsabfall" kann auch der Begriff Spannungsfall benutzt werden.

> An einem elektrischen Verbraucher gibt es einen Spannungsabfall.

Wie wir wissen, kann Energie nie verbraucht, sondern immer nur umgewandelt werden. Daher ist die Bezeichnung „Verbraucher" vor diesem Hintergrund möglicherweise etwas irreführend. Der Begriff „Verbraucher" bezieht sich hierbei auf die Tatsache, dass ein Teil der zugeführten elektrischen Energie in andere Nutzenergie (z. B. Licht) und ein Teil in „unnütze" Energie wie Abwärme umgewandelt wird. Ein typisches Beispiel für einen elektrischen Verbraucher ist eine Glühlampe, die bereits nach kurzem Betrieb sehr warm wird.

1.5.6 Offener Stromkreis

Wichtig ist zu beachten, dass Strom nur in einem geschlossenen Stromkreis fließen kann. Ein offener Stromkreis kann z. B. durch einen geöffneten Schalter realisiert werden, wie in Abbildung 1.9 gezeigt.

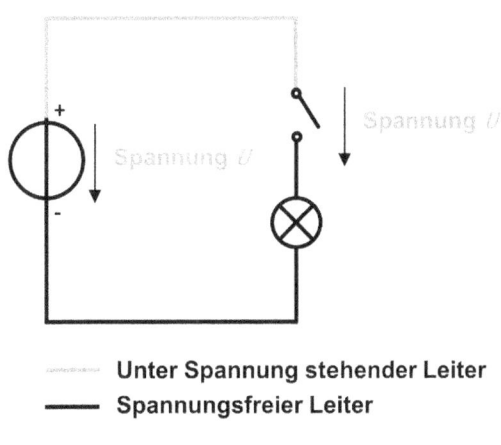

Abbildung 1.9 Offener Stromkreis

1 Grundlagen

Im Falle eines offenen Stromkreises kann kein Strom fließen, da keine leitende Verbindung zwischen Plus- und Minuspol besteht. Die eine Seite des Schalters, dort wo der Pol liegt, aus dem der Strom fließt, steht jedoch unter Spannung. Sie kann somit potentiell gefährlich sein.

Auch hier können wir unserer Vorstellung mit dem Wassermodell auf die Sprünge helfen. Einen offenen Stromkreis können wir mit einem Wasserkreis vergleichen, bei dem ein geschlossenes Ventil, im Stromkreis der geöffnete Schalter, das Wasser am Fließen hindert. Auf der einen Seite des Ventils wird das Wasser also zurückgehalten. Übertragen auf den Stromkreis steht dieser Teil des Kreises unter Spannung. Auf der anderen Seite des Ventils befindet sich im Wasserkreis zwar auch Wasser in der Leitung, dieses steht aber nicht unter Druck, da dieser vom Ventil ausgehalten wird. Genauso befinden sich beim Stromkreis zwar auch Elektronen auf der anderen Seite des Schalters im Leiter, es liegt aber keine Spannung an, weshalb die Elektronen sich nicht gerichtet bewegen. In einem offenen (unterbrochenen) Stromkreis fließt also kein Strom.

> Strom kann nur in einem geschlossenen Stromkreis fließen.

1.5.7 Was ist das Potential und wie hängt es mit der Spannung zusammen?

Wir haben nun bereits den Begriff der elektrischen Spannung anhand des Wassermodells kennengelernt. Eine eng mit der Spannung verbundene Größe ist das **elektrische Potential** mit dem Formelzeichen φ. Während die Spannung einer Druck**differenz** im Wasserkreis entspricht, kann das Potenzial als Druck**niveau** angesehen werden. In einem Stromkreis herrscht am Ausgangspunkt der Quelle, dem Pluspol, ein hohes Potential. Dies ist vergleichbar mit einem hohen Druckniveau im Wassermodell am Anfangspunkt des Wasserkreises. Am Endpunkt des Stromkreises, dem Minuspol, liegt ein niedrigeres Potential bzw. das Potential $\varphi_0 = 0\,\text{V}$ vor. Dies kann mit einem niedrigen Druckniveau bzw. dem Druckniveau 0, also dem Umgebungsdruckniveau am Ende des Wasserkreises verglichen werden.

Die elektrische Spannung U ist also die Potentialdifferenz zwischen zwei Punkten in einem Stromkreis mit den Potentialen φ_1 und φ_2. Für den Zusammenhang zwischen Spannung und Potential gilt die nachfolgende Gleichung (1.4).

$$U = \varphi_1 - \varphi_2 \qquad (1.4)$$

Spannung U [Volt, V], Potential 1 φ_1 [Volt, V], Potential 2 φ_2 [Volt, V]

Da eine Potentialdifferenz einer Spannung entspricht, hat die Größe elektrisches Potential ebenfalls die **Einheit Volt**.

Um einen Bezugspunkt für Potential- bzw. Spannungsangaben innerhalb eines Stromkreises zu haben, wird das (in der Regel) niedrigste vorkommende Potential als **Masse** bezeichnet. Der Massepunkt muss dabei allerdings nicht unbedingt das Potential $\varphi_0 = 0$ V haben. Liegt eine leitende Verbindung dieses Massepunktes mit dem Erdboden vor, spricht man vom **Erdpotential** oder einfach **Erde**. Dann liegt in jedem Fall das Potential $\varphi_0 = 0$ V an diesem Ort vor.

Wir können uns merken, dass Strom immer dann fließt, wenn eine **Potentialdifferenz** (= Spannung) zwischen zwei mit einem Leiter verbundenen, Punkten herrscht. Der Stromfluss stellt dabei einen **Ladungsausgleich** dar, es fließt Strom vom Ort mit hohem Potential zum Ort mit niedrigerem Potential. Im Wassermodell könnte man zur Beschreibung des Begriffs Potential auch sagen: Es fließt Wasser zwischen zwei Orten mit unterschiedlichen Druckniveaus, die durch ein Rohr verbunden sind. Das Wasser fließt vom Ort mit hohem Druckniveau zum Ort mit niedrigem Druckniveau.

> Eine Potentialdifferenz ist eine Spannung. Strom fließt, sobald zwei Punkte mit einer Potentialdifferenz durch einen Leiter verbunden sind.

Anhand der Vorstellung von zwei verschiedenen Druckniveaus können wir uns auch vorstellen, wie lange ein Strom zwischen den zwei Orten mit unterschiedlichem Potential φ fließt: Der Stromfluss, also der Ladungsträgerausgleich, liegt so lange vor, bis die Menge an Elektronen an beiden Orten gleich groß ist. Dann herrscht an beiden Orten dasselbe Potential.

> Stromfluss ist ein Ladungsträgerausgleich zwischen zwei Orten mit unterschiedlichen Potentialen φ_1 und φ_2.

Ein anschauliches Beispiel für das Potential sind Vögel, die auf einer Freileitung sitzen. Manch einer hat sich vielleicht schon gefragt, warum ein Vogel dort so ruhig sitzen kann, ohne dass er einen „Stromschlag" bekommt. Dies liegt daran, dass beide Füße des Vogels auf dem gleichen Potential liegen und sein Körper einen wesentlich höheren elektrischen Widerstand (zum elektrischen Widerstand später mehr) als das Leiterstück zwischen ihren Füßen darstellt. Der Strom fließt also quasi über den Leiter „an ihm vorbei".

Würden wir dagegen auf dem Erdboden, mit dem Potential $\varphi_0 = 0$ V (Erdpotential) stehen und die stromführende Freileitung (sehr hohes Potential) mit einem langen Metallstab (Leiter) berühren, würden wir eine leitfähige Verbindung zwischen einem Ort mit hohem Potential (Leitung) und einem Ort mit niedrigem Potential (Erdboden) herstellen. Es würde ein hoher Strom vom hohen Potential über unseren Körper zum niedrigen Potential, dem Erdboden, fließen. Das wäre, wie man sich leicht vorstellen kann, eine sehr schlechte Idee, da akute Lebensgefahr bestehen würde. Derselbe Vorgang würde ablaufen, wenn ein Vogel mit einem Flügel die stromdurchflossene Freileitung und mit dem anderen Flügel den Masten berühren würde. Der Mast liegt nämlich ebenfalls auf Erdpotential. Die Trennung zwischen Leitung und Mast geschieht durch **Isolatoren**. Diese verhindern, dass der Strom von der Leitung über den Masten in die Erde abfließt, da sie einen sehr hohen Widerstand, also ein großes Hindernis für den Strom darstellen. Im Rahmen eines kurzen Exkurses gehen wir in Kapitelabschnitt 3.3.4 noch etwas genauer auf die Isolatoren ein.

1.5.8 Technische und physikalische Stromrichtung

Zum Abschluss dieses Kapitels wollen wir noch klären, was die Begriffe „physikalische" und „technische" Stromrichtung bedeuten. Bisher haben wir oft vom Elektronenfluss gesprochen, jedoch auch schon festgestellt, dass in den zwei Schaltbildern in Abbildung 1.4 und Abbildung 1.6 die Stromrichtung vom Plus- zum Minuspol, also entgegen der Elektronenflussrichtung eingezeichnet wurde.

Dies ist mit den beiden Begriffen technische und physikalische Stromrichtung zu erklären. Bei der **physikalischen Stromrichtung** fließt der Strom einer Quelle vom Minuspol mit Elektronenüberschuss über Leitungen und Verbraucher zum Pluspol mit Elektronenmangel. Dies entspricht auch der physikalischen Realität.

> Die physikalische Stromrichtung zeigt die Elektronenflussrichtung an.

In den frühen Jahren der Elektrizitätsforschung dachte man jedoch, dass der Strom genau andersrum, also vom Plus- zum Minuspol fließt. Diese Flussrichtung wird **technische Stromrichtung** oder auch **konventionelle Stromrichtung** genannt. Diese Definition hat man bis heute als standardmäßige Festlegung beibehalten. Mit der technischen Stromrichtung wird in aller Regel auch gerechnet und sie wird in Schaltbildern verwendet.

> Die physikalische Stromrichtung zeigt vom Minus- zum Pluspol. Die technische Stromrichtung zeigt vom Plus- zum Minuspol. In der Praxis wird immer die technische Stromrichtung verwendet.

Da die technische Stromrichtung die standardmäßige Stromrichtung ist, werden nach ihr auch die Potentiale festgelegt. Am Pluspol herrscht ein höheres Potential als am Minuspol, um der Regel gerecht zu werden, dass Strom immer vom höheren Potential zum niedrigeren Potential fließt. Dies kann am Anfang etwas verwirrend sein, man gewöhnt sich jedoch schnell daran.

Auch wenn die technische Stromrichtung regulär für Schaltbilder gilt, wird bei manchen Darstellungen in diesem Buch zur besseren Nachvollziehbarkeit der zugehörigen Erklärung die physikalische Stromrichtung, also die Elektronenflussrichtung, verwendet. Um deutlich zu kennzeichnen, wenn einmal die physikalische Stromrichtung in einer Abbildung verwendet wird, führen wir ein Symbol ein, welches diese Verwendung angezeigt. Dieses Symbol wird dann rechts oben in der Schaltungsabbildung dargestellt und ist in nachfolgender Abbildung 1.10 gezeigt.

Abbildung 1.10 Symbol, um die Verwendung der physikalischen Stromrichtung anzuzeigen

Da die technische Stromrichtung die standardmäßige Stromrichtung ist, wird sie auch in diesem Buch in aller Regel in den Schaltbildern verwendet. Wird also kein Symbol rechts oben im Schaltbild angezeigt, wird die technische Stromrichtung verwendet.

1.5.9 Zusammenfassung realer Stromkreis und Wassermodell

In der folgenden Tabelle stellen wir die Elemente und Größen des Wasserkreises denen des Stromkreises noch einmal zusammenfassend gegenüber.

Tabelle 1-10 Wasser- vs. Stromkreis

Element Wasserkreis	Element Stromkreis
Wasserquelle	Strom-/ Spannungsquelle
Rohrleitung	Elektrischer Leiter
Gerichtet bewegte Wassermoleküle = Wasserfluss	Gerichtet bewegte Elektronen = elektrischer Strom
Druckdifferenz zwischen Ausgangs- und Endpunkt der Quelle	Spannung zwischen Plus- und Minuspol der Quelle
Wassermühle	„Verbraucher", z. B. Glühlampe

1 Grundlagen

Nachdem wir nun das Wassermodell ausführlich betrachtet haben, können wir noch einmal einen Blick auf Abbildung 1.6 auf Seite 34 werfen. Im Folgenden sind einige Erkenntnisse aus diesem Kapitel anhand der Abbildung zusammengefasst:

- Der Strom fließt im Stromkreis in technischer Stromrichtung vom Plus- zum Minuspol der Quelle
- Die Druckdifferenz an der Wasserquelle zwischen oberem Becken (Pluspol bei der elektrischen Quelle) und unterem Becken (Minuspol bei der elektrischen Quelle) entspricht der Spannung der elektrischen Quelle
- An der Wassermühle (Verbraucher) verringert sich der Wasserdruck, es gibt einen Druckabfall (Spannungsabfall / Spannungsfall)

Nachdem wir nun die Grundprinzipien des Stromkreises mithilfe des Wassermodells nachvollzogen haben, widmen wir uns einem weiteren wichtigen Gebiet in der Elektrotechnik: den Feldern, genauer gesagt, dem elektrischen und dem magnetischen Feld.

2 Elektrisches und magnetisches Feld

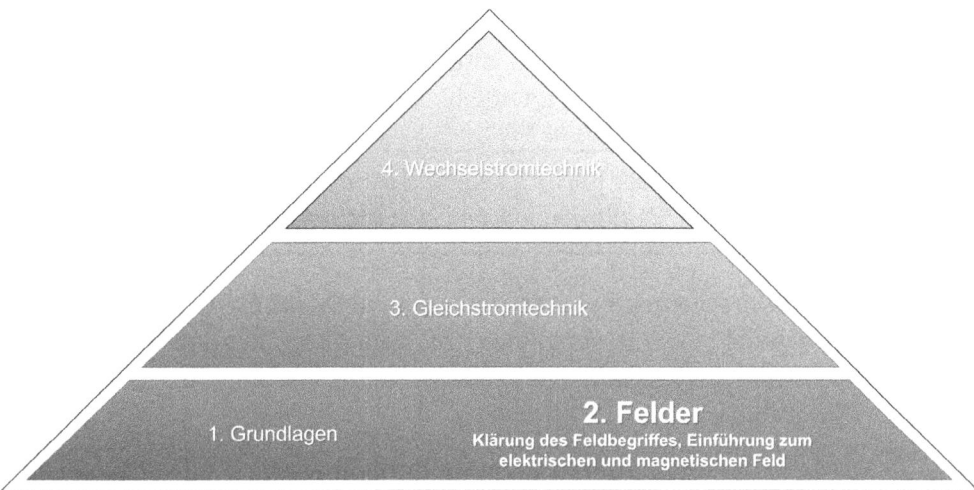

Abbildung 2.1 Kapitel 2 im Kontext des Buches

Es gibt in der Elektrotechnik zwei wichtige Arten von Feldern: das elektrische und das magnetische Feld. In diesem Kapitel klären wir, was man sich unter einem Feld vorstellen kann und wir gehen auf die beiden genannten Feldtypen genauer ein.

2.1 Was ist ein Feld?

Zunächst stellt sich die Frage, was ein Feld überhaupt ist. Wir haben im vorherigen Kapitel bereits den Begriff „Größe" kennengelernt. Kurz gesagt zeigt ein physikalisches **Feld** die **räumliche Verteilung einer Größe** an.

Jedem Punkt im Raum wird dabei zu einem bestimmten Zeitpunkt ein bestimmter Wert zugeordnet, welcher die Stärke bzw. Intensität des Feldes an diesem Punkt angibt. Naheliegender Weise wird dieser bestimmte Wert **Feldstärke** genannt. Anschaulich wird ein Feld bei der Betrachtung von **Feldlinien**. Eine Feldlinie ist eine imaginäre Linie, welche die Richtung der einwirkenden Kraft des Feldes auf einen geeigneten Probekörper in diesem Feld anzeigt. Diese Kraft kann zum Beispiel die Schwerkraft im Gravitationsfeld oder eine magnetische Kraft im Magnetfeld sein.

> Eine Feldlinie zeigt die Kraftwirkung eines Feldes auf einen geeigneten Probekörper in diesem Feld an.

2 Elektrisches und magnetisches Feld

Wenn man an einen beliebigen Punkt einer Feldlinie eine Tangente anlegt, wird durch die Tangente die Richtung der Kraftwirkung auf einen Probekörper an genau diesem Punkt angezeigt. Je höher die **Feldliniendichte** eines Feldes ist, also je enger die Feldlinien in einem bestimmten Bereich beieinanderliegen, desto höher ist dort die Feldstärke, besser gesagt die Intensität des Feldes. Wichtig ist dabei zu beachten, dass sich Feldlinien nie schneiden können.

> Die Feldliniendichte in einem Bereich zeigt die Intensität des Feldes in diesem Bereich an. Feldlinien können sich nicht schneiden.

Diese Erklärungen erscheinen beim ersten Lesen vielleicht etwas abstrakt, wenn wir uns die zwei wohl bekanntesten Felder aus dem Alltag, nämlich das **Gravitationsfeld** der Erde und das **magnetische Feld** anschauen, werden die Erläuterungen jedoch verständlich.

Beginnen wir unsere Betrachtungen mit dem Gravitationsfeld. Jeden Tag erleben wir die Wirkung des Gravitationsfeldes der Erde: die Schwerkraft. Die Feldlinien des Gravitationsfeldes sind gerade Linien, die zum Erdmittelpunkt, für uns senkrecht zum Erdboden, zeigen. Da die Stärke des Gravitationsfeldes in der Nähe der Erdoberfläche überall gleich ist, ist die Feldliniendichte in Bodennähe konstant. Wenn die Feldlinien eines Feldes in einem bestimmten Bereich parallel mit der gleichen Richtung verlaufen sowie den gleichen Abstand haben, wird dieser Feldbereich **homogen** genannt. Dies trifft auf das Gravitationsfeld in der Nähe der Erdoberfläche zu.

> Ein homogenes Feld ist ein Feld mit parallel verlaufenden Feldlinien mit gleicher Richtung sowie einer konstanten Feldliniendichte.

Wenn wir als Probekörper ein Pendel verwenden und dieses am oberen Ende der Schnur ruhig halten, zeigt die Schnur den Verlauf der Feldlinien des Gravitationsfeldes, nämlich nach unten zum Boden hin, an. Dies ist in Abbildung 2.2 gezeigt.

2 Elektrisches und magnetisches Feld

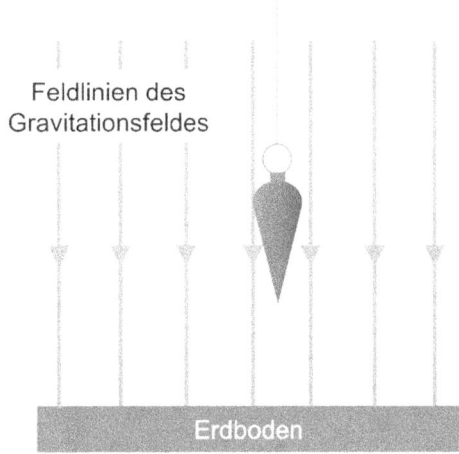

Abbildung 2.2 Pendel im Gravitationsfeld der Erde

Nachdem wir nun als ersten Feldtyp das Gravitationsfeld kennengelernt haben, betrachten wir nun einen zweiten Feldtyp; das magnetische Feld.

2.2 Das magnetische Feld

Neben dem Gravitationsfeld ist auch das **magnetische Feld** ein aus dem Alltag oder dem Schulunterricht bekannter Feldtyp. Betrachten wir als Einstieg zum magnetischen Feld einen Stabmagneten, wie in Abbildung 2.3 dargestellt.

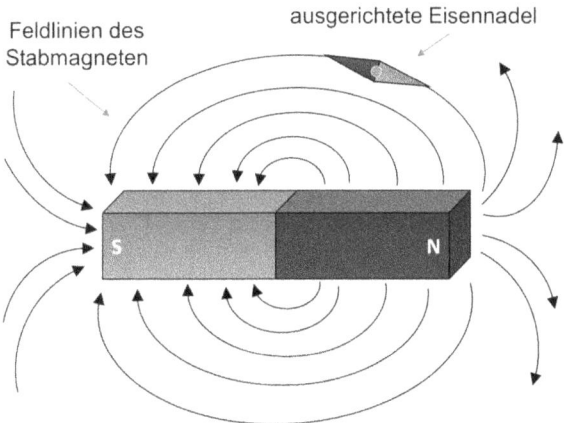

Abbildung 2.3 Stabmagnet mit Feldlinien und Eisennadel

Ein Stabmagnet ist ein **Permanentmagnet**. Das bedeutet, dass der Magnet unter normalen Umweltbedingungen immer ein gleich verlaufendes magnetisches Feld um sich herum aufbaut. Die Einschränkung „normale Umweltbedingungen" bedeutet dabei, dass keine beeinflussenden, anderen magnetischen Körper in der

Nähe des Permanentmagneten sein dürfen. Das magnetische Feld des Permanentmagneten verläuft außerhalb des Magneten vom Nord- zum Südpol, innerhalb des Magneten vom Süd- zum Nordpol. Wichtig ist dabei zu beachten, dass die Feldlinien immer in sich geschlossen sind, es gibt also keinen Anfang und kein Ende. Die Feldlinien innerhalb des Magneten sind in Abbildung 2.3 aus Gründen der Darstellbarkeit nicht eingezeichnet.

> Magnetische Feldlinien sind in sich geschlossen und verlaufen außerhalb des Magneten vom Nord- zum Südpol. Innerhalb des Magneten verlaufen die Feldlinien vom Süd- zum Nordpol.

Wird nun eine Eisennadel frei gelagert in das Feld des Stabmagneten eingebracht, richtet sie sich entlang der Feldlinien aus. Die Nadel ist also als Probekörper zu verstehen, auf den das magnetische Feld eine Kraft ausübt. Wie man in Abbildung 2.3 erkennt, ist die Feldliniendichte an Nord- und Südpol des Stabmagneten am höchsten. Dort ist also die Intensität des Magnetfeldes des Permanentmagneten am höchsten.

Die Feldlinien des Feldes des Stabmagneten verlaufen, wie bereits erwähnt, immer gleich, außer sie werden durch einen anderen Gegenstand mit magnetischen Eigenschaften beeinflusst. Dies kann entweder ein anderer Permanentmagnet sein, dann überlagern sich die magnetischen Felder der beiden Magneten zu einem neuen resultierenden Feld oder der beeinflussende Gegenstand ist zwar kein Permanentmagnet, aber ein Material mit einer hohen magnetischen **Permeabilität**. Dieser zweite Fall ist in Abbildung 2.4 gezeigt. Anstatt einer freigelagerten Eisennadel ist hier ein Eisenquader mit fester Position in das Magnetfeld des Stabmagneten eingebracht. Dieser Eisenquader hat eine hohe magnetische Permeabilität und lenkt das Magnetfeld etwas um, man sagt auch, er „führt" es.

2 Elektrisches und magnetisches Feld

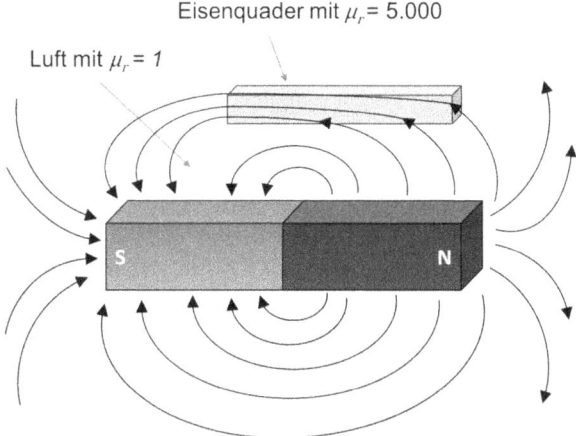

Abbildung 2.4 Stabmagnet mit durch Eisenblock umgelenkten Feldlinien

Die magnetische Permeabilität ist eine physikalische Größe und hat den griechischen Buchstaben **μ** als Formelzeichen. Sie gibt an, wie durchlässig ein Material für ein magnetisches Feld ist. Die Permeabilität μ ist das Produkt der **relativen Permeabilität μ_r** und der **magnetischen Feldkonstante μ_0**. Für den beschriebenen Zusammenhang gilt also die folgende Gleichung (2.1).

$$\mu = \mu_r \cdot \mu_0 \tag{2.1}$$

Permeabilität μ [Voltsekunden pro Amperemeter, $\frac{Vs}{Am}$],
magnetische Feldkonstante $\mu_0 \approx 1{,}26 \cdot 10^{-6}$ [Voltsekunden pro
Amperemeter, $\frac{Vs}{Am}$], relative Permeabilität μ_r des Materials
[einheitenlos]

Wie der Name schon sagt, ist der Wert der magnetischen Feldkonstante μ_0 immer gleich, also konstant. Die magnetische Feldkonstante μ_0 gibt die Permeabilität des Vakuums, also die Durchlässigkeit des Vakuums für das magnetische Feld an. Die Materialabhängigkeit der Permeabilität μ kommt durch die relative Permeabilität μ_r zustande. Diese ist eine Materialkonstante, sie ist also für jedes Material unterschiedlich. Für Luft und Vakuum ist $\mu_r = 1$, für Eisen ist $\mu_r = 300$ bis $\mu_r = 10.000$. Eisen ist also sehr gut „durchlässig" für das magnetische Feld und daher gut geeignet, um ein magnetisches Feld „zu führen", es also in eine bestimmte Richtung zu lenken. Generell werden Stoffe mit einer relativen Permeabilität $\mu_r \gg 1$ (sehr viel größer als 1) als **ferromagnetisch** bezeichnet.

> Das magnetische Feld eines Magneten kann durch einen anderen Magneten oder ein Material mit hoher Permeabilität μ beeinflusst werden.

Magnetische Feldlinien „wollen" immer durch das Material mit der höchsten Permeabilität verlaufen. Dies ist der Grund für den Verlauf der Feldlinien durch den Eisenquader anstatt durch die Luft in Abbildung 2.4.

Eine weitere wichtige Tatsache ist, dass ein Permanentmagnet immer einen Nord- und einen Südpol hat. Nord- und Südpol können also nie ohne den jeweils anderen existieren. Würde man einen Stabmagneten in der Mitte zerbrechen, würden zwei neue Stabmagneten entstehen, jeweils mit Süd- und Nordpol. Es existieren, im Gegensatz zu elektrischen Einzelladungen, z. B. einem einzelnen Elektron, also keine magnetischen Einzelladungen.

> Ein Magnet hat immer einen Nord- und einen Südpol. Magnetische Einzelladungen existieren nicht.

2.2.1 Der stromdurchflossene Leiter, die rechte-Faust-Regel

Nachdem wir nun die wesentlichen Grundsätze des Magnetfeldes anhand eines Stabmagneten kennengelernt haben, schauen wir uns nun den **Elektromagnetismus** an. Elektromagnetismus bedeutet, dass ein magnetisches Feld durch einen elektrischen Strom hervorgerufen wird.

Ein wichtiges und grundlegendes Prinzip in der Elektrotechnik besagt, dass ein elektrischer Leiter von einem kreisförmigen, konzentrischen magnetischen Feld umgeben ist, sobald Strom durch den Leiter fließt. Dieser Leiter kann z. B. ein Kupferdraht sein. Konzentrisch bedeutet, dass die Kreise denselben Mittelpunkt, nämlich den fließenden Strom im Leiter haben. Die Intensität des Magnetfeldes ist direkt am Leiter am höchsten und nimmt mit zunehmendem Abstand überproportional ab. Je stärker der fließende Strom im Leiter ist, desto stärker ist auch das ihn umgebende Magnetfeld. Wenn man den Leiter zu einer Spule wickelt, kann man einen **Elektromagneten** bauen, der nur magnetisch ist, wenn er von Strom durchflossen ist. Auf dieses Thema werden wir im Kapitel 3.10 „Die Spule im Gleichstromkreis" genauer eingehen.

2 Elektrisches und magnetisches Feld

Die Feldlinien des Magnetfeldes um den Leiter haben eine definierte Richtung. Diese kann für die **technische Stromrichtung** mit der **rechte-Faust-Regel** bestimmt werden. Hierbei bildet man mit dem Daumen die Stromrichtung nach. Die restlichen Finger der Faust zeigen dann die kreisförmige Richtung der Feldlinien um den stromdurchflossenen Leiter an, wie in Abbildung 2.5 dargestellt.

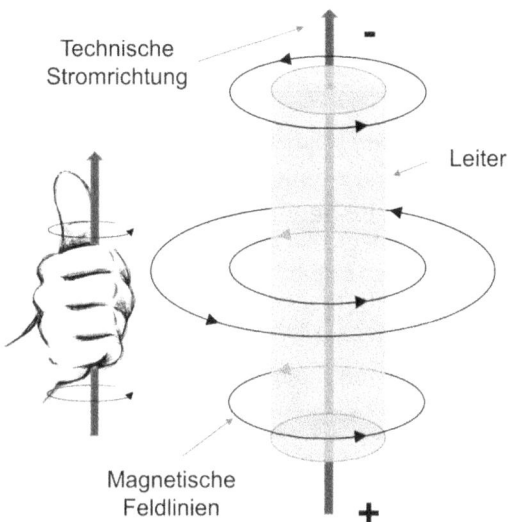

Abbildung 2.5 Rechte-Faust-Regel (für die technische Stromrichtung)

> Ein stromdurchflossener Leiter ist von einem kreisförmigen, konzentrischen Magnetfeld umgeben. Die Feldlinienrichtung kann für die technische Stromrichtung mit Hilfe der rechten-Faust-Regel bestimmt werden.

Würde man das Magnetfeld für die in der Regel nicht verwendete physikalische Stromrichtung nachbilden wollen, gilt die **linke-Faust-Regel**. Hierfür bildet man mit dem linken Daumen die Stromrichtung nach und die restlichen Finger der linken Hand zeigen die Magnetfeldrichtung an.

2.2.2 Ströme oder Feldlinien senkrecht zur Zeichenebene

Bei Skizzen oder Zeichnungen im Zusammenhang mit Feldern kommt es vor, dass Ströme oder Feldlinien direkt in das Papier hinein oder aus dem Papier heraus, also senkrecht zur Papierebene, gezeichnet werden müssen. Diese Papierebene wird **Zeichenebene** genannt.

2 Elektrisches und magnetisches Feld

Wenn man im rechten Winkel zur Zeichenebene einen Strom oder eine Feldlinie mit der Richtung **in die Zeichenebene** (oder in den Bildschirm) zeichnen möchte, verwendet man einen **Kreis mit einem Kreuz** darin, wie ein Pfeil, der von hinten betrachtet wird.

> Ein senkrecht in die Zeichenebene hineinzeigender Strom wird durch ein Kreuz dargestellt. Dies kann man sich durch den bildlichen Vergleich mit einem wegfliegenden Pfeil merken.

Wenn man einen Strom oder eine Feldlinie senkrecht **aus der Zeichenebene** heraus zeichnen möchte, verwendet man einen Kreis mit einem Punkt in der Mitte, wie ein Pfeil, der direkt aus der Zeichenebene auf einen zufliegt.

> Ein senkrecht aus Zeichenebene herauszeigender Strom wird durch einen Punkt dargestellt. Dies kann man sich durch den bildlichen Vergleich mit einem auf einen zukommenden Pfeil merken.

Die beschriebenen Merkregeln sind in Abbildung 2.6 dargestellt.

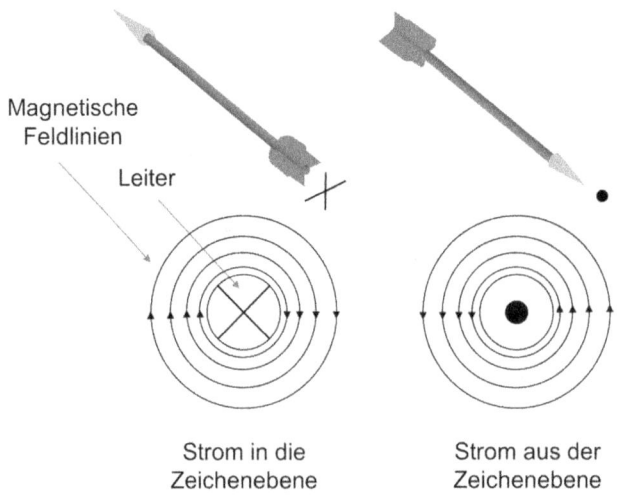

Abbildung 2.6 Ströme senkrecht zur Zeichenebene

2.2.3 Die magnetische Flussdichte *B* und die Lorentzkraft

Eine der markantesten physikalischen Größen, welche einen Magneten bzw. das Magnetfeld desselben charakterisieren, ist die **magnetische Flussdichte** mit dem Formelzeichen ***B***. Die magnetische Flussdichte B gibt die Dichte der magnetischen Feldlinien an und kennzeichnet somit, wie stark ein Magnetfeld in einem bestimmten Bereich ist. Das magnetische Feld wird daher umgangssprachlich auch „B-Feld" genannt. Die Einheit der magnetischen Flussdichte B ist **Tesla [T]**.

Wir haben zu Beginn von Kapitel 2.2 bereits den Stabmagneten als Permanentmagneten kennengelernt. Ein zweiter bekannter Permanentmagnettyp ist der **Hufeisenmagnet**. Dieser verdankt seinen Namen seiner charakteristischen Form, wie in Abbildung 2.7 ersichtlich.

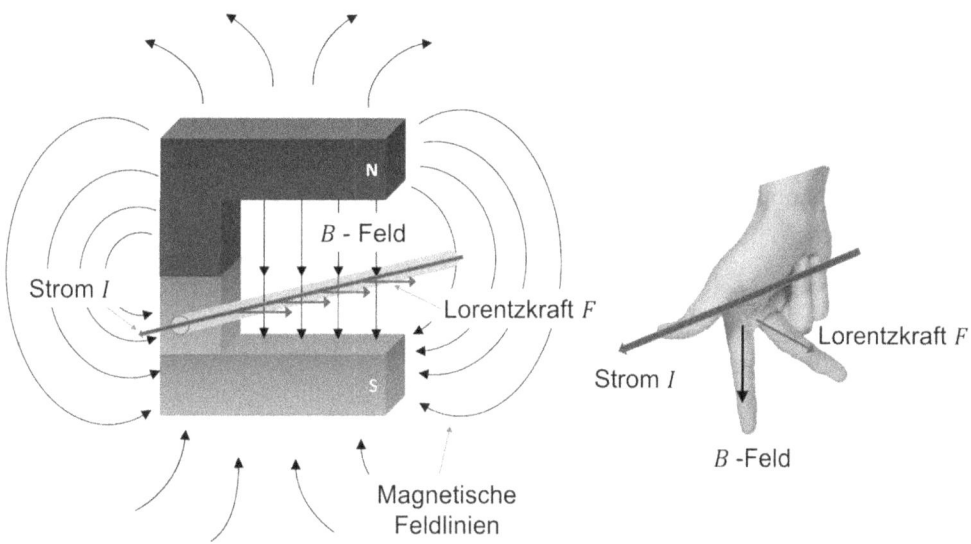

Abbildung 2.7 Hufeisenmagnet mit Leiter und rechte Hand-Regel

Das Besondere an einem Hufeisenmagnet ist, dass ein Teil seines Magnetfeldes annähernd homogen ist, nämlich jener zwischen den Schenkeln des Magneten. Mithilfe des Hufeisenmagneten können wir die nachfolgende Gleichung (2.2), welche die magnetische Flussdichte charakterisiert, nachvollziehen. Dazu stellen wir uns vor, dass ein langer stromdurchflossener Leiter mit der Länge s im rechten Winkel zu den Magnetfeldlinien zwischen den Schenkeln des Hufeisenmagneten eingebracht wird. Wenn man dieses Experiment durchführt, stellt man fest, dass eine Kraft F auf den Leiter einwirkt. Der Leiter wird also durch das Zusammenspiel des B-Feldes des Hufeisenmagneten und des durch ihn fließenden Stromes in eine bestimmte Richtung gedrückt. Wir werden gleich lernen, wie diese Richtung bestimmt wird.

2 Elektrisches und magnetisches Feld

Als Gleichung ausgedrückt wird die magnetische Flussdichte B für den beschriebenen Aufbau wie folgt definiert:

$$B = \frac{F}{I \cdot s} \tag{2.2}$$

Magnetische Flussdichte B [Tesla, T], Kraft F [Newton, N],
Stromstärke I, [Ampere, A], Leiterlänge s [Meter, m]

Anhand der Gleichung ist erkennbar, dass die magnetische Flussdichte B über den in Abbildung 2.7 dargestellten Versuch ermittelt werden kann. Dabei ist B die magnetische Flussdichte, F die Kraft, die auf den Leiter wirkt, I die Stromstärke des Stromes, der durch den Leiter fließt und s die Länge des durchflossenen Leiters.

Die auf den Leiter wirkende Kraft F hat einen besonderen Namen, sie wird **Lorentzkraft** genannt. Generell wirkt sich die Lorentzkraft immer auf bewegte Ladung in einem magnetischen Feld aus. Den Zusammenhang zwischen der magnetischen Flussdichte B, der Stromflussrichtung und der wirkenden Kraft F kann bei der **technischen Stromrichtung** mit der **rechten Hand-Regel** ermittelt werden. Man spreizt dafür Zeige- und Mittelfinger sowie den Daumen im rechten Winkel zueinander, wie in Abbildung 2.7 auf Seite 53 dargestellt. Der Daumen zeigt dabei die Stromrichtung, der Zeigefinger die Magnetfeldrichtung und der Mittelfinger die Lorentzkraft an. Eine etwas unkonventionelle, aber einprägsame Eselsbrücke hierbei ist, dass der Mittelfinger, der die **Kraft** anzeigt, auch für einen gewissen **Kraft**ausdruck genutzt wird.

> Der Zusammenhang zwischen Magnetfeldrichtung, technischer Stromflussrichtung und der Richtung der wirkenden Lorentzkraft kann mit der rechten-Hand-Regel hergestellt werden.

Es wurden nun die für uns wichtigsten Grundlagen für das magnetische Feld erläutert. An dieser Stelle sei angemerkt, dass die Thematik bei tiefergehender Beschäftigung mit Feldern deutlich komplexer wird. Um den Leser für den Einstieg aber nicht zu verwirren, wurden die in diesem und die im nächsten Unterkapitel erläuterten Grundlagen möglichst übersichtlich gehalten.

Exkurs: Das Induktionsgesetz

Zum Abschluss des Unterkapitels zum magnetischen Feld behandeln wir im Rahmen eines Exkurses noch ein äußerst wichtiges, wenn auch nicht ganz einfaches Gesetz der Elektrotechnik: Das **Induktionsgesetz**. Dieses gehört eigentlich nicht direkt zum Themengebiet des magnetischen Feldes, es hängt aber eng mit diesem zusammen. Daher wird es im Rahmen eines Exkurses erklärt.

2 Elektrisches und magnetisches Feld

Bisher haben wir gelernt, dass ein elektrischer Strom ein Magnetfeld erzeugt. Das Induktionsgesetz ist quasi die Umkehrung dieses Prinzips: Ein magnetisches Feld kann also unter gewissen Voraussetzungen einen Stromfluss, genauer gesagt eine Spannung erzeugen. Dieser Vorgang wird **elektromagnetische Induktion** genannt.

Die Voraussetzung für einen Induktionsvorgang ist eine Leiterschleife sowie ein Magnetfeld, welches die Leiterschleife durchsetzt. Eine Leiterschleife ist ein Leiter, der eine Fläche A umfasst. Betrachten wir das Induktionsgesetz zunächst in Gleichungsform.

$$U_{\text{ind}} = -\frac{\text{d}(B \cdot A)}{\text{d}t} \qquad (2.3)$$

Induzierte Spannung U_{ind} [Volt, V], magnetische Flussdichte B [Tesla, T], vom Magnetfeld durchsetzte Fläche A [Quadratmeter, m²], Zeitänderung dt [Sekunden, s]

Das „-" vor dem rechten Teil der Gleichung bedeutet, dass die induzierte Spannung ihrer Ursache (dem sich **ändernden** Magnetfeld oder der sich **ändernden** durchsetzten Leiterfläche) entgegenwirkt. Dies ist ebenfalls eine sehr wichtige Regel in der Elektrotechnik, sie wird die **Lenzsche Regel** genannt.

> Die Lenzsche Regel besagt, dass eine induzierte Spannung bzw. der resultierende Strom der Ursache der Induktion (z. B. Änderung der Intensität des magnetischen Feldes) entgegenwirkt.

Wir werden auf die Lenzsche Regel unter anderem bei der Behandlung der Spule im Kapitel 3.10 noch einmal zurückkommen. Doch zurück zu Gleichung (2.3): Das d im rechten Teil der Gleichung im Zähler und Nenner bedeutet, dass es für eine Spannungsinduktion eine **zeitliche Änderung** der Größen im Zähler, also entweder eine Änderung der Flussdichte B oder der durchsetzten Fläche A geben muss. Anders ausgedrückt stellt der rechte Teil der Gleichung eine Ableitung von B und A nach der Zeit t dar.

Anhand der Gleichung kann man erkennen, dass es prinzipiell zwei Möglichkeiten gibt, wie Spannung in der Leiterschleife erzeugt, man sagt auch in die Leiterschleife **induziert** werden kann.

Möglichkeit 1 für Induktion: **Bewegungsinduktion**

Für Möglichkeit 1 betrachten wir einen Aufbau mit einem Hufeisenmagneten und einer Leiterschleife im homogenen Magnetfeld, wie in nachfolgender Abbildung 2.8 links gezeigt. Bei diesem Aufbau kann dann eine Spannung in die Leiterschleife induziert werden, wenn sich die vom Magnetfeld durchsetzte Fläche der Leiterschleife ändert (dA in Gleichung (2.3)). Dabei ist zu beachten, dass sich nicht die Fläche der Leiterschleife an sich ändert, sondern die vom Magnetfeld **durchsetzte** Fläche. Diese Änderung der vom Magnetfeld durchsetzten Fläche A kann zum Beispiel entstehen, wenn man die Leiterschleife senkrecht zum B-Feld in das Feld rein- und wieder rausschwenkt. Eine andere, einfachere Möglichkeit ist die **Rotation der Leiterschleife** im konstanten Magnetfeld wie in Abbildung 2.8 links angedeutet. Dadurch wird ständig eine Änderung der vom Magnetfeld durchsetzten Fläche A realisiert. Diese erste Möglichkeit wird auch **Bewegungsinduktion** genannt. Auf diesem Prinzip basieren Generatoren.

Möglichkeit 2 für Induktion: **Ruheinduktion**

Für die Beschreibung der zweiten Möglichkeit zur Spannungsinduktion müssen wir den eben beschriebenen Aufbau ändern. Die Spannung wird hierbei durch eine **zeitliche Änderung des Magnetfeldes**, welches die **konstante Fläche** der Leiterschleife durchsetzt (dB in der Gleichung (2.3)), induziert. Das Magnetfeld muss also stärker oder schwächer werden, die Leiterschleife bleibt jedoch unbewegt. Je schneller die zeitliche Änderung der Intensität des Magnetfeldes dabei ist, desto höher ist die induzierte Spannung in die Leiterschleife. Diese zweite Möglichkeit wird auch **Ruheinduktion** genannt. Sie ist in Abbildung 2.8 rechts dargestellt. Man macht sich dieses Prinzip z. B. bei Induktionskochplatten zu Nutze.

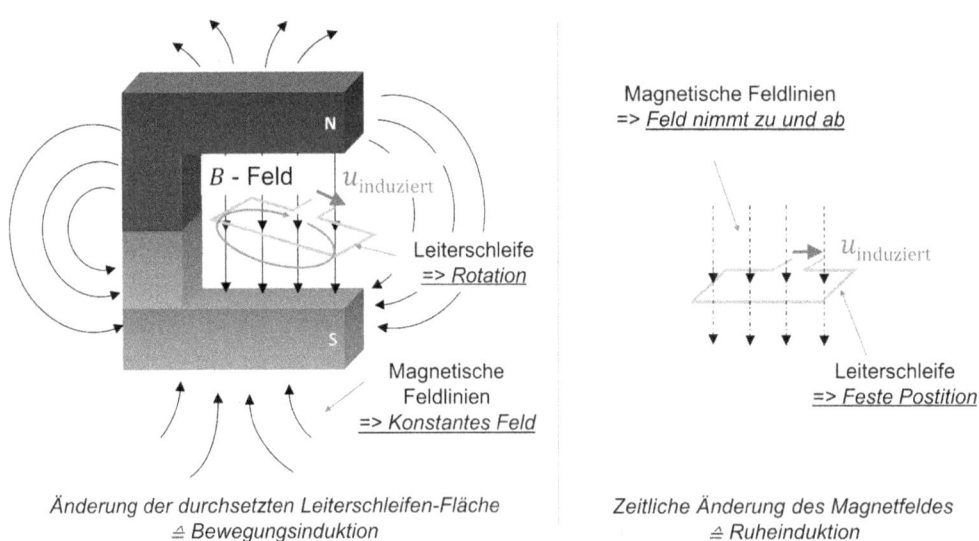

Abbildung 2.8 Die zwei Möglichkeiten zur Spannungserzeugung durch Induktion

Das „Spannung erzeugen" nennt man wie bereits erwähnt, „Spannung in die Leiterschleife induzieren". Die Leiterschleife kann offen, also nicht verbunden oder

2 Elektrisches und magnetisches Feld

geschlossen, also an den Enden verbunden sein. Bei einer offenen Leiterschleife wird „nur" eine Spannung induziert, es kann kein Strom fließen. Bei einer geschlossenen Leiterschleife wird eine Spannung induziert, die dann wiederum einen Stromfluss verursacht.

> In eine Leiterschleife wird Spannung induziert, wenn sich die vom Magnetfeld durchsetzte Leiterschleifenfläche ändert oder die Stärke des Magnetfeldes durch die Leiterschleifenfläche zu- oder abnimmt.

Es sei an dieser Stelle angemerkt, dass auch eine Kombination von Möglichkeit 1 und Möglichkeit 2 zu einem Induktionsvorgang führt.

Falls man als Leser das Induktionsgesetz nun noch nicht ganz verstanden hat, ist dies kein Problem, da wir das Thema Induktion noch einmal in Kapitel 3.10 zur Spule im Gleichstromkreis aufgreifen und weiter ausführen werden. Im Zweifel lohnt es sich, diesen Exkurs ein zweites Mal in Ruhe zu lesen und dabei ab und zu einen Blick auf Abbildung 2.8 zu werfen, um die Erläuterungen besser nachvollziehen zu können.

Exkurs Ende

2.3 Das elektrische Feld

Der zweite wichtige Feldtyp in der Elektrotechnik ist das **elektrische Feld**. Das elektrische Feld entsteht um einen Körper, sobald dieser **elektrisch geladen** ist. Von einem geladenen Körper spricht man, wenn dieser in Summe nach außen hin nicht elektrisch neutral ist. Für uns heißt das: Ein Körper ist **negativ geladen**, wenn er in Summe einen **Elektronenüberschuss** hat, also sich mehr Elektronen im Körper befinden als für einen elektrisch neutralen Zustand nötig wäre. Im Umkehrschluss heißt das, dass ein Körper **positiv geladen** ist, wenn er in Summe einen **Elektronenmangel** hat.

> Ein elektrisches Feld entsteht um einen Körper, sobald dieser elektrisch geladen ist.

Die Feldlinien des elektrischen Feldes müssen dabei, im Gegensatz zu den Feldlinien des magnetischen Feldes, nicht in sich geschlossen sein. Für einen einzelnen negativ bzw. positiv geladenen Körper sähe der Feldlinienverlauf wie in Abbildung 2.9 dargestellt aus.

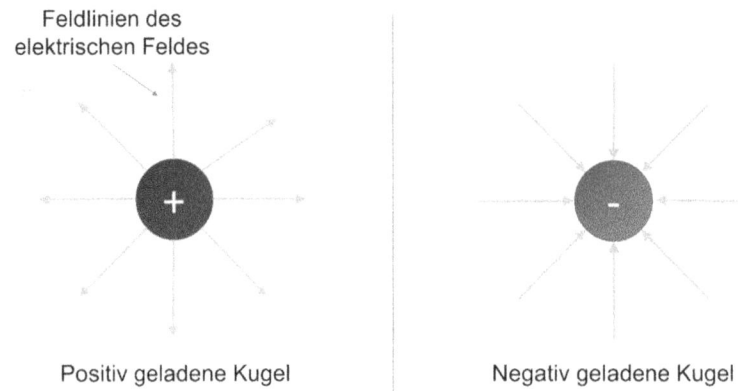

Abbildung 2.9 Feldlinien eines einzelnen positiv und eines einzelnen negativ geladenen Körpers

Wir können anhand der Darstellungen in Abbildung 2.9 zwei Charakteristika des elektrischen Feldes erkennen. Zum einen sehen wir, dass die Feldlinien von positiv geladenen Körpern wegzeigen und zu negativ geladenen Körpern hinzeigen. Zum anderen ist erkennbar, dass die Feldlinien immer senkrecht auf die Körperoberfläche auftreffen bzw. aus senkrecht aus dem Körper heraustreten.

> Die Feldlinien des elektrischen Feldes verlaufen von positiven Ladungen weg und zu negativen Ladungen hin. Die Feldlinien stehen immer senkrecht zur Oberfläche des geladenen Körpers.

Ladungen versetzen den Raum um sich herum also in einen bestimmten Zustand, der durch das elektrische Feld beschrieben wird. Die Wirkung des elektrischen Feldes dabei ist, dass es eine Kraft auf andere Ladungen ausübt, welche sich in diesem Feld befinden.

Dies kann anschaulich anhand zweier unterschiedlich geladener Körper, also zum Beispiel zweier geladener Metallkugeln, die sich in räumlicher Nähe zueinander befinden, erklärt werden. Die eine Metallkugel hat dabei einen Elektronenüberschuss, sie ist also negativ geladen. Die andere Metallkugel hat einen Elektronenmangel, sie ist folglich positiv geladen. Die Feldlinien des elektrischen Feldes E verlaufen nun wie wir bereits gelernt haben von der Kugel mit Elektronenmangel, dem Pluspol, zur Kugel mit Elektronenüberschuss, dem Minuspol. Der beschriebene Aufbau mit dem durch Feldlinien visualisierten elektrischen Feld ist in Abbildung 2.10 dargestellt.

2 Elektrisches und magnetisches Feld

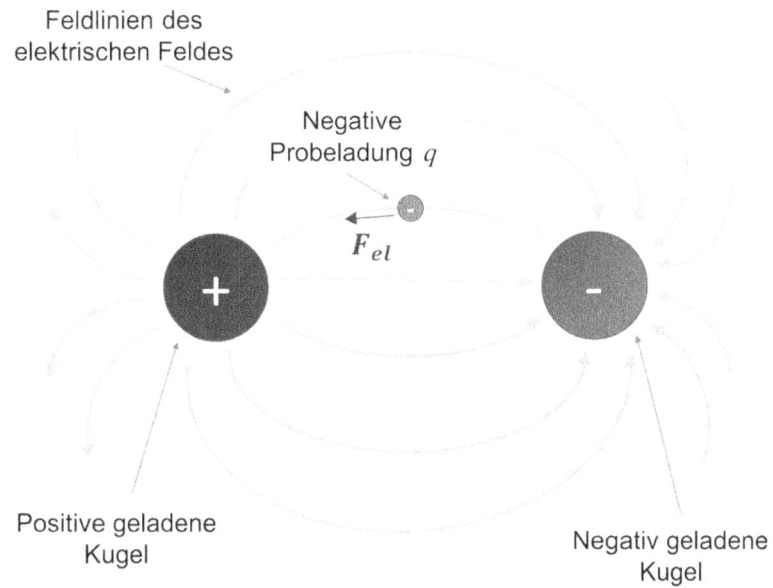

Abbildung 2.10 Zwei geladene Kugeln mit elektrischen Feldlinien und Probekörper

Auch hier ist wieder erkennbar, dass die Feldlinien immer im rechten Winkel zur Körperoberfläche aus den Körpern heraus- bzw. eintreten. Auch beim elektrischen Feld gilt: Je höher die Feldliniendichte in einem bestimmten Bereich ist, desto höher ist die elektrische Feldstärke dort.

Wenn wir nun eine Probeladung q, das heißt z. B. ein einzelnes Elektron in den Raum zwischen den zwei unterschiedlich geladenen Metallkugeln einbringen, wirkt das elektrische Feld der zwei Kugeln eine Kraft F auf die Probeladung q aus. Die Kugel mit dem Elektronenüberschuss stößt die negative Probeladung dabei ab und die Kugel mit dem Elektronenmangel zieht die Probeladung an. Die Probeladung bewegt sich durch die einwirkende Kraft F entlang der Feldlinien zum Pluspol, dem Ort mit Elektronenmangel, wie in Abbildung 2.10 dargestellt.

> Ein elektrisches Feld wirkt eine Kraft F auf Ladungen aus, welche sich in diesem Feld befinden.

Wie bei allen Feldern wird auch beim elektrischen Feld jedem Punkt im Raum ein bestimmter Wert zugeordnet. Beim elektrischen Feld wird dieser Wert durch die Größe **elektrische Feldstärke E** mit der Einheit Newton pro Ampere mal Sekunde $[\frac{N}{A \cdot s}]$ angegeben. Der Nenner der Einheit entspricht dabei der Einheit der Ladung Q, also Amperesekunden bzw. Coulomb.

2 Elektrisches und magnetisches Feld

Anhand der Einheit der elektrischen Feldstärke E ist erkennbar, was es mit dieser Größe auf sich hat: Sie gibt an, welche Kraft F auf eine (Probe-)Ladung q, in unserem Beispiel ein einzelnes Elektron, in einem elektrischen Feld wirkt. Als Gleichung ausgedrückt lautet dieser Zusammenhang zur Definition der elektrischen Feldstärke E:

$$E = \frac{F}{Q} \tag{2.4}$$

Elektrische Feldstärke E [Kraft pro Ladung, $\frac{N}{A \cdot s}$], Kraft F [Newton, N], elektrische Ladung Q [Ampere mal Sekunden, A·s]

Man erkennt an der Gleichung, dass je größer die Kraft F ist, die auf eine Probeladung q mit konstanter Ladung wirkt, desto stärker ist die elektrische Feldstärke E an diesem Punkt.

Die elektrische Feldstärke E ist im elektrischen Feld die analoge Größe zur magnetischen Flussdichte B im magnetischen Feld. Beide Größen zeigen die Intensität des jeweiligen Feldes an.

> Während beim magnetischen Feld die magnetische Flussdichte B die Intensität des Feldes angibt, ist die entsprechende Größe im elektrischen Feld die elektrische Feldstärke E.

Häufig wird das elektrische Feld anhand eines Plattenkondensators erklärt. Daher beenden wir vorerst die Erläuterungen zum elektrischen Feld und setzen sie im Unterkapitel 3.9 zum Kondensator im Gleichstromkreis fort.

3 Gleichstromtechnik

Abbildung 3.1 Kapitel 3 im Kontext des Buches

Nachdem wir nun die wichtigen Begriffe Spannung und Strom, die Funktionsweise eines Stromkreises sowie das magnetische und das elektrische Feld kennengelernt haben, beschäftigen wir uns nun mit der sogenannten **Gleichstromtechnik**. Prinzipiell wird in der Elektrotechnik zwischen Gleichstrom und Wechselstrom unterschieden. Die Gleichstromtechnik behandelt, wie der Name schon sagt, die physikalischen Gesetze und Berechnungsregeln rund um Gleichstrom.

3 Gleichstromtechnik

3.1 Was ist eine Gleichgröße?

Zunächst müssen wir uns die Frage stellen, was eine **Gleichgröße** überhaupt ist. Schauen wir uns hierzu einen beispielhaften Zeitverlauf über $t = 5$ s einer Gleichspannung ($U = 5$ V, dunkelgraue Linie) und eines Gleichstromes ($I = 2{,}5$ A, hellgraue Linie) an.

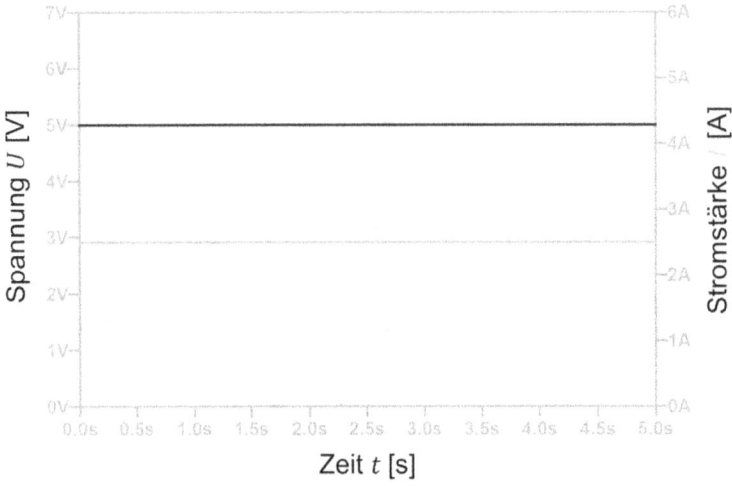

Abbildung 3.2 Zeitverlauf Gleichstrom und Gleichspannung

In Abbildung 3.2 sind die zeitlichen Verläufe der Gleichgrößen Spannung U und Stromstärke I zu sehen. Diese sind dadurch charakterisiert, dass sie einen über die Zeit konstanten Wert annehmen. Für die Stromstärke bedeutet dies physikalisch, dass der Strom zu jedem Zeitpunkt mit gleicher Stärke und gleicher Flussrichtung fließt, nämlich vom Plus- zum Minuspol.

> Ein Gleichstrom fließt mit konstanter Stromstärke immer in die gleiche Richtung.

Gleichstrom wird im Englischen als „Direct Current", kurz DC bezeichnet. Die Bezeichnung „DC" ist auch im Deutschen ein sehr geläufiges Kürzel in der Elektrotechnik für Gleichstrom.

Nachdem wir nun gelernt haben, wie eine Gleichgröße definiert ist, fangen wir jetzt mit der genaueren Betrachtung von einzelnen wichtigen Elementen im Gleichstromkreis an.

3.2 Spannungs- und Stromquelle

Das erste Element im Gleichstromkreis, quasi der „Ausgangs-" und „Endpunkt" ist die Quelle. Die Quelle kann als **Spannungsquelle** oder als **Stromquelle** ausgeführt sein. Schauen wir uns zunächst die Spannungsquelle genauer an.

3.2.1 Spannungsquelle

Eine **Spannungsquelle** liefert eine konstante, lastunabhängige Spannung für den angeschlossenen Stromkreis. Es liegt also zwischen den Polen der Spannungsquelle unabhängig von der angeschlossenen Last, also den angeschlossenen Verbrauchern eine konstante Spannung an. Dies ist allerdings nur bei der **idealen Spannungsquelle**, welche in der Realität nicht existiert, der Fall. Im Gegensatz zur idealen Spannungsquelle bildet die sogenannte **reale Spannungsquelle** das Verhalten einer Spannungsquelle aus der Praxis deutlich besser ab. Die folgende Grafik gibt zunächst einen Überblick zur idealen und zur realen Spannungsquelle, auf die einzelnen Aspekte gehen wir im Folgenden genauer ein.

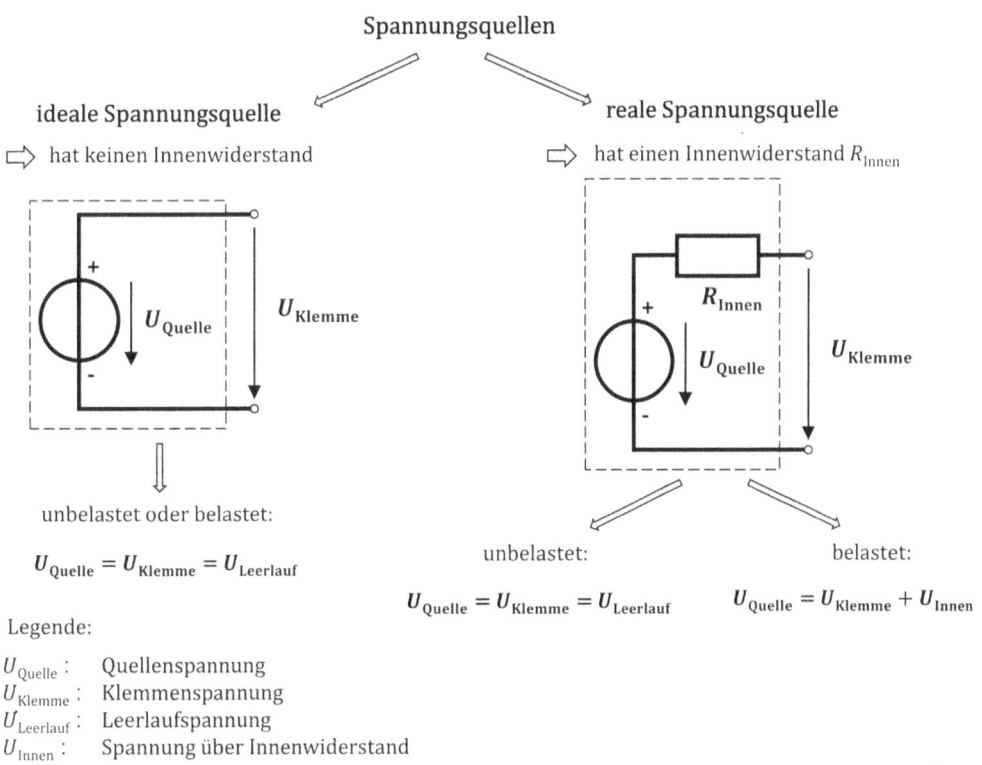

Abbildung 3.3 Ideale und reale Spannungsquelle, Schaltbilder im unbelasteten Zustand

Wir betrachten für die Unterscheidung zwischen realer und idealer Spannungsquelle zwei Fälle, den sogenannten **unbelasteten Zustand** sowie den **belasteten Zustand**.

Beginnen wir mit dem unbelasteten Zustand. Eine Spannungsquelle ist unbelastet, wenn die Pole der Quelle nicht durch einen Leiter verbunden sind. Dies ist in den beiden Schaltbildern in Abbildung 3.3 der Fall. Im unbelasteten Zustand kann zwischen den Polen die sogenannte **Leerlaufspannung** gemessen werden. Die Spannung zwischen den Polen, also den Anschlüssen der Quelle wird allgemein **Klemmenspannung** genannt. Im unbelasteten Zustand entspricht die Klemmenspannung sowohl bei idealer als auch bei realer Spannungsquelle der Leerlaufspannung.

Betrachten wir nun den zweiten genannten Fall, eine belastete Spannungsquelle. Sobald eine Last an die Spannungsquelle angeschlossen wird, unterscheidet sich das Verhalten von idealer und realer Spannungsquelle. Bei idealen Spannungsquellen ist die Klemmenspannung bei angeschlossener Last nach wie vor identisch mit der Leerlaufspannung. Bei realen Spannungsquellen dagegen ist die Klemmenspannung niedriger als die Leerlaufspannung, sobald eine Last an die Quelle angeschlossen wird. Dies liegt daran, dass eine reale Spannungsquelle einen sogenannten **Innenwiderstand** besitzt und bei Stromfluss eine Spannung an diesem Innenwiderstand abfällt, wie in Abbildung 3.3 eingezeichnet. Dadurch reduziert sich die an den Klemmen verfügbare Spannung. Was ein Widerstand genau ist, werden wir im folgenden Unterkapitel klären.

Die Summe aus der Klemmenspannung und der Spannung am Innenwiderstand wird **Quellenspannung** genannt. Bei der realen Spannungsquelle entspricht die Quellenspannung im unbelasteten Zustand sowohl der Leerlaufspannung als auch der Klemmenspannung, da keine Spannung am Innenwiderstand abfällt. Wird die reale Spannungsquelle belastet, fließt also Strom, reduziert sich die an den Klemmen verfügbare Spannung im Vergleich zur Quellenspannung um diejenige Spannung, die am Innenwiderstand abfällt. Bei der idealen Spannungsquelle ist die Klemmenspannung dagegen immer gleich der Quellenspannung, da sie wie erläutert keinen Innenwiderstand besitzt.

Beim ersten Lesen sind diese Erklärungen möglicherweise etwas viel auf einmal, daher ist es sinnvoll Abbildung 3.3 auf Seite 63 nun noch einmal genauer zu betrachten und die Erklärungen anhand der Abbildung nachzuvollziehen. Die Schaltbilder der Quellen in der Abbildung stellen jeweils den unbelasteten Zustand dar.

Wenn die Pole einer Spannungsquelle direkt und ohne Schaltungselement bzw. Verbraucher durch einen Leiter verbunden werden, entsteht ein **Kurzschluss**. Es stellt sich der sogenannte **Kurzschlussstrom** ein. Der Kurzschlussstrom kann sehr hohe Werte annehmen, da er ausschließlich durch den Innenwiderstand der Spannungsquelle begrenzt wird. Der Begriff „Kurzschluss" ist aus dem Alltag bekannt, er steht für die beschriebene Situation einer direkten Verbindung der Pole einer Quelle ohne Last.

Typische Spannungsquellen sind eine Batterie oder eine Haushaltssteckdose. Dabei ist zu beachten, dass eine Batterie eine **Gleichspannungsquelle** darstellt, während eine Haushaltssteckdose eine **Wechselspannungsquelle** ist. Eine AAA Batterie beispielsweise stellt im unbelasteten Zustand eine Klemmenspannung von $U_{\text{Klemme}} = 1{,}5\,\text{V}$ zwischen ihren Polen bereit.

3.2.2 Stromquelle

Die zweite Variante einer Quelle ist die **Stromquelle**. Auch hier wird zwischen **idealen Stromquellen** und **realen Stromquellen** unterschieden. Eine ideale Stromquelle liefert unabhängig von der angeschlossenen Last einen konstanten Strom, während bei der realen Stromquelle der von der Quelle abgegebene Strom bei Anschluss eines Verbrauchers abnimmt.

Generell sind Spannungsquellen in der Elektrotechnik üblicher bzw. verbreiteter als Stromquellen. Wir werden in diesem Buch ausschließlich mit idealen Spannungsquellen arbeiten. In nachfolgender Tabelle 3-1 sind die unterschiedlichen Quellentypen mit ihren Schaltzeichen aufgeführt.

Tabelle 3-1 Spannungs- und Stromquelle

	Schaltzeichen	Funktion
Ideale Spannungsquelle allgemein (kann Gleich- oder Wechselspannungsquelle sein)		Liefert eine konstante Spannung, unabhängig vom fließenden Strom.
Ideale Stromquelle allgemein		Liefert einen konstanten Strom, unabhängig vom Anschluss eines Verbrauchers.
Ideale Wechselspannungsquelle		Liefert eine Wechselspannung, welche unabhängig vom fließenden Strom ist.

3.3 Der Widerstand im Gleichstromkreis

Ein weiteres grundlegendes Schaltungselement neben der Quelle ist der sogenannte **Widerstand**. Die Bezeichnung „Widerstand" steht in der Elektrotechnik dabei zum einen für das gleichnamige **Bauelement** und zum anderen für eine physikalische Größe.

3.3.1 Elektrischer Widerstand als physikalische Größe

Die physikalische Größe „Widerstand" oder auch „elektrischer Widerstand" hat verschiedene Formen. Im Zusammenhang mit dem Bauelement Widerstand spricht man von der Größe **Ohmscher Widerstand** mit dem Formelzeichen R, welche sozusagen die primäre elektrische Eigenschaft des Bauelements beschreibt. Weitere Formen des elektrischen Widerstands sind der sogenannte kapazitive (Blind-)Widerstand sowie der induktive (Blind-)Widerstand. Beide existieren jedoch nur in der Wechselstromtechnik, während es den Ohmschen Widerstand sowohl in der Gleichstrom- als auch in der Wechselstromtechnik gibt. Auf den kapazitiven und den induktiven Widerstand werden wir in den Kapitelabschnitten 4.7.2 und 4.8.2 eingehen. Die Einheit der physikalischen Größe Widerstand, zu der alle drei genannten Widerstandsformen gehören, lautet **Ohm**, benannt nach dem deutschen Physiker Georg Simon Ohm. Das zugehörige Einheitenzeichen ist das große griechische Omega Ω.

Tabelle 3-2 Der Widerstand

	Widerstand
Charakteristische Größe	Ohmscher Widerstand
Formelzeichen	R
Einheit	Ohm [Ω]
Schaltzeichen Bauelement	

Physikalisch können wir uns die Größe Ohmscher Widerstand so vorstellen, dass die fließenden (Valenz-)Elektronen in einem Leiter gegen die positiv geladenen Atomrümpfe in diesem Leiter stoßen. Diese Atomrümpfe stellen die festsitzenden Teile der Atome dar, welche den Kern und die inneren besetzten Schalen enthalten. Die Zusammenstöße zwischen fließenden Valenzelektronen und Atomrümpfen bremsen die sich bewegenden Elektronen ab. Sie werden somit in ihrem Fluss behindert. Diese Begrenzung des Elektronenflusses wird durch die Größe Ohmscher Widerstand ausgedrückt.

3.3.2 Das Bauelement Widerstand

Neben der physikalischen Größe Widerstand gibt es, wie beschrieben auch das Bauelement Widerstand in der Elektrotechnik. Dessen Haupteigenschaft ist wiederum die Größe Widerstand, also eine Begrenzung des Stromes und eine Reduktion der Spannung, dazu gleich mehr. Das Bauelement Widerstand ist ein Verbraucher und zählt zu den sogenannten **passiven Bauelementen**.

> Ein Widerstand ist ein Verbraucher und wird den passiven Bauelementen zugeordnet.

Die Bezeichnung „passiv" bedeutet dabei, dass das Bauelement ausschließlich mit seinen Eigenschaften wirkt und nicht aktiv gesteuert werden kann. In einem Wasserkreis wäre ein passives Bauelement z. B. die beschriebene Wassermühle. Ein aktives Element wäre im Wassermodell z. B. eine Schleuse, die aktiv geöffnet und geschlossen werden kann. Einen Widerstand als Bauelement in einem Stromkreis kann man sich im Wassermodell als Treppe mit Hindernissen darauf vorstellen. Dieses Hindernis muss das Wasser beim Fließen überwinden. In nachfolgender Abbildung 3.4 ist das Wassermodell noch einmal einem Stromkreis gegenübergestellt. Nun ersetzen wir den bisher nicht näher definierten Verbraucher (Wassermühle) durch einen Widerstand in Form der beschriebenen Treppe mit Hindernissen darauf.

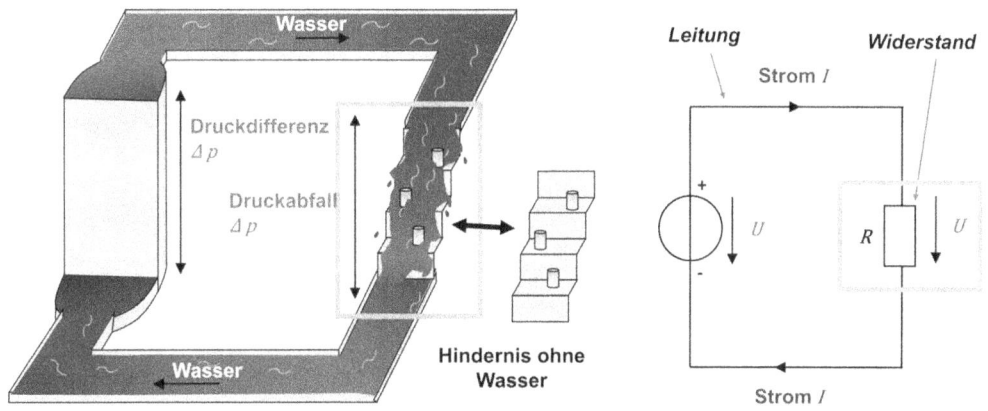

Abbildung 3.4 Widerstand anhand des Wassermodells

Der Widerstand im Wassermodell begrenzt den gesamten Wasserfluss in seiner Intensität. Die Intensität des Wasserflusses ist dabei vor und nach dem Widerstand gleich groß. Da der Widerstand jedoch auch wieder ein Verbraucher ist, gibt es auch wieder einen Druckabfall.

3 Gleichstromtechnik

Genauso verhält es sich mit dem Widerstand im Stromkreis. Er begrenzt zwar die Stromstärke des Stromes im Stromkreis, die Stromstärke ist aber vor und nach dem Widerstand gleich groß. Die Spannung reduziert sich jedoch am Widerstand. Der Spannungswert ist nach dem Widerstand geringer als davor. Es gibt also einen Spannungsabfall am Bauelement.

> Ein Widerstand begrenzt die Stromstärke im gesamten Stromkreis. Vor und nach dem Widerstand ist die Stromstärke gleich groß, es gibt jedoch einen Spannungsabfall am Bauelement.

Eine weitere, verbreitete Modellvorstellung für das Bauelement Widerstand im Wassermodell ist eine Rohrverengung, welche das Hindurchfließen des Wassers erschwert und somit einen Widerstand darstellt.

Exkurs: Vögel auf einer Freileitung

Um ein besseres Verständnis für den Ohmschen Widerstand zu bekommen, betrachten wir nochmal das Beispiel mit den Vögeln auf der stromdurchflossenen Freileitung. Dieses haben wir bereits in Kapitelabschnitt 1.5.7 bei der Erklärung von Spannung und Potential kennengelernt. Dort haben wir festgestellt, dass der Strom auf einer Freileitung nur zu einem äußerst geringen Anteil über die Körper der Vögel fließt, was in Abbildung 3.5 schematisch dargestellt ist.

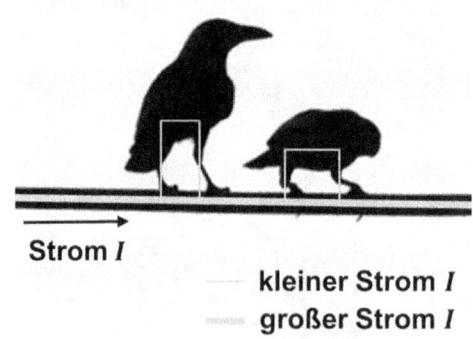

Abbildung 3.5 Vögel auf Freileitung

Dies liegt daran, dass der Vogelkörper einen sehr großen Ohmschen Widerstand im Vergleich zum Leiter zwischen den Füßen des Vogels darstellt. Der Großteil des Stromes fließt durch den Leiter zwischen den Füßen der Vögel, wie in Abbildung 3.5 dargestellt. Man kann sich dies wie eine Verzweigung eines Wasserkanals vorstellen. Der eine **Zweig** ist sehr breit und ohne Hindernisse (das Leiterstück zwischen den Füßen), was mit einem geringen Widerstand gleichzusetzen ist. Hier fließt viel Wasser durch. Der andere Zweig ist sehr schmal und mit vielen im Wasserkanal befindlichen Hindernissen (der Vogelkörper), was mit einem hohen Widerstand gleichzusetzen ist. Hier fließt wenig Wasser durch.

Wie beim Wasserfluss können wir beim elektrischen Strom sagen: „Der Strom sucht sich den Weg des geringsten Widerstands". Dies bedeutet allerdings nicht, dass bei einer Verzweigung der Strom nur durch den Zweig mit niedrigem Widerstand fließt. Auch im Zweig mit hohem Widerstand wird Strom fließen, nur eben mit einer geringeren Stromstärke. Der Zweig, der einen hohen Widerstand enthält, wird von einem niedrigen Strom durchflossen, während der Zweig mit einem niedrigen Widerstand von einem hohen Strom durchflossen wird. Solch ein Zusammenhang wird „antiproportional" genannt.

> Bei einer Verzweigung im Stromkreis teilt sich der Strom entsprechend der Widerstände in den Zweigen antiproportional auf. Im Zweig mit großem Widerstand fließt ein kleiner Strom, im Zweig mit kleinem Widerstand fließt ein großer Strom.

Exkurs Ende

3.3.3 Energieumwandlung am Widerstand

Eine wichtige Eigenschaft eines Widerstandes ist, dass an diesem Bauelement bei Stromfluss elektrische Energie in reine Wärmeenergie umgewandelt wird. Diese vollständige Umwandlung von elektrischer Energie in Wärme ist jedoch nur beim **idealen Widerstand** der Fall. Wir betrachten in diesem Buch jedoch auch nur **ideale Bauelemente**, da dies für das Grundverständnis völlig ausreichend ist und eine darüberhinausgehende Betrachtung von realen Bauteilen für den Anfang eher verwirrend wäre.

In der Regel ist die Umwandlung von elektrischer Energie in Wärmeenergie in elektrischen Schaltungen oder auch im elektrischen Energieversorgungsnetz unerwünscht, da keine Wärmeenergie, sondern beispielsweise mechanische Energie an der Antriebswelle eines Elektromotors benötigt wird. Es gibt jedoch auch Anwendungen, bei denen diese Umwandlung von elektrischer Energie in Wärmeenergie gewünscht ist, beispielsweise bei einem Fön oder einem Tauchsieder.

> An einem Widerstand wird bei Stromfluss elektrische Energie in thermische Energie (Wärmeenergie) umgewandelt.

Physikalisch kann man sich diese Energiewandlung so vorstellen, dass die Elektronen, wie bereits beschrieben, mit den festen, positiven Atomrümpfen zusammenstoßen und so einen Teil ihrer Bewegungsenergie verlieren. Bei den Zusammenstößen wird Bewegungsenergie der Elektronen durch Reibung in Wärme gewandelt. Auf den Alltag übertragen kann man sich dies verdeutlichen, indem man mit der Hand sehr schnell über eine Oberfläche reibt. Dabei entsteht Wärme durch Reibung. Ähnlich verhält es sich mit den Stößen der fließenden Elektronen.

3.3.4 Der spezifische Widerstand ρ und der Leitwert G

Jedes Material stellt für einen fließenden Strom in der Realität einen kleineren oder größeren Ohmschen Widerstand dar. Diese Unterschiede bezüglich des Ohmschen Widerstandes bei verschiedenen Materialien wird über den **spezifischen Widerstand ρ** ("Rho") ausgedrückt. Über die folgende Gleichung kann der Ohmsche Widerstand R eines Körpers, beispielsweise eines Drahtes oder eines Quaders mit konstantem Querschnitt A über die Länge l bestimmt werden. Das Material des Körpers muss dabei homogen sein, die Materialzusammensetzung darf sich über die Länge l des Körpers also nicht ändern. Wir gehen im Folgenden von einem Draht mit rundem Querschnitt als Körper aus.

$$R = \rho \cdot \frac{l}{A} \qquad (3.1)$$

Ohmscher Widerstand R [Ohm, Ω], spezifischer Widerstand ρ
[Ohm mal Quadratmillimeter pro Meter, $\frac{\Omega \cdot mm^2}{m}$], Körperlänge l
[Meter, m], Querschnittsfläche des Körpers A
[Quadratmeter, m²]

Der spezifische Widerstand ρ ist dabei von Material zu Material unterschiedlich, für Kupfer beträgt er z. B. $\rho_{Kupfer} = 0{,}01786 \, \frac{\Omega \cdot mm^2}{m}$. Bei der Einheit des spezifischen Widerstands fällt auf, dass die Meter im Nenner des Bruchs gekürzt werden könnten. Dies wird jedoch bewusst nicht gemacht, um zu verdeutlichen, dass sich der spezifische Widerstand auf einen Leiter mit dem Querschnitt von einem Quadratmillimeter und der Länge von einem Meter bezieht.

Bemerkenswert ist auch, dass, wie an Gleichung (3.1) erkennbar ist, der Ohmsche Widerstand R eines Leiters, mit zunehmender Querschnittsfläche A sinkt. Dies kann man sich so vorstellen, dass dem Strom bei steigender Querschnittsfläche A eine größere Fläche zum Durchfließen geboten wird und ihm dadurch ein geringerer Widerstand entgegengesetzt wird. Wie ebenfalls an Gleichung (3.1) erkennbar ist, steigt der Ohmsche Widerstand R mit zunehmender Drahtlänge l an. Dies lässt sich dadurch erklären, dass der Strom eine größere Strecke im Draht zurücklegen muss und ihm dadurch ein größerer Widerstand entgegengesetzt wird.

> Der Widerstand eines Leiters steigt mit zunehmender Länge und sinkt mit zunehmendem Querschnitt.

Eigentlich haben auch elektrische Leiter, z. B. Kabel oder Freileitungen, einen Ohmschen Widerstand, wie wir anhand der Erläuterungen zum spezifischen Widerstand gesehen haben, wenn auch einen sehr Geringen. Wir verwenden bei unseren Betrachtungen jedoch **ideale Leiter**. Das bedeutet, dass diese keinen Ohmschen Widerstand darstellen und somit auch keine Spannung an ihnen abfällt.

Anstatt des Ohmschen Widerstandes eines Bauteils oder eines Materials kann man auch den elektrischen **Leitwert G** desselben angeben. Der Leitwert G ist wie der Ohmsche Widerstand eine physikalische Größe und kann durch den Kehrwert des Ohmschen Widerstands R gebildet werden. Die Einheit des Leitwertes G lautet **Siemens** mit dem **Einheitenzeichen S**, benannt nach dem deutschen Erfinder und Unternehmer Werner von Siemens. Für den Leitwert G gilt also:

$$G = \frac{1}{R} \tag{3.2}$$

Leitwert G [Siemens, S], Ohmscher Widerstand R [Ohm, Ω]

Der Leitwert G eines Bauteils gibt folglich an, wie durchlässig dieses für einen elektrischen Strom ist.

Exkurs: Isolatoren

Ein elektrischer Leiter mit einem kleinen Ohmschen Widerstand R leitet den Strom gut und hat dementsprechend einen hohen Leitwert G. Das Gegenteil eines Leiters ist ein **Isolator**. Ein Isolator-Bauteil soll verhindern, dass Strom hindurch fließt. Deshalb hat es einen sehr großen Ohmschen Widerstand R bzw. einen niedrigen Leitwert G. Gut sichtbare Isolatoren-Bauteile kann man im Alltag z. B. an Freileitungsmasten sehen. Ein solcher Mast mit Isolatoren ist in Abbildung 3.6 gezeigt.

3 Gleichstromtechnik

Abbildung 3.6 Freileitungsmast mit Isolatoren

Die Isolatoren sind dabei die kettenförmigen Komponenten mit den tellerförmigen Kettengliedern. Typische Materialien für solche Isolatoren sind Keramik oder Silikon. Durch ihren hohen spezifischen Widerstand verhindern die Isolatoren, dass Strom von der „blanken", also unisolierten Freileitung über den Masten in die Erde abfließt. Sie sorgen folglich dafür, dass der Strom immer nur in der Leitung fließt. Die stromführende Freileitung wird an den Freileitungsmasten jeweils unter den Isolatoren durchgeführt, wie in Abbildung 3.6 erkennbar ist.

Exkurs Ende

3.4 Das Ohmsche Gesetz

Wir haben am Beispiel der Vögel auf der Leitung bereits gelernt, dass sich der Stromfluss bei konstanter Spannung antiproportional zum Ohmschen Widerstand verhält. Antiproportional bedeutet dabei: Je größer der Ohmsche Widerstand, desto kleiner wird der elektrische Strom. Die Voraussetzung dabei ist eine konstante Spannung.

> Bei steigendem Widerstand sinkt die Stromstärke (bei konstanter Spannung).

Dies führt uns zu einem der wichtigsten Gesetze in der Elektrotechnik: dem sogenannten **Ohmschen Gesetz**. Die Gleichung zum Ohmschen Gesetz lautet:

$$U = R \cdot I \qquad (3.3)$$

Spannung U [Volt, V], Ohmscher Widerstand R [Ohm, Ω], Stromstärke I [Ampere, A]

Mit dem Ohmschen Gesetz können wir nun beispielsweise die abfallende Spannung U an einem Widerstand R berechnen, wenn wir den Widerstandswert sowie die Stromstärke I des fließenden Stromes kennen.

> Eine leicht zu merkende Eselsbrücke für das Ohmsche Gesetz lautet „URI".

3.5 Reihen- und Parallelschaltung von Widerständen im Gleichstromkreis

Nachdem wir nun eine Vorstellung von einem einzelnen Widerstand haben, schauen wir uns jetzt an, wie der **Gesamtwiderstand** in einem Gleichstromkreis mit mehreren einzelnen Widerständen berechnet wird. Grundsätzlich gibt es zwei Standard-Möglichkeiten wie zwei oder mehr Widerstände verschaltet werden können: Als **Reihenschaltung** oder als **Parallelschaltung**. Betrachten wir zunächst die Reihenschaltung von Widerständen.

3.5.1 Was ist eine Reihenschaltung?

Bei einer **Reihenschaltung** werden zwei oder mehr Widerstände in Reihe, also hintereinander, geschaltet. Eine Reihenschaltung wird auch Serienschaltung genannt. Eine einfache Schaltung mit einer idealen Spannungsquelle und zwei in Reihe geschalteten Widerständen ist in nachfolgender Abbildung 3.7 dargestellt.

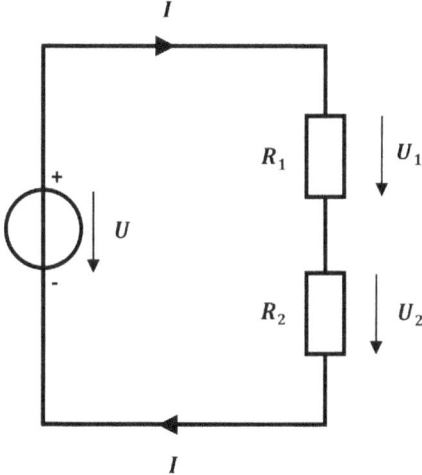

Abbildung 3.7 Reihenschaltung zweier Widerstände R_1 und R_2

Charakteristisch für eine Reihenschaltung ist, dass alle in Reihe geschalteten Widerstände vom gleichen Strom durchflossen werden. Das ist leicht nachvollziehbar, da es in einer Reihenschaltung keine Verzweigungen gibt, an denen sich der Strom aufteilen könnte. Um den Gesamtwiderstand einer Reihenschaltung mit mehreren Widerständen auszurechnen, werden die einzelnen Widerstandswerte addiert.

> Der Gesamtwiderstand einer Reihenschaltung wird durch die Addition der Einzelwiderstände berechnet.
> $$R_{gesamt} = \sum_{i=1}^{n} R_i = R_1 + R_2 + \cdots + R_n$$

Das zweite charakteristische Merkmal einer Reihenschaltung ist, dass sich die von der Quelle bereitgestellte Spannung über alle in Reihe geschalteten Widerstände aufteilt. Die Höhe der Teilspannungen (U_1, U_2 etc.) ist dabei jeweils proportional zur Höhe des jeweiligen Widerstandswertes (R_1, R_2, etc.), an dem die Spannung abfällt. Die Teilspannungen können über das Ohmsche Gesetz berechnet werden ($U_1 = I \cdot R_1$, $U_2 = I \cdot R_2$ etc.).

> Die von der Quelle bereitgestellte Spannung teilt sich, entsprechend der Widerstandswerte, proportional auf die einzelnen Widerstände auf. Sie ist die Summe aller Teilspannungen über den einzelnen Widerständen.
> $$U_{Quelle} = U = \sum_{i=1}^{n} U_i = U_1 + U_2 + \cdots + U_n$$

Es sei an dieser Stelle noch einmal betont, dass sich die Spannung auf die einzelnen Widerstände aufteilt, die Stromstärke reduziert sich jedoch nicht. Diese Aussage führt bei Einsteigern regelmäßig zur Verwirrung, man kann sich den Zusammenhang jedoch anhand des Wassermodells vor Augen führen. Wir stellen uns dafür einen Wasserkreis vor, bei dem mehrere Hindernisse (Widerstände) hintereinander geschaltet werden. Der Rohrquerschnitt ist dabei über den gesamten Wasserkreis gleich. Wenn diese Voraussetzungen gegeben sind, dann wird der Wasserstrom mit jedem zusätzlichen Hindernis zwar insgesamt stärker „abgebremst", aber nach dem ersten Hindernis fließt die gleiche Menge Wasser mit der gleichen Geschwindigkeit wie nach dem zweiten, dritten oder x-ten Hindernis.

> Im Gegensatz zur Spannung ist die Stromstärke bei einer Reihenschaltung an jeder Stelle in der Reihenschaltung konstant.

Zur Veranschaulichung für die Berechnung der Spannungen über einzelnen Widerständen und des resultierenden Stromes in einer Reihenschaltung schauen wir uns ein Rechenbeispiel an. Das zugehörige Schaltbild ist dabei in Abbildung 3.7 dargestellt. Der Index „Quelle" bei der gegebenen Spannung steht dabei für die von der Spannungsquelle bereitgestellte Quellenspannung. Wie wir aus Kapitelabschnitt 3.2.1 wissen, entspricht die Quellenspannung bei idealen Spannungsquellen immer der Klemmenspannung.

Rechenbeispiel:

Gegeben: $U_{Quelle} = 10\,V, R_1 = 5\,\Omega, R_2 = 15\,\Omega$

Gesucht: R_{gesamt}, I, U_1, U_2,

$R_{gesamt} = R_1 + R_2 = 5\,\Omega + 15\,\Omega = 20\,\Omega$

$I = \frac{U_{Quelle}}{R_{gesamt}} = \frac{10\,V}{20\,\Omega} = \frac{1}{2}\,A = 0{,}5\,A$

$U_1 = R_1 \cdot I = 5\,\Omega \cdot 0{,}5\,A = 2{,}5\,V$

$U_2 = R_2 \cdot I = 15\,\Omega \cdot 0{,}5\,A = 7{,}5\,V$

Nachdem wir nun wissen, was eine Reihenschaltung ist, betrachten wir als nächstes die Parallelschaltung.

3.5.2 Was ist eine Parallelschaltung?

Bei einer **Parallelschaltung** werden zwei oder mehr Widerstände parallel, also nebeneinander, geschaltet. Dadurch entstehen mehrere **Zweige**, auch Pfade genannt, durch die der Strom fließen kann. Der Strom teilt sich dabei auf die einzelnen Zweige auf, wie bereits zu Beginn von Unterkapitel 3.3 beschrieben. Die Aufteilung des Stromes ist proportional zum Widerstand im jeweiligen Zweig. In einem Zweig mit hohem Widerstand fließt demzufolge ein geringer Strom und in einem Zweig mit niedrigem Widerstand fließt ein hoher Strom.

> Bei einer Parallelschaltung teilt sich der Strom entsprechend der Höhe der Widerstände der einzelnen Zweige auf.

3 Gleichstromtechnik

Eine einfache Schaltung mit einer idealen Spannungsquelle und zwei parallel geschalteten Widerständen ist in nachfolgender Abbildung 3.8 dargestellt.

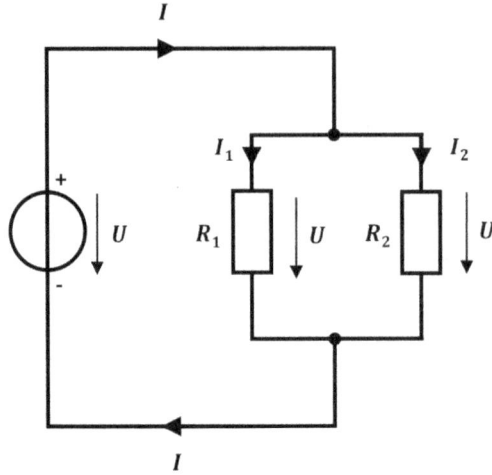

Abbildung 3.8 Parallelschaltung der Widerstände R_1 und R_2

Während bei einer Reihenschaltung nur ein Strom fließt und sich die Gesamtspannung auf die einzelnen Widerstände aufteilt, ist dieser Zusammenhang bei einer Parallelschaltung sozusagen genau umgekehrt. Es liegt nur eine Spannung an allen parallel geschalteten Widerständen bzw. Zweigen an und der Gesamtstrom teilt sich auf die Zweige auf.

> Bei einer Parallelschaltung liegt nur eine identische Spannung an den parallelen Zweigen an.

Der Strom teilt sich dabei, wie beschrieben, entsprechend der Höhe der Widerstände in den einzelnen Zweigen auf. Die einzelnen Teilströme in den Zweigen ergeben in Summe den Gesamtstrom.

> Der Gesamtstrom I_{gesamt} ist die Summe aller Teilströme in den einzelnen Zweigen.
>
> $$I_{gesamt} = I = \sum_{i=1}^{n} I_i = I_1 + I_2 + \cdots + I_n$$

Um den **Gesamtwiderstand** bei einer Parallelschaltung zu errechnen, müssen zunächst die Kehrwerte der einzelnen Widerstände addiert werden. Anschließend muss der Kehrwert des Ergebnisses gebildet werden, um den Gesamtwiderstand zu erhalten. Der resultierende Gesamtwiderstand einer Parallelschaltung ist dabei immer kleiner als der Widerstand jedes einzelnen Widerstandes in der Parallelschaltung.

> Der Gesamtwiderstand einer Parallelschaltung errechnet sich durch die Addition der Kehrwerte der Einzelwiderstände und anschließende Kehrwertbildung des Ergebnisses.
> $$\frac{1}{R_{gesamt}} = \sum_{i=1}^{n} \frac{1}{R_i} = \frac{1}{R_1} + \frac{1}{R_2} + \cdots + \frac{1}{R_n}$$

Die Vorgehensweise zur Gesamtwiderstandsberechnung bei einer Parallelschaltung scheint vielleicht auf den ersten Blick kompliziert. Schauen wir uns daher auch hier ein Rechenbeispiel zur Veranschaulichung an. Die zugrundeliegende Schaltung für das Rechenbeispiel ist jene in Abbildung 3.8.

Rechenbeispiel:

Gegeben: $U_{Quelle} = 10\,V, R_1 = 5\,\Omega, R_2 = 15\,\Omega$

Gesucht: $R_{gesamt}, I_{gesamt}, I_1, I_2,$

$$\frac{1}{R_{gesamt}} = \frac{1}{R_1} + \frac{1}{R_2} = \frac{1}{5\,\Omega} + \frac{1}{15\,\Omega} = \frac{4}{15\,\Omega} \approx 0{,}267\,\Omega$$

$$R_{gesamt} = \frac{15}{4}\Omega = 3{,}75\,\Omega \qquad \Rightarrow \textit{Gesamtwiderstand durch Kehrwertbildung}$$

$$I_{gesamt} = \frac{U_{Quelle}}{R_{gesamt}} = \frac{10\,V}{3{,}75\,\Omega} = 2{,}67\,A$$

$$I_1 = \frac{U_{Quelle}}{R_1} = \frac{10\,V}{5\,\Omega} = 2\,A$$

$$I_2 = \frac{U_{Quelle}}{R_2} = \frac{10\,V}{15\,\Omega} = 0{,}67\,A$$

Nachdem wir nun den Ohmschen Widerstand sowie die zwei grundlegenden Verschaltungsmöglichkeiten kennengelernt haben, schauen wir uns nun die Leistung im Gleichstromkreis an.

3.6 Leistung im Gleichstromkreis

Wir haben den allgemeinen Leistungsbegriff bereits im Kapitelabschnitt 1.2.1 als „Arbeit pro Zeit" (siehe Gleichung (1.1)) kennengelernt. Auch wenn die Größe Leistung und die zugehörige Einheit Watt immer dieselben bleiben, gibt es doch unterschiedliche „Arten" von Leistung. Wenn wir beispielsweise ein Brett mit einer Handsäge sägen, dann wenden wir dafür mechanische Leistung auf. In der Elektrotechnik arbeiten wir mit der **elektrischen Leistung**. Wenn wir zum Sägen des Brettes eine Kreissäge benutzen, dann wird zum Betrieb der Maschine elektrische Leistung benötigt.

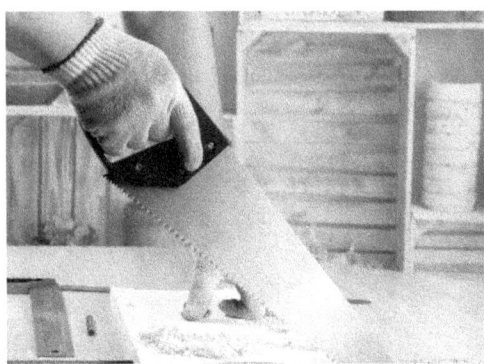

Abbildung 3.9 Leistung anhand einer Handsäge (mechanisch) und einer Kreissäge (elektrisch)

Um genau zu sein, wird auch bei der Kreissäge die elektrische Leistung, welche die Säge über die Spannung und den Strom aufnimmt, am Sägeblatt in mechanische Leistung umgewandelt. Trotzdem kann man anhand dieses Beispiels schön sehen, wozu wir elektrische Leistung nutzen: Sie erleichtert uns das Leben in vielen Situationen des Alltags. Auch für die elektrische Leistung gilt der Zusammenhang „Arbeit pro Zeit". Hier handelt es sich dann jedoch um die **elektrische Arbeit**, ebenfalls mit dem Formelzeichen W. Diese ist identisch mit der elektrischen Energie E.

Die elektrische Arbeit W ist die Größe, die zum Transport einer Ladung Q bei einer bestimmten Spannung U benötigt wird. Das klingt beim ersten Lesen vielleicht etwas abstrakt. Wir können uns zur Veranschaulichung des Zusammenhangs Elektronen vorstellen, die bei einer bestimmten Spannung durch ein Kabel „transportiert" werden. Dafür wird die elektrische Arbeit W benötigt. Als Gleichung ausgedrückt gilt:

$$W = E = U \cdot Q \tag{3.4}$$

Arbeit W [Wattsekunden, Ws], Spannung U [Volt, V], Ladung Q [Ampere mal Sekunden, A·s]

3 Gleichstromtechnik

Zusammen mit Gleichung (1.3) zur Stromstärke und mit der bereits bekannten Gleichung (1.1) zur Leistung können wir uns eine sehr wichtige Gleichung für die Elektrotechnik herleiten:

Tabelle 3-3 Herleitung von Gleichung (3.5)

	Gleichung (1.3)	Gleichung (3.4)
Ausgangsgleichungen	$I = \frac{Q}{t}$ → nach t umgeformt → $t = \frac{Q}{I}$	$W = Q \cdot U$
In Gleichung (1.1) ($P = \frac{W}{t}$) eingesetzt	$P = \frac{W}{t} = \frac{Q \cdot U}{\frac{Q}{I}} = U \cdot I$	

Die elektrische Leistung ist also das Produkt aus Spannung und Stromstärke. Je höher die Spannung oder je höher die Stromstärke, desto höher ist auch die Leistung.

$$P = U \cdot I \tag{3.5}$$

Leistung P [Watt, W], Spannung U [Volt, V], Stromstärke I [Ampere, A]

Über das Ohmsche Gesetz können wir diese Gleichung auch mit dem Widerstand R und der Spannung U oder mit dem Widerstand R und der Stromstärke I ausdrücken. Dies ist in folgender Tabelle dargestellt. Die Leistungsgleichungen in der dritten und vierten Zeile der Tabelle stellen dabei keine eigenen neuen Gleichungen dar, sondern sind Kombinationen aus Gleichung (3.3) (Ohmsches Gesetz) und Gleichung (3.5).

Tabelle 3-4 Leistung P mit Strom I, Spannung U und Widerstand R ausgedrückt

Größen	Ohmsches Gesetz	Leistungsgleichung
P, U, I	-	$P = U \cdot I$
P, U, R	$I = \frac{U}{R}$	$P = U \cdot \frac{U}{R} = P = \frac{U^2}{R}$
P, I, R	$U = R \cdot I$	$P = R \cdot I \cdot I = P = R \cdot I^2$

3 Gleichstromtechnik

Zur Veranschaulichung können wir nun wieder ein einfaches Beispiel berechnen. Wir betrachten hierzu einen einfachen Stromkreis mit einer idealen Spannungsquelle, welche die Spannung von $U_{Quelle} = 12\,V$ liefert und einem Widerstand R mit einem Widerstandswert von $R = 8\,\Omega$. Mithilfe von Gleichung (3.5) können wir nun berechnen, welche elektrische Leistung P am Widerstand in Wärmeenergie umgesetzt wird.

<u>Rechenbeispiel:</u>

Gegeben: $U_{Quelle} = 12\,V, R = 8\,\Omega$

Gesucht: I, P

$$I = \frac{U_{Quelle}}{R} = \frac{12\,V}{8\,\Omega} = 1{,}5\,A$$

$$P = U_{Quelle} \cdot I = 12\,V \cdot 1{,}5\,A = 18\,W$$

Alternativ, ohne Berechnung des Stromes als Zwischenschritt:

$$P = \frac{U_{Quelle}^2}{R} = \frac{(12\,V)^2}{8\,\Omega} = 18\,W$$

Elemente in einem Stromkreis, die elektrische Energie an die restliche Schaltung abgeben, wie beispielsweise eine Spannungsquelle, werden **Erzeuger** genannt.

Das Pendant zu den Erzeugern haben wir bereits kennen gelernt, die **Verbraucher**. Nun, da wir die elektrische Leistung und Energie kennen, können wir auch festhalten, was diese charakterisiert. Die charakteristische Eigenschaft eines elektrischen Verbrauchers, wie z. B. eines Widerstands, ist es, Energie aufzunehmen. Die vom Verbraucher aufgenommene elektrische Energie wird dabei in andere Energieformen wie z. B. in Wärme oder in mechanische Energie umgewandelt.

> Erzeuger geben elektrisch Energie an die restliche Schaltung ab. Verbraucher nehmen elektrische Energie auf und wandeln sie in andere Energieformen, z. B. Wärmeenergie, um.

3.7 Die Kirchhoffschen Gesetze

Nachdem wir nun ein erstes Verständnis für den Gleichstromkreis entwickelt haben, gehen wir jetzt auf die grundlegenden Regeln für die Berechnung von Strömen und Spannungen innerhalb einer Schaltung ein. Diese Regeln werden **Kirchhoffsche Gesetze** genannt.

Die Kirchhoffschen Gesetze umfassen zwei Gesetze bzw. Regeln: die **Knotenregel**, welche für die Ströme in Schaltungen gilt und die **Maschenregel**, welche für die Spannungen in Schaltungen gilt. Diese beiden Regeln sind die elementaren Gesetze, um Berechnungen in Schaltungen durchzuführen, beispielsweise zur Bestimmung von Strömen und Spannungen an bestimmten Punkten in der Schaltung. Da eine Schaltung in der Regel aus vielen Widerständen, Zweigen, gelegentlich mehreren Quellen und häufig auch noch aus vielen weiteren Bauelementen besteht, werden solche Schaltungen auch **Netzwerke** genannt. Berechnungen in solchen Netzwerken werden deshalb **Netzwerkberechnungen** genannt.

3.7.1 Strom- und Spannungspfeil

Bisher haben wir die Pfeile in den Schaltbildern hingenommen, ohne auf ihre Bedeutung einzugehen. Diese Pfeile werden **Zählpfeile** genannt. Auf sie werden wir nun näher eingehen.

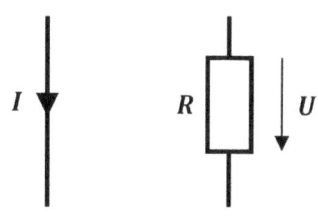

Leiter mit Strompfeil   Widerstand mit Spannungspfeil

Abbildung 3.10 Strom- und Spannungspfeil

Die mit einem großen „U" gekennzeichneten Pfeile neben einem Schaltungselement werden **Spannungspfeile** genannt. Sie geben die Richtung der Spannung am jeweiligen Schaltungselement an. Generell sollten Spannungspfeile **vom höheren Potential** in Richtung des **niedrigeren Potentials** zeigen. Bei der technischen Stromrichtung ist dies vom Pluspol zum Minuspol. Ist ein Spannungspfeil nach dieser Festlegung eingezeichnet, ist der Spannungswert für diesen Pfeil **positiv**, z. B. $U = +5$ V. Ein Spannungspfeil kann jedoch auch entgegen der genannten Richtung eingezeichnet werden, also bei der technischen Stromrichtung vom Minus- zum Pluspol, dann ist sein Spannungswert jedoch **negativ**, z. B. $U = -5$ V.

> Für einen positiven Spannungswert muss ein Spannungspfeil vom höheren Potential in Richtung des niedrigen Potentials zeigen.

Die Pfeile, welche direkt im Leiter positioniert und mit „I" gekennzeichnet sind, werden **Strompfeile** genannt. Sie geben die Richtung des fließenden Stromes an dieser Stelle an. Generell sollten Strompfeile bei Verwendung der technischen

Stromrichtung entlang des Leiters vom Pluspol zum Minuspol zeigen. Der zugehörige Stromstärkewert ist dann positiv, z. B. $I = +3$ A. Ist der Strom bei Verwendung der technischen Stromrichtung vom Minus- zum Pluspol eingezeichnet, also entgegen der Definition, ist sein Wert negativ, z. B. $I = -3$ A.

> Für einen positiven Stromwert muss ein Strompfeil gemäß der technischen Stromrichtung vom Plus- zum Minuspol zeigen.

Zu Beginn einer Netzwerkberechnung müssen die relevanten Strom- und Spannungspfeile in die Schaltung eingezeichnet werden. Bei komplexeren Netzwerkberechnungen sind dann unter Umständen mehrere Pfeile in der „falschen" Richtung, also entgegen der oben genannten Festlegungen, eingezeichnet. Dies ist jedoch für die Berechnung kein Problem, da sich in der Rechnung über die Vorzeichen die korrekten Richtungen herausstellen. Die eingezeichneten Pfeile müssen in ihrer Richtung jedoch unbedingt über die gesamte Rechnung beibehalten werden, um ein korrektes Ergebnis zu erhalten.

> Die Richtung der Strom- und Spannungspfeile kann für Netzwerkberechnungen prinzipiell beliebig gewählt werden, sie muss dann aber konsequent beibehalten werden.

3.7.2 Das erste Kirchhoffsche Gesetz: Die Knotenregel

Nachdem wir nun die Zählpfeile kennen, schauen wir uns jetzt das erste Kirchhoffsche Gesetz an: die **Knotenregel**, welche für Ströme in Schaltungen gilt.

Zunächst klären wir, was ein **Knoten**, auch Knotenpunkt oder Netzwerkknoten genannt, ist. Ein Knoten ist ein Punkt in einer Schaltung an dem zwei oder mehr Leiter zusammenlaufen. Wenn diese Leiter von Strömen durchflossen sind, ist es logisch, dass, wenn ein oder mehrere Ströme zum Knotenpunkt hinfließen, auch ein oder mehrere Ströme vom Knotenpunkt wegfließen müssen. Der Strom kann nicht verschwinden oder aus dem Nichts entstehen. Dieser Grundsatz wird durch das Gesetz der **Ladungserhaltung**, ähnlich dem Energieerhaltungsgesetz, beschrieben.

3 Gleichstromtechnik

Ein beispielhafter Knotenpunkt ist in Abbildung 3.11 dargestellt. Wie man sieht, fließen die Ströme I_1, I_3 und I_4 zum Knoten hin. Diese werden in der gleich folgenden **Knotengleichung** auf die eine Seite der Gleichung geschrieben. Die Ströme I_2 und I_5 fließen von dem Knoten weg. Diese werden in der folgenden Knotengleichung auf die andere Seite der Gleichung geschrieben.

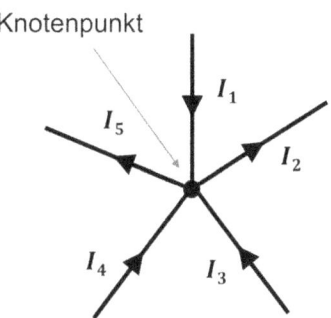

Abbildung 3.11 Knotenpunkt mit Strömen

> Bei einer Knotengleichung werden vom Knoten wegfließende Ströme auf die eine Seite der Gleichung und zum Knoten hinfließende Ströme auf die andere Seite der Gleichung geschrieben.

Es kann nun eine Knotengleichung für den Knoten in Abbildung 3.11 aufgestellt werden. Eine Knotengleichung bildet die Summe der hin- und wegfließenden Ströme für den jeweiligen Knoten. Konkretisieren wir das Beispiel aus Abbildung 3.11 anhand einer kurzen beispielhaften Rechnung. Der Strom I_5 sei dabei unbekannt. Diesen wollen wir mit Hilfe von gegebenen Werten für I_1, I_2, I_3 und I_4 berechnen.

Rechenbeispiel:

Gegeben: $I_1 = 5\,A$, $I_2 = 3\,A$, $I_3 = 4\,A$, $I_4 = 1\,A$

Gesucht: I_5

$I_1 + I_3 + I_4 = I_2 + I_5$ ⇨ *I_1, I_3, I_4 fließen zum Knoten hin, I_2, I_5 fließen vom Knoten weg*

$5\,A + 4\,A + 1\,A = 3\,A + I_5$

$7A = I_5$

3 Gleichstromtechnik

Anhand des Rechenbeispiels sehen wir, dass eine Knotengleichung die Ströme an einem Netzwerkknoten miteinander verrechnet. Nach diesen Erklärungen können wir nun auch die Knotenregel verstehen. Die Knotenregel besagt, dass die **Summe aller Ströme an** einem **Knoten gleich Null** ist. Das heißt, die hinein- und hinausfließenden Ströme an einem Knotenpunkt ergeben in Summe Null.

> Das erste Kirchhoffsche Gesetz besagt, dass die Summe aller, an einem Knotenpunkt eines elektrischen Netzwerkes hinein- und hinausfließenden, Ströme gleich Null ist.
> $$\sum_{i=1}^{n} I_i = I_1 + I_2 + \cdots + I_n = 0$$

3.7.3 Das zweite Kirchhoffsche Gesetz: Die Maschenregel

Nachdem wir die Knotenregel nun behandelt haben, schauen wir uns jetzt das zweite Kirchhoffsche Gesetz an: die **Maschenregel**. Zunächst klären wir, was eine **Masche** ist. Eine Masche ist ein geschlossener Umlauf innerhalb eines Stromkreises oder einer Schaltung. Eine beispielhafte Masche ist in Abbildung 3.12 dargestellt.

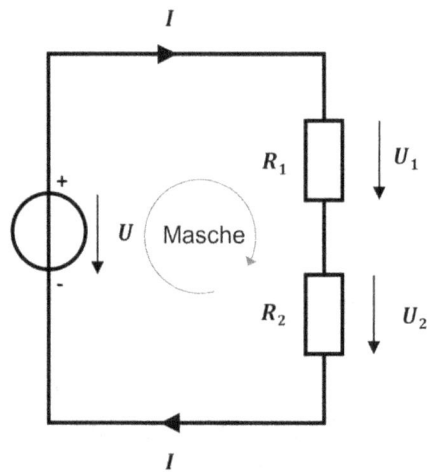

Abbildung 3.12 Stromkreis mit Masche

Wie wir bereits wissen, stellen Quellen eine Spannung an ihren Klemmen bereit, während an Widerständen eine Spannung abfällt. Die Maschenregel besagt nun, dass die **Summe aller Spannungen in einer Masche gleich Null** ist. Man zeichnet hierzu einen **Maschenumlauf** mit einer beliebigen Richtung in die jeweilige Masche ein.

> Das zweite Kirchhoffsche Gesetz besagt, dass die Summe aller Teilspannungen in einer Masche eines Netzwerkes gleich Null ist.
> $$\sum_{i=1}^{n} U_i = U_1 + U_2 + \cdots + U_n = 0$$

In Abbildung 3.12 wird der Maschenumlauf durch den grauen kreisförmigen Pfeil dargestellt. Die Umlaufrichtung des Maschenumlaufes, also im oder gegen den Uhrzeigersinn, kann frei festgelegt werden. Alle Spannungen, die dabei in Richtung des Umlaufes zeigen, werden in der **Maschengleichung** auf die eine Seite der Gleichung geschrieben. Alle Spannungen, die entgegen der Umlaufrichtung zeigen, werden in der Maschengleichung auf die andere Seite der Gleichung geschrieben.

> Bei einer Maschengleichung werden Spannungen, die in der Umlaufrichtung eingezeichnet sind, auf die eine Seite der Gleichung geschrieben und Spannungen, die entgegen der Umlaufrichtung eingezeichnet sind, auf die andere Seite der Gleichung.

In Abbildung 3.12 sehen wir, dass die Spannung U an der Quelle entgegen der Maschenrichtung eingezeichnet ist. Sie wird also auf die eine Seite der Maschengleichung geschrieben. Die Spannungen U_1 und U_2 an den Widerständen R_1 und R_2 sind mit der Umlaufrichtung eingezeichnet. Sie werden auf die andere Seite der Gleichung geschrieben. Machen wir auch hier eine kurze Rechnung, um das Prinzip zu verdeutlichen. Die Spannungen U und U_1 sind dabei gegeben. Die am Widerstand R_2 abfallende Spannung U_2 soll berechnet werden.

Rechenbeispiel:

Gegeben: $U = 10\,V$, $U_1 = 3\,V$

Gesucht: U_2

$U = U_1 + U_2$

$10\,V = 3\,V + U_2$

$7\,V = U_2$

3.8 Verbraucher- und Erzeuger-Zählpfeilsystem

Nachdem wir nun die die Kirchhoffschen Gesetze kennengelernt haben, widmen wir uns in diesem Unterkapitel den **Zählpfeilsystemen**.

Wir wissen bereits, was Zählpfeile sind. Wenn Stromkreise bzw. Netzwerke komplexer werden, ist es unter Umständen nicht mehr so einfach, die Zählpfeile richtig einzuzeichnen, da z. B. bei mehreren Quellen in einer Schaltung nicht mehr sofort ersichtlich ist, in welche Richtung der resultierende Strom fließt und in welche Richtung die Spannungen an den Bauelementen abfallen. Um ein einheitliches Vorgehen für das Einzeichnen der Zählpfeile in Schaltungen sicherzustellen, wurden in der Elektrotechnik zwei Zählpfeilsysteme eingeführt: das **Erzeuger-Zählpfeilsystem**, kurz **EZS** und das **Verbraucher-Zählpfeilsystem**, kurz **VZS**. Diese Zählpfeilsysteme haben auch eine große Bedeutung für das Vorzeichen der umgesetzten Leistung an Bauelementen, wie wir gleich noch feststellen werden.

3.8.1 Das Verbraucher-Zählpfeilsystem

Beginnen wir die Erklärungen mit dem **Verbraucher-Zählpfeilsystem** (VZS).

Das Verbraucher-Zählpfeilsystem orientiert sich, wie der Name schon sagt, an Verbrauchern, also Bauelementen, die elektrische Energie aufnehmen und in andere Energieformen umwandeln. Strom- und Spannungspfeile werden bei Verwendung des Verbraucher-Zählpfeilsystem an Bauelementen in der **gleichen Richtung** eingezeichnet. Wenn die Zählpfeile an einem Verbraucher, z. B. einem Ohmschen Widerstand mit gleicher Richtung eingezeichnet sind, dann sind die zugehörigen Werte für Strom und Spannung entweder **beide positiv** oder beide **negativ**, da sie entweder beide in der wahren Richtung oder beide in der falschen Richtung eingezeichnet wurden. Die „wahre" Richtung für die Spannung ist dabei vom höheren Potential (Pluspol) zum niedrigeren Potential (Minuspol) zeigend. Die „wahre" Richtung für den Stromfluss ist vom Pluspol in Richtung des Minuspols, entsprechend der technischen Stromrichtung.

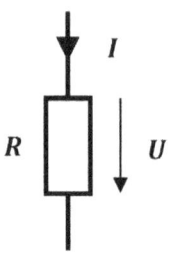

Abbildung 3.13 Verbraucher im VZS

> Das Verbraucher-Zählpfeilsystem orientiert sich an Verbrauchern. Im VZS werden Strom- und Spannungspfeile an Bauelementen in die gleiche Richtung eingezeichnet.

Wenn die Werte für Stromstärke und Spannung beide positiv oder beide negativ sind, heißt dies, dass das Produkt der beiden Größen in jedem Fall positiv ist. Dies führt uns zur Bedeutung der umgesetzten Leistung an den einzelnen Bauteilen im Zusammenhang mit Zählpfeilsystemen. Wie wir aus Unterkapitel 3.6 wissen, ist die Leistung im Gleichstromkreis das Produkt aus Strom und Spannung. Die Leistung wird im VZS als **positiv an Verbrauchern** definiert. **Positive Leistung** bedeutet **im VZS** also **Leistungsaufnahme**.

Das VZS kann auch an einem Erzeuger-Bauelement verwendet werden, dann ist jedoch immer entweder der Spannungs- oder der Strompfeil falsch herum eingezeichnet und hat folglich einen negativen Wert. Somit ist die Leistung eines Erzeugers bei Verwendung des VZS **negativ**, was im VZS **Leistungsabgabe** bedeutet.

Die **Leistung** ist im Verbraucher-Zählpfeilsystem also als **positiv an Verbrauchern** (Leistung wird aufgenommen) und als **negativ an Erzeugern** (Leistung wird abgegeben) definiert.

> Im Verbraucher-Zählpfeilsystem ist die Leistung als positiv an Verbrauchern (Leistungsaufnahme) und negativ an Erzeugern (Leistungsabgabe) definiert.

3.8.2 Das Erzeuger-Zählpfeilsystem

Betrachten wir nun das **Erzeuger-Zählpfeilsystem** (EZS).

Das Erzeuger-Zählpfeilsystem orientiert sich, wie der Name schon sagt, an Erzeugern, also Bauelementen, die elektrische Energie an die restliche Schaltung abgeben. Strom- und Spannungspfeile werden im Erzeuger-Zählpfeilsystem an Bauelementen in **entgegengesetzter Richtung** eingezeichnet. Handelt es sich bei dem Bauelement um einen Erzeuger, entsprechen die Richtungen der Zählpfeile dann entweder beide dem wahren Spannungsabfall und der wahren Stromrichtung (s. Abbildung 3.14) oder sie sind beide „falschherum" eingezeichnet. Die Werte für Strom und Spannung sind dann entweder **beide positiv** oder **beide negativ**.

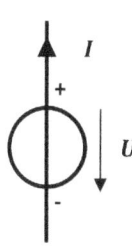

Abbildung 3.14
Erzeuger im EZS

> Das Erzeuger-Zählpfeilsystem ist für Erzeuger vorgesehen. Im EZS werden Strom- und Spannungspfeile an Bauelementen in die entgegengesetzte Richtung eingezeichnet.

Für die Leistung an einem Erzeuger-Bauelement bedeutet dies, dass bei Verwendung des EZS mit entgegengesetzter Richtung der Zählpfeile die Leistung als positiv gewertet wird, da das Produkt aus Strom und Spannung dann immer positiv ist. **Positive Leistung** bedeutet **im EZS Leistungsabgabe**. Auch das EZS kann an Verbrauchern verwendet werden. Dann ist jedoch wieder entweder der Spannungspfeil oder der Strompfeil falschherum eingezeichnet, was bedeutet, dass sein Wert negativ ist. Folglich ist die Leistung an diesem Bauteil **negativ**, was im EZS **Leistungsaufnahme** bedeutet.

Die **Leistung** ist im Erzeuger-Zählpfeilsystem also **positiv an Erzeugern** (Leistung wird abgegeben) und **negativ an Verbrauchern** (Leistung wird aufgenommen) definiert.

> Im Erzeuger-Zählpfeilsystem ist die Leistung als positiv an Erzeugern (Leistungsabgabe) und negativ an Verbrauchern (Leistungsaufnahme) definiert.

3.8.3 Welches Zählpfeilsystem verwenden wir nun?

Wir haben nun die beiden in der Elektrotechnik existierenden Zählpfeilsysteme kennengelernt. Nun ist natürlich die Frage, welches Zählpfeilsystem verwenden wir eigentlich? Prinzipiell gilt: Beide Zählpfeilsysteme dürfen, wie erläutert, sowohl an Erzeugern als auch an Verbrauchern verwendet werden. Die Antwort auf die eingangs gestellte Frage lautet: Beide! An Verbrauchern verwenden wir das Verbraucher-Zählpfeilsystem und an Erzeugern das Erzeuger-Zählpfeilsystem. Die Leistungen sind dann sowohl bei Erzeugern als auch bei Verbrauchern positiv.

Es gibt jedoch auch die Herangehensweise bei komplexeren Netzwerken nur ein Pfeilsystem zu verwenden. Hierfür wird in der Regel dann in der gesamten Schaltung das Verbraucher-Zählpfeilsystem verwendet. An Erzeugern ist die Leistung dann negativ und an Verbrauchern positiv. Somit kann dann eine Leistungsbilanz aufgestellt werden, bei der die Summe der Leistungen gleich Null ergibt.

> Schaltungen können entweder mit gemischten Pfeilsystemen oder mit einem einheitlichen Pfeilsystem beschrieben werden. Bei Verwendung eines einheitlichen Pfeilsystems wird in der Regel das VZS verwendet.

3.9 Der Kondensator im Gleichstromkreis

3.9.1 Was ist ein Kondensator?

Nachdem wir nun bereits die Spannungs- und Stromquelle sowie den Widerstand als Elemente im Gleichstromkreis kennengelernt haben, schauen wir uns nun den **Kondensator** an. Ein Kondensator ist ein elementares Bauteil in der Elektrotechnik, welches praktisch in jedem elektrischen Gerät vielfach verbaut wird. Eine wichtige Eigenschaft des Kondensators ist, dass er Ladung bzw. elektrische Energie speichern kann. Die Größe **Kapazität C** ist die charakteristische Größe des Kondensators. Sie gibt an, wie viel Ladung Q im Kondensator pro angelegter Spannung U gespeichert werden kann. Auf diesen Zusammenhang und die zughörige Gleichung werden wir im Laufe dieses Unterkapitels noch genauer eingehen. Die Kapazität eines Kondensators kann quasi als das Fassungsvermögen des Kondensators für Ladungen angesehen werden. Die Einheit der Kapazität lautet **Farad** mit dem Einheitenzeichen F. Gelegentlich wird ein Kondensator auch einfach als „Kapazität" bezeichnet. Charakteristisch für den Kondensator ist außerdem das **elektrische Feld**. Der genaue Zusammenhang wird im Unterkapitel 3.9.4 zum Aufladevorgang des Kondensators beschrieben.

Tabelle 3-5 Der Kondensator

	Kondensator
Charakteristische Größe	Kapazität
Formelzeichen	C
Einheit	Farad [F]
Schaltzeichen Bauelement	

3.9.2 Aufbau eines Kondensators

Es gibt unterschiedliche Bauarten eines Kondensators. Die einfachste und anschaulichste Variante eines Kondensators ist der **Plattenkondensator**. Diesen wollen wir bei den folgenden Betrachtungen auch verwenden. Ein typischer Plattenkondensator besteht aus zwei parallel angeordneten, flächenmäßig gleich großen Metallplatten. Diese Platten stellen die sogenannten **Elektroden** des Kondensators dar. Das Material, das sich im Raum zwischen den Elektroden befindet, z. B. Luft, wird **Dielektrikum** genannt. Das Dielektrikum isoliert die beiden Elektroden elektrisch voneinander, es leitet den Strom also unter normalen Betriebsbedingungen nicht. Die Platten des Kondensators sind jeweils mit einem Kontakt ausgestattet, an den ein Leiter angeschlossen werden kann. Wenn wir nun einen dieser Kontakte an den Pluspol und den anderen an den Minuspol einer Spannungsquelle anschließen, haben wir einen Stromkreis erschaffen.

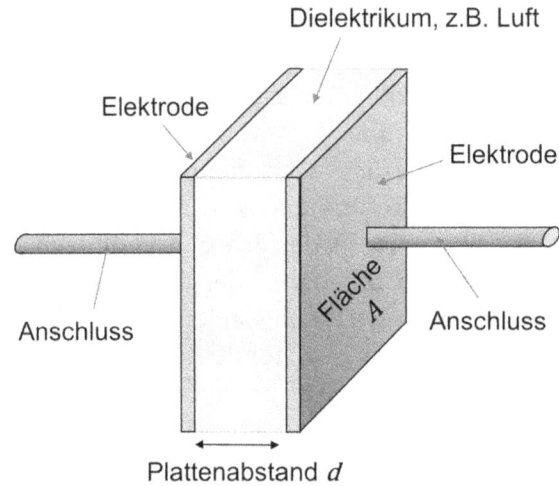

Abbildung 3.15 Plattenkondensator schematisch

Wir haben bereits gelernt, dass die Kapazität C die Energiespeicherfähigkeit eines Kondensators beschreibt. Bemerkenswert ist, dass die Kapazität eines Plattenkondensators ausschließlich durch die Geometrie (Plattenabstand und -fläche) des Kondensators und durch das Material des Dielektrikums bestimmt werden kann.

> Die Kapazität C kann für Plattenkondensatoren anhand der Kondensatorgeometrie und der Art des Dielektrikums berechnet werden.

3 Gleichstromtechnik

Die Gleichung, um die Kapazität eines Plattenkondensators zu berechnen, lautet:

$$C = \varepsilon \cdot \frac{A}{d} = \varepsilon_r \cdot \varepsilon_0 \cdot \frac{A}{d} \qquad (3.6)$$

Kapazität C [Farad, F], Permittivität ε [Amperesekunden pro Voltmeter, $\frac{As}{Vm}$], relative Permittivität ε_r [einheitenlos], elektrische Feldkonstante $\varepsilon_0 \approx 8{,}85 \cdot 10^{-12}$ [Amperesekunden pro Voltmeter, $\frac{As}{Vm}$], Plattenfläche A [Quadratmeter, m²], Plattenabstand d [Meter, m]

Diese Gleichung erscheint auf den ersten Blick vielleicht etwas abschreckend, sie ist aber nicht kompliziert. Gehen wir die einzelnen Größen der Gleichung durch.

Das griechische ε ist das Formelzeichen für die Größe **Permittivität ε**. Sie gibt an, wie gut ein Material, in unserem Fall das Dielektrikum, für das elektrische Feld durchlässig ist. Sie ist quasi das Pendant zur Permeabilität μ, die wir im Zusammenhang mit dem magnetischen Feld schon kennengelernt haben. Auf das elektrische Feld beim Kondensator werden wir gleich noch genauer eingehen. Die Permittivität ε ist das Produkt der **relativen Permittivität ε_r** und der **elektrischen Feldkonstante ε_0**. Wie der Name schon sagt, ist die elektrische Feldkonstante ε_0 immer gleich, also konstant. Die elektrische Feldkonstante ε_0 gibt die Durchlässigkeit des Vakuums für das elektrische Feld an. Die Materialabhängigkeit der Permittivität ε kommt durch die relative Permittivität ε_r zustande. Diese ist für jedes Material unterschiedlich, für Luft gilt z. B. $\varepsilon_r = 1$. Die Art des Dielektrikums zwischen den Platten wird also durch die relative Permittivität ε_r in der Gleichung berücksichtigt. Die zwei restlichen Größen der Gleichung sind die **Plattenfläche A** sowie der **Plattenabstand d**.

3 Gleichstromtechnik

Um einen Bezug zur Einheit Farad zu bekommen, machen wir ein Rechenbeispiel, in welchem wir die Flächen eines Plattenkondensators berechnen wollen. Angenommen wir wollen den Plattenkondensator mit einer Kapazität von $C = 1$ F und einem Plattenabstand von $d = 0{,}5$ mm sowie Luft als Dielektrikum auslegen. Wie groß müssten dann die Flächen der Platten des Kondensators sein?

<u>Rechenbeispiel:</u>

Gegeben: $C = 1\,F = 1\,\frac{As}{V}$ (*Einheit Farad umgeschrieben*),

$d = 0{,}5\,mm$, $\varepsilon_0 \approx 8{,}85 \cdot 10^{-12}\,\frac{As}{Vm}$, $\varepsilon_{r\_Luft} = 1$

Gesucht: A

$C = \varepsilon \cdot \frac{A}{d} = \varepsilon_{r\_Luft} \cdot \varepsilon_0 \cdot \frac{A}{d}$ ⇨ *siehe Gleichung* (3.6)

$A = \frac{C \cdot d}{\varepsilon_{r\_Luft} \cdot \varepsilon_0}$ ⇨ *Gleichung nach A umgestellt*

$A = \frac{1\,\frac{As}{V} \cdot 0{,}5 \cdot 10^{-3}\,m}{1 \cdot 8{,}85 \cdot 10^{-12}\,\frac{As}{Vm}} = 56.497.175\,m^2 \approx 56{,}5\,km^2$

Wir sehen, die Platten müssten mit einer Fläche von $A = 56{,}5$ km² geradezu gigantisch sein, wenn der Kondensator die Kapazität von $C = 1$ Farad erreichen soll. Dabei ist der Plattenabstand mit $d = 0{,}5$ mm bereits verhältnismäßig klein gewählt. Wenn wir größere Abstände wählen würden, müssten die Platten ebenso größer werden, wie wir anhand von Gleichung (3.6) erkennen können. Dies verdeutlicht, dass der Wert von $C = 1$ F bereits ein enorm großer Wert ist. Die Kapazitäten von Kondensatoren als Bauelemente in Schaltungen liegen eher im µF- (Mikro-Farad), nF- (Nano-Farad) oder sogar pF-(Piko-Farad) Bereich, also um den Faktor 10^{-6} bzw. 10^{-9} bzw. 10^{-12} kleiner als 1 Farad.

3.9.3 Der Kondensator im Gleichstromkreis

In diesem Unterkapitel betrachten wir den Kondensator im Gleichstromkreis. Zunächst stellt sich dabei die Frage, wie ein Gleichstrom kontinuierlich fließen kann, wenn sich zwischen diesen Platten doch Luft, also ein elektrischer Isolator, befindet. Die Antwort darauf lautet: Es kann eben **kein** kontinuierlicher Gleichstrom fließen!

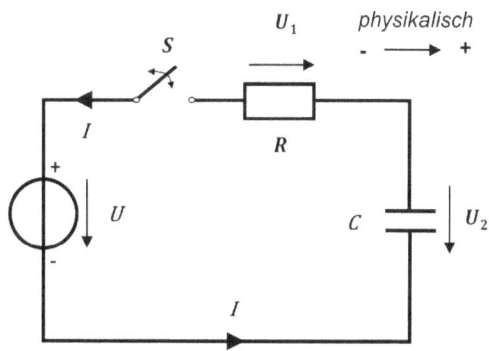

Abbildung 3.17 Stromkreis mit Quelle, Schalter, Widerstand und Kondensator

Interessant ist jedoch, was im ersten Moment nach Anschluss des Kondensators im Stromkreis passiert. Stellen wir uns vor, der Anschluss des Kondensators wird durch einen Schalter realisiert, mit dem der Kreis geöffnet und geschlossen werden kann. Nehmen wir weiter an, der Stromkreis besteht, wie in Abbildung 3.17 dargestellt, aus einer idealen Spannungsquelle, einem Schalter, einem Widerstand und einem Plattenkondensator mit der Kapazität C. An dieser Stelle sei außerdem angemerkt, dass wir bei den folgenden Betrachtungen zur besseren Nachvollziehbarkeit der Erklärungen die physikalische Stromrichtung, also die Elektronenflussrichtung verwenden.

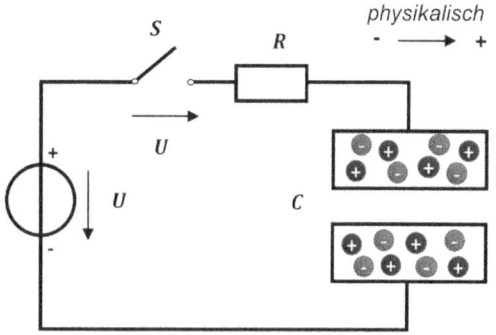

Abbildung 3.16 Stromkreis mit offenem Schalter und grafischem Kondensator

Betrachten wir nun den folgend beschriebenen Anschluss des Kondensators an die Spannungsquelle durch den Schalter. Zunächst ist der Schalter offen. Es liegt keine Spannung am Kondensator an. Die positiven und negativen Ladungsträger verteilen sich gleichmäßig in den Leitern und auf den Kondensatorplatten. Dieser Zustand ist in Abbildung 3.16 dargestellt. Die hellgrauen Kreise mit dem Minus in der Mitte stellen dabei die negativen, beweglichen Ladungsträger (Valenzelektronen), die dunkelgrauen Kreise mit dem Plus in der Mitte die positiven Ladungsträger (feststehende Atomrümpfe mit Protonen und Neutronen im Kern und den Elektronen auf den inneren Schalen) dar.

3.9.4 Der Aufladevorgang des Kondensators und das elektrische Feld

Sobald der Schalter geschlossen wird, beginnt der **Aufladevorgang** des Kondensators. Nach dem Schließen des Schalters liegt eine Spannung außen am Kondensator an. Sie „drückt" auf der Minuspol-Seite des Kondensators Elektronen auf die Kondensatorplatte. Diese können jedoch nicht weiterfließen, da sich zwischen den Platten Luft befindet. Es gibt eine Ladungsträgeransammlung, quasi einen Stau von Elektronen auf dieser Kondensatorplatte. Von der anderen Platte, welche mit dem Pluspol verbunden ist, werden die freien Elektronen „abgesogen". Die unbeweglichen positiven Atomanteile bleiben zurück und es herrscht folglich ein Elektronenmangel auf dieser Platte, da keine weiteren Elektronen nachfließen können.

Die beiden Platten des Kondensators werden während dem Aufladevorgang also positiv bzw. negativ aufgeladen. Wie wir aus dem Kapitel zum elektrischen Feld wissen, bildet sich bei geladenen Körpern ein **elektrisches Feld** aus. Genau dies geschieht bei einem Plattenkondensator, der aufgeladen wird. Da die Ladungsträgerverteilung auf den Platten gleichmäßig ist, bildet sich ein **homogenes elektrisches Feld** zwischen den Platten aus. Zur Erinnerung: ein homogenes Feld ist durch parallele Feldlinien charakterisiert, die den gleichen Abstand zueinander und dieselbe Richtung haben.

> Während des Aufladevorgangs eines Plattenkondensators bildet sich ein homogenes elektrisches Feld zwischen den Platten aus.

Der beschriebene Aufladevorgang des Kondensators ist im Schaltbild in Abbildung 3.18 mit einem schematisch vergrößerten Plattenkondensator dargestellt.

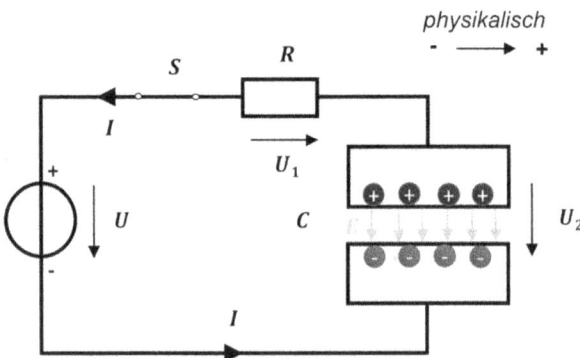

Abbildung 3.18 Stromkreis mit geschlossenem Schalter und grafischem Kondensator

Sobald sich ein stabiler Zustand ohne Änderung der Ladungsmenge auf den Platten eingestellt hat, ist der Aufladevorgang des Kondensators abgeschlossen. Die Potentialdifferenz zwischen den Kondensatorplatten entspricht dann der außen am

Kondensator angelegten Spannung. Es kann also nach Abschluss des Aufladevorgangs kein Strom mehr fließen.

> Ein Kondensator wirkt nach dem Aufladevorgang wie eine Sperre für Gleichstrom.

Nach Abschluss des Aufladevorgangs ist eine bestimmte Menge an Ladungen auf den Kondensatorplatten „gespeichert". Diese Ladungsmenge Q können wir über die Kapazität C des Kondensators und die außen angelegte Spannung U berechnen. Die zugehörige Gleichung dazu lautet wie folgt:

$$Q = C \cdot U \qquad (3.7)$$

Ladung Q [Ampere mal Sekunden, A·s], Kapazität C [Farad, F], Spannung U [Volt, V]

Anhand Gleichung (3.7) sehen wir: Je höher die Kapazität eines Kondensators und je höher die angelegte Spannung ist, desto mehr Ladung kann im Kondensator gespeichert werden. Der anlegbaren Spannung sind jedoch Grenzen gesetzt, da jeder Kondensator nur eine gewisse **Durchschlagfestigkeit** besitzt. Dies bedeutet, dass es bei jedem Kondensator ab einer bestimmten Spannung zu einem sogenannten **Durchschlag** kommt. Der Begriff Durchschlag bedeutet dabei, dass das Dielektrikum leitend wird und die Platten des Kondensators nicht mehr voneinander isoliert sind. Die Durchschlagsspannung ist unter anderem von der Bauart, der Größe und den Materialien des Kondensators abhängig.

> Je höher die Kapazität des Kondensators sowie die am Kondensator anliegende Spannung ist, desto mehr Ladung kann in diesem gespeichert werden.

Nach Abschluss des Ladevorgangs fließt kein Strom mehr und die Kondensatorspannung entspricht der außen angelegten Spannung. Die Feldstärke des elektrischen Feldes zwischen den Platten ist dann konstant.

Nicht nur die gespeicherte Ladungsmenge, sondern auch die Feldstärke des elektrischen Feldes zwischen den Kondensatorplatten hängt mit der anliegenden Spannung zusammen. Zudem ist der Plattenabstand entscheidend für die Feldstärke.

3 Gleichstromtechnik

Es gilt dabei folgender gleichungsmäßige Zusammenhang:

$$E = \frac{U}{d} \tag{3.8}$$

Elektrische Feldstärke E [Volt pro Meter, $\frac{V}{m}$], Spannung U
[Volt, V], Plattenabstand d [Meter, m]

Wie anhand der Gleichung erkennbar ist, nimmt die Feldstärke mit zunehmender Spannung und abnehmendem Plattenabstand zu. Möglicherweise ist dem aufmerksamen Leser nun aufgefallen, dass die Einheit für die elektrische Feldstärke in Gleichung (3.8) eine andere ist als in Gleichung (2.4) in Kapitel 2.3 zum elektrischen Feld. Dies ist keinesfalls falsch, beide Einheiten beschreiben dieselbe Größe, nur über einen unterschiedlichen Zusammenhang. Es können also beide Einheiten für die Angabe der elektrischen Feldstärke verwendet werden.

Neben der gespeicherten Ladung kann auch die im elektrischen Feld gespeicherte Energie über eine einfache Gleichung berechnet werden. Diese Gleichung, welche für den Zustand nach Abschluss des Aufladevorgangs gilt, lautet wie folgend:

$$W_{el} = \frac{1}{2} \cdot C \cdot U^2 \tag{3.9}$$

Energie im elektrischen Feld W_{el} [Joule, J], Kapazität C [Farad, F], Spannung U [Volt, V]

Wir sehen anhand der Gleichung, dass die im elektrischen Feld gespeicherte Energie W_{el} von der Höhe der Kapazität des Kondensators und quadratisch von der am Kondensator anliegenden Spannung abhängt. Diese Gleichung gilt nicht nur für Plattenkondensatoren, sondern für alle Bauformen von Kondensatoren.

3.9.5 Simulation des Aufladevorgangs eines Kondensators

Wir wissen nun bereits, dass kein kontinuierlicher Stromfluss in einem (unverzweigten) Gleichstromkreis, welcher einen Kondensator enthält, entstehen kann. Nun ist es interessant zu betrachten, wie sich der zeitliche Stromstärke- und Spannungsverlauf am Kondensator während des Aufladevorgangs verhält.

Man kann sich vorstellen, dass im ersten Moment nach dem Schließen des Schalters noch Strom fließt, da die Quelle freie Elektronen von der einen Platte „saugt" bzw. auf die andere Platte „drückt". Schnell stellt sich jedoch ein stabiler Zustand ein, bei dem keine weiteren Elektronen mehr von der einen Platte abgesaugt bzw. auf die andere Platte gedrückt werden können. Dann fließt auch kein Strom mehr. Mit der Spannung verhält es sich im Vergleich zum Strom genau umgekehrt. Im ersten Moment kann noch Strom fließen, der Kondensator stellt kein Hindernis

3 Gleichstromtechnik

dar. Die Kondensatorspannung ist folglich im ersten Moment nach dem Schließen des Schalters $u(t) = 0$ V. Sie steigt dann jedoch schnell an, da es immer „schwieriger" wird, weitere Elektronen abzusaugen bzw. auf die Platte zu drücken.

Dem aufmerksamen Leser ist im obigen Abschnitt vielleicht die neue Schreibweise der Spannung mit einem kleinen u als Formelzeichen und einem t in Klammern aufgefallen. Der Grund für diese Schreibweise ist, dass die Spannung u in diesem Fall eine Funktion der Zeit t ist. Der Spannungswert ändert sich über die Zeit, die Spannung ist also zeitabhängig. Für die Formelzeichen von Spannung und Stromstärke werden auch im weiteren Buchverlauf Kleinbuchstaben verwendet, wenn die Größen zeitabhängig sind.

> Zeitabhängige Größen werden durch die Verwendung von Kleinbuchstaben gekennzeichnet.

Schauen wir uns den Aufladevorgang von Kondensatoren anhand einer Simulation des in Abbildung 3.17 gezeigten Stromkreises genauer an. Die dunkelgraue Kurve stellt den zeitlichen Verlauf der Spannung zwischen den Platten des Kondensators und die hellgraue Kurve den Stromstärkeverlauf im Stromkreis nach dem Schließen des Schalters dar. Der Zeitpunkt $t = 0$ ms entspricht dem Moment, in dem der Schalter geschlossen wird.

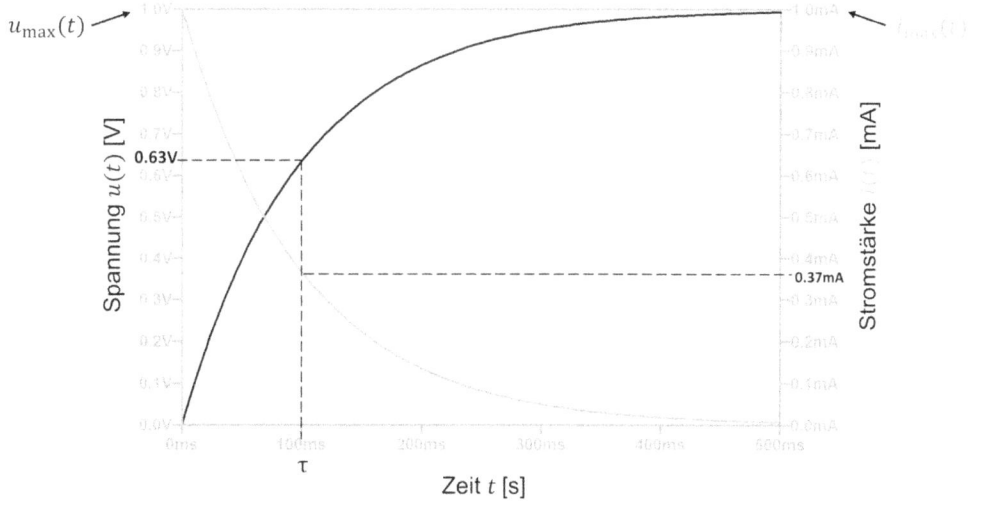

Abbildung 3.19 Aufladevorgang eines Kondensators im Gleichstromkreis

Wie wir sehen, ist der **Stromstärkeverlauf** (hellgrau) durch eine exponentiell abnehmende Kurve dargestellt. Der **Spannungsverlauf** (dunkelgrau) nähert sich exponentiell dem Grenzwert $u(t)_{max}$, in diesem Fall $u(t)_{max} = 1$ V, an. Diese Grenzspannung entspricht der außen am Kondensator anliegenden Spannung.

3 Gleichstromtechnik

Die Ladezeit des Kondensators wird durch den Ohmschen Widerstand R des Widerstands im Stromkreis sowie die Kapazität C des Kondensators bestimmt. Das Produkt aus diesen zwei Werten wird **Zeitkonstante τ_C** oder einfach **τ** genannt.

$$\tau_C = R \cdot C \tag{3.10}$$

Zeitkonstante τ_C [Sekunde, s], Ohmscher Widerstand R [Ohm, Ω], Kapazität C [Farad, F]

Die Zeitkonstante τ_C stellt einen charakteristischen Punkt für den Stromstärke- und Spannungsverlauf am Kondensator dar. Nach dieser Zeit ist die Spannung auf etwa 63 % ihres Endwertes $u(t)_{max}$ gestiegen und der Strom auf etwa 37 % seines Anfangswertes $i(t)_{max}$ gesunken. In der Simulation, deren Ergebnis in Abbildung 3.19 dargestellt ist, beträgt τ_C exakt $\tau_C = 100$ ms, wie durch die gestrichelten Linien gekennzeichnet ist. Nach der Zeitspanne von $t = 5 \cdot \tau_C$ ist die Spannung auf 99 % ihres Endwertes $u(t)_{max}$ gestiegen und der Strom auf 1 % seines Anfangswertes $i(t)_{max}$ gesunken.

Anhand dieser Simulation wird noch einmal deutlich, dass sich ein Kondensator nach Anschluss in einem Gleichstromkreis nach einer kurzen Zeit wie eine Sperre für den Strom verhält und die Kondensatorspannung nach Abschluss des Aufladevorgangs der außen angelegten Spannung entspricht.

3.9.6 Entladevorgang des Kondensators

Wir haben bereits gelernt, dass ein Kondensator durch eine Quelle aufgeladen werden kann und dabei Ladung „speichert". Wenn der Kondensator nun von der Quelle getrennt wird und die beiden Platten über einen Leiter verbunden werden, beginnt der Entladevorgang des Kondensators, da die gespeicherte Ladung dann wieder abfließen kann. Dafür betrachten wir den in Abbildung 3.21 gezeigten Ablauf. Es gilt dabei weiterhin die physikalische Stromrichtung. Im ersten Schritt (links gezeigt) wird der Kondensator aufgeladen. Sobald der Kondensator vollständig aufgeladen ist, der Strom also aufhört zu fließen, legen wir den Schalter S um und der Kondensator beginnt sich zu entladen (rechts gezeigt). Der Kondensator stellt nun mit seiner gespeicherten Ladung für kurze Zeit einen Erzeuger dar, jedoch mit schnell abnehmender Spannung und mit schnell abnehmender Stromstärke.

3 Gleichstromtechnik

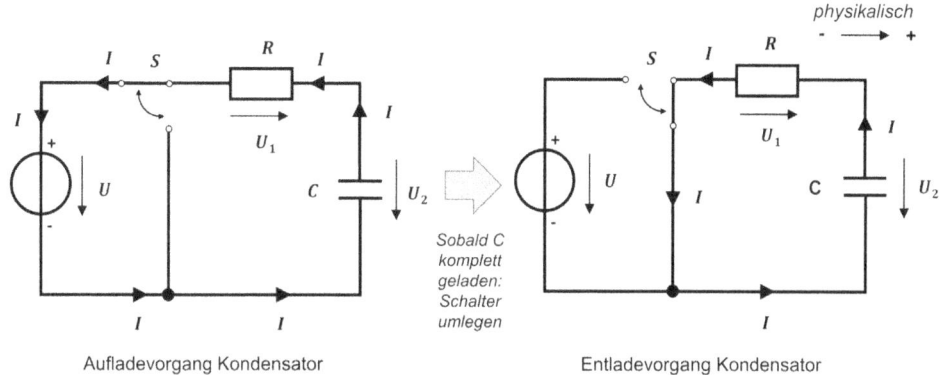

Abbildung 3.21 Entladevorgang Kondensator - Ablauf

Schauen wir uns die Zeitverläufe von Spannung und Stromstärke während des Entladevorgangs anhand einer Simulation genauer an. Die dunkelgraue Kurve zeigt wieder den Spannungsverlauf am Kondensator, die hellgraue Kurve den Stromstärkeverlauf. Der Zeitpunkt $t = 1.0$ s (englische Schreibweise für „1,0") stellt dabei den Moment dar, in dem der Schalter in die untere Position gebracht wird.

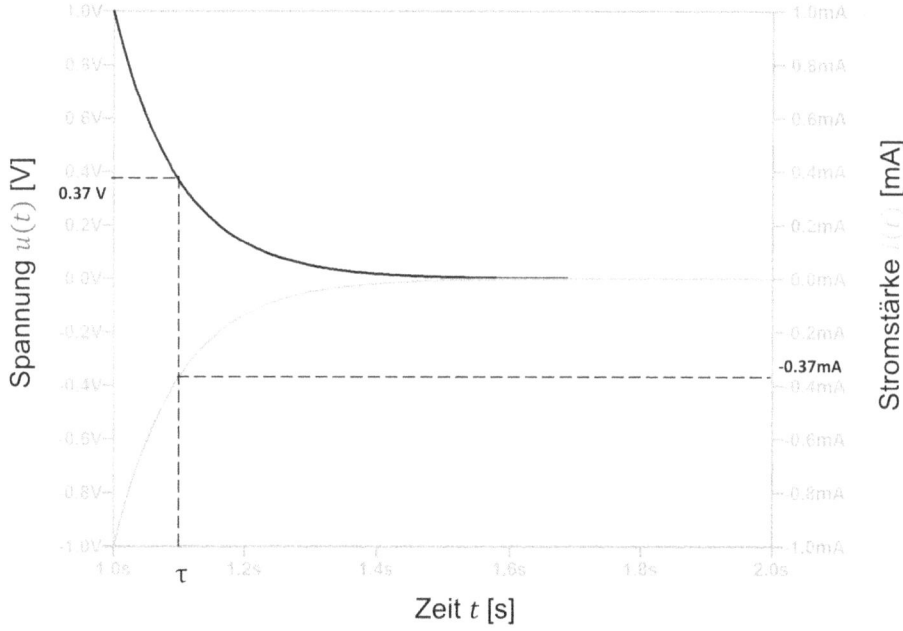

Abbildung 3.20 Entladevorgang eines Kondensators im Gleichstromkreis

Wir erkennen anhand des **Spannungsverlaufes**, dass die Spannung am Kondensator exponentiell abfällt. Diesen Verlauf kann man gut nachvollziehen, da auf der unteren Platte direkt bei Schalteröffnung noch ein starker Elektronenüberschuss und auf der oberen Platte ein starker Elektronenmangel herrscht. Somit liegt am Anfang noch eine hohe Potentialdifferenz zwischen den Kondensatorplatten vor. Sobald der Schalter jedoch umgelegt ist, können die Elektronen von der unteren Platte zur oberen fließen, es findet also ein Ladungsträgerausgleich statt. Durch den immer geringer werdenden Elektronenmangel bzw. –überschuss baut sich die Kondensatorspannung exponentiell ab.

Der **Stromstärkeverlauf** erscheint im ersten Moment merkwürdig, da er im Negativen beginnt und sich dann exponentiell an $i(t) = 0$ A annähert. Diesen Verlauf im Negativen können wir so erklären, dass er real, entgegen der beim Aufladen festgelegten und in Abbildung 3.21 eingezeichneten Richtung fließt. Genauer gesagt: Die Elektronen werden beim Aufladevorgang auf die untere Platte des Kondensators gedrückt und von der oberen Platte abgesogen. Also müssen sie beim Entladen von der unteren Platte über den Leiter zur oberen Platte fließen, um einen Potentialausgleich zu erreichen. Da der Strom aber, wie erwähnt, entgegengesetzt eingezeichnet ist, verläuft der Stromverlauf in der Simulation im Negativen.

Auch beim Entladevorgang gibt es die Zeitkonstante τ_C. Sie berechnet sich wie beim Aufladevorgang. Die Zeitkonstante lautet in dieser Simulation wieder $\tau_C = 100$ ms. Nach der Zeit τ_C sind Spannung und Stromstärke betragsmäßig auf 37 % ihrer Anfangswerte gefallen, wie in Abbildung 3.20 zu erkennen ist.

3.9.7 Strom und Spannung an einem Kondensator

Ergänzend zum Auf- und Entladevorgangs des Kondensators im Gleichstromkreis wollen wir noch eine wichtige Gleichung, welche den Zusammenhang zwischen Stromstärke und Spannung an einem Kondensator beschreibt, betrachten. Diese Gleichung lautet wie folgt:

$$i(t) = C \cdot \frac{\mathrm{d}u(t)}{\mathrm{d}t} \tag{3.11}$$

Stromstärke $i(t)$ [Ampere, A], Kapazität C [Farad, F], Spannungsänderung $\mathrm{d}u(t)$ [Volt, V], Zeitänderung $\mathrm{d}t$ [Sekunden, s]

Wir sehen anhand der Gleichung, dass der Stromfluss durch einen Kondensator abhängig von der Kapazität desselben und der zeitlichen Änderung der Spannung am Kondensator ist. Zur Erinnerung: Die Stromstärke und Spannung sind jeweils in Kleinbuchstaben angegeben, da diese Größen in der Gleichung zeitabhängig sind.

Eine hilfreiche, wenn auch etwas unkonventionelle Eselsbrücke für diese Gleichung ist das „Cdu" im rechten Teil der Gleichung, welches identisch mit einer großen Partei in Deutschland ist.

3.9.8 Parallelschaltung von Kondensatoren

Als letzten Themenblock zu Kondensatoren betrachten wir noch die Zusammenhänge bei Reihen- und Parallelschaltungen. Die relevanten Größen dabei sind die resultierende Gesamtkapazität C_{ges}, die Ladung Q auf den einzelnen Kondensatoren und die Spannung U an den Kondensatoren. In der Praxis ist insbesondere die Parallelschaltung von Kondensatoren hilfreich, wenn ein bestimmter Kapazitätswert erreicht werden soll, wie wir gleich sehen werden.

Da die **Parallelschaltung von Kondensatoren** einfacher zu verstehen ist, beginnen wir mit dieser. Als erste Größe betrachten wir die resultierende Gesamtkapazität C_{ges} bei der Parallelschaltung. Wie muss vorgegangen werden, um diese zu bestimmen? Dazu rufen wir uns Gleichung (3.6) zur Berechnung der Kapazität eines einzelnen Kondensators in Erinnerung. Diese Kapazität hängt unter anderem von der Fläche der beiden Elektroden (beim Plattenkondensator von der Plattenfläche) ab. Je größer die Fläche, desto größer ist die Kapazität. Was passiert nun mit der Kapazität, wenn wir zwei identische Plattenkondensatoren nebeneinander stellen und sie parallel anschließen? Die Antwort ist nicht schwer zu erraten: Wir haben die Elektrodenfläche verdoppelt und damit auch die Kapazität verdoppelt. Anhand dieses Zusammenhangs können wir die Regel für die resultierende Gesamtkapazität ableiten: Die Kapazität der einzelnen Kondensatoren wird bei einer Parallelschaltung addiert.

> Die Gesamtkapazität einer Parallelschaltung von Kondensatoren errechnet sich durch die Addition der Einzelkapazitäten.
> $$C_{gesamt} = \sum_{i=1}^{n} C_i = C_1 + C_2 + \cdots + C_n$$

Dies gilt auch für die Parallelschaltung von allen anderen Kondensator-Typen wie beispielsweise Elektrolytkondensatoren oder Keramikkondensatoren. Wenn daher in der Praxis ein Kapazitätswert erreicht werden soll, der größer ist als die einzelnen zur Verfügung stehenden Kapazitäten, dann können einzelne Kondensatoren parallel geschaltet werden. Zu beachten ist dabei noch, dass die Kapazitätsangaben von einzelnen Kondensatoren aufgrund von Fertigungstoleranzen stark schwanken. Die Abweichungen zur spezifizierten Nennkapazität liegen üblicherweise im Bereich von $\Delta C = \pm 5\%$ bis $\Delta C = \pm 20\%$. Kondensatoren mit einer kleineren prozentualen Abweichung zur Nennkapazität sind dabei teurer. Daher empfiehlt es sich, die einzelnen Kapazitäten zu messen (z. B. mit einem Multimeter), bevor man sie parallel schaltet, um einen bestimmen Wert zu erreichen. Des Weiteren müssen alle verwendeten Kondensatoren in solch einer Parallelschaltung die benötigte Spannungsfestigkeit aufweisen.

3 Gleichstromtechnik

Der beschriebene Zusammenhang für die Gesamtkapazität ist nachfolgend anhand der Parallelschaltung von drei identischen Kondensatoren dargestellt.

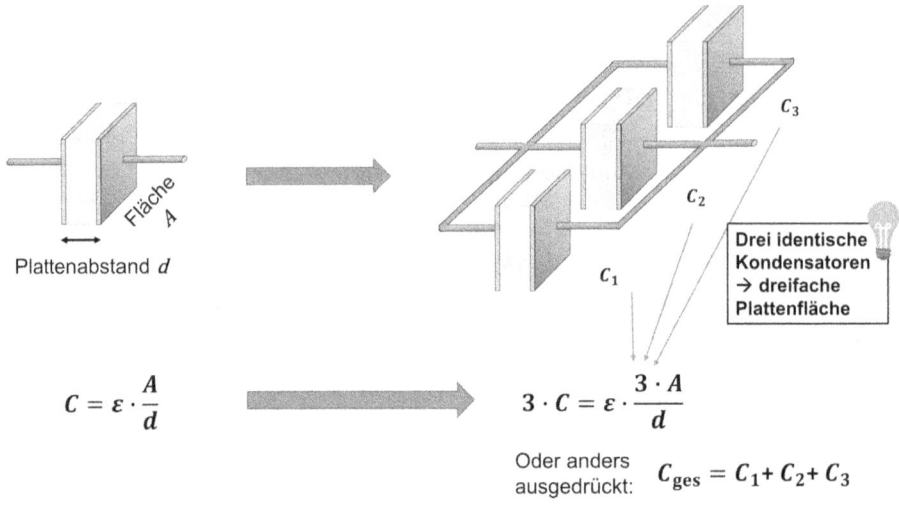

Abbildung 3.22 Gesamtkapazität bei der Parallelschaltung von Kondensatoren

Für die zweite relevante Größe, die Spannung U, gilt der gleiche Zusammenhang wie bei der Parallelschaltung von Widerständen: An allen parallelgeschalteten Kondensatoren liegt die gleiche Spannung U an.

Anhand der Erklärungen zur Gesamtkapazität C_{ges} und zur Spannung U sowie der Gleichung (3.7) können wir uns nun überlegen, wie es sich mit der Gesamtladung Q_{ges} verhält. Wir wissen, dass die Spannung U an allen Kondensatoren gleich ist und die Einzelkapazitäten addiert werden. Gleichung (3.7) entsprechend, müssen sich also auch die Ladungen Q auf den einzelnen Kondensatoren zur Gesamtladung Q_{ges} addieren.

Während also an allen parallelgeschalteten Kondensatoren dieselbe Spannung anliegt, befindet sich je nach Kondensatorkapazität eine entsprechend große Ladung auf dem einzelnen Kondensator. Die beschriebenen Zusammenhänge zur Spannung und zur Gesamtladung sind in der folgenden Abbildung zur besseren Nachvollziehbarkeit anhand der Parallelschaltung von drei Kondensatoren dargestellt.

3 Gleichstromtechnik

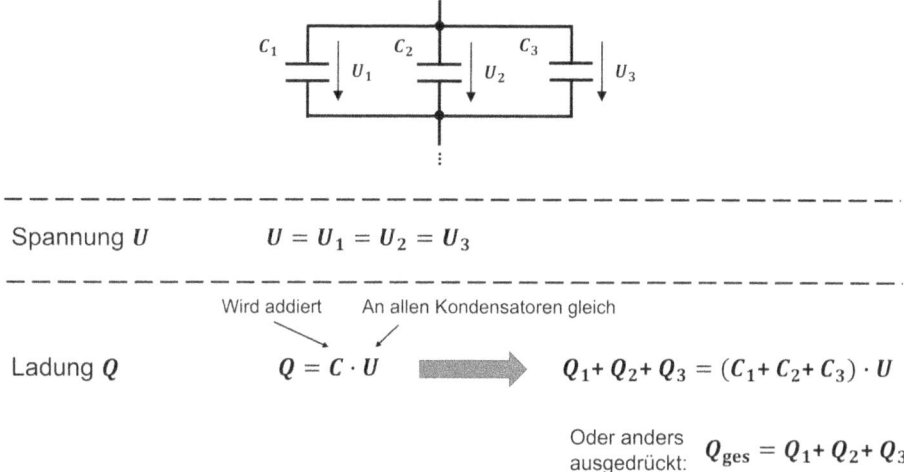

Abbildung 3.23 Spannung und Ladung bei Parallelschaltung von Kondensatoren

Zur besseren Einprägsamkeit berechnen wir im Folgenden die Gesamtkapazität C_{ges} sowie die Gesamtladung Q_{ges} bei einer Parallelschaltung von zwei Kondensatoren mit den Einzelkapazitäten von $C_1 = 1\,\mu F$ und $C_2 = 490\,nF$. Die an den Kondensatoren anliegende Spannung sei $U = 10\,V$.

Rechenbeispiel:

Gegeben: $C_1 = 1\,\mu F, C_2 = 490\,nF, U = 10\,V$.

Gesucht: C_{ges}, Q_{ges}

$C_1 + C_2 = C_{ges}$

$1\,\mu F + 0{,}49\,\mu F = 1{,}49\,\mu F$ ⇨ *Umrechnung des Nano-Farad-Wertes in Mikro-Farad*

$Q_1 = C_1 \cdot U = 1\,\mu F \cdot 10\,V = 10\,\mu As$ ⇨ *siehe Gleichung* (3.7)

$Q_2 = C_2 \cdot U = 0{,}49\,\mu F \cdot 10\,V = 4{,}9\,\mu As$

$Q_{ges} = Q_1 + Q_2 = 10\,\mu As + 4{,}9\,\mu As = 14{,}9\,\mu As = 14{,}9 \cdot 10^{-6}\,As$

3.9.9 Reihenschaltung von Kondensatoren

Bei einer **Reihenschaltung von Kondensatoren** werden beim Aufladevorgang alle Kondensatoren vom gleichen Strom durchflossen. Daher liegt nach dem Aufladevorgang auch auf allen Kondensatoren die gleiche Ladung Q, unabhängig von ihrer einzelnen Kapazität.

> Bei einer Reihenschaltung ist auf allen Kondensatoren die gleiche Ladung gespeichert.

Auf die Gesamtkapazität wirkt eine Reihenschaltung von Kondensatoren wie eine Vergrößerung des Abstands der Elektroden. Für die Berechnung gilt ein ähnlicher Zusammenhang wie bei der Parallelschaltung von Widerständen: Es werden zunächst die Kehrwerte der Kapazitäten der einzelnen Kondensatoren addiert und vom Ergebnis anschließend der Kehrwert gebildet. Das heißt, dass die resultierende Gesamtkapazität bei einer Reihenschaltung kleiner ist als die kleinste Einzelkapazität.

> Die Gesamtkapazität einer Reihenschaltung errechnet sich durch die Addition der Kehrwerte der Einzelkapazitäten und die anschließende Kehrwertbildung des Ergebnisses.
> $$\frac{1}{C_{gesamt}} = \sum_{i=1}^{n} \frac{1}{C_i} = \frac{1}{C_1} + \frac{1}{C_2} + \cdots + \frac{1}{C_n}$$

Die Spannung U bei der Reihenschaltung von Kondensatoren verhält sich ähnlich wie bei der Reihenschaltung von Widerständen. Es fließt beim Aufladevorgang durch alle Kondensatoren der gleiche Strom. Abhängig von der Kapazität fällt an allen Kondensatoren eine einzelne Teilspannung ab. Der sehr wichtig zu beachtende Unterschied im Vergleich zu den Widerständen ist jedoch, dass die Spannung antiproportional zum Kapazitätswert des einzelnen Kondensators abfällt. Das heißt, dass die größte Teilspannung am Kondensator mit dem kleinsten Kapazitätswert abfällt. Also genau umgekehrt wie bei den Widerständen. Die Summe der Teilspannungen ergibt dann wieder die Gesamtspannung über alle in Reihe geschalteten Kondensatoren.

> Bei einer Reihenschaltung von Kondensatoren teilt sich die Gesamtspannung auf die einzelnen Kondensatoren auf. Über dem Kondensator mit der kleinsten Kapazität fällt die größte Teilspannung ab.

3 Gleichstromtechnik

Die beschriebenen Zusammenhänge für die Ladung, die Spannung und die Gesamtkapazität sind in nachfolgender Abbildung am Beispiel einer Reihenschaltung von drei Kondensatoren noch einmal zusammengefasst.

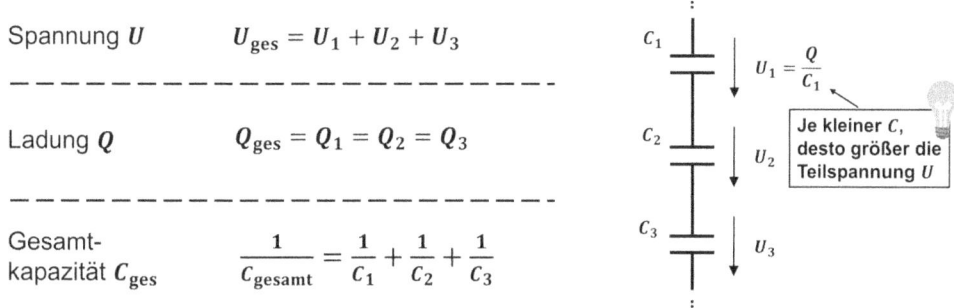

Spannung U $\qquad U_{ges} = U_1 + U_2 + U_3$

Ladung Q $\qquad Q_{ges} = Q_1 = Q_2 = Q_3$

Gesamtkapazität C_{ges} $\qquad \dfrac{1}{C_{gesamt}} = \dfrac{1}{C_1} + \dfrac{1}{C_2} + \dfrac{1}{C_3}$

Abbildung 3.24 Reihenschaltung von drei Kondensatoren

Rechnen wir auch für die Reihenschaltung ein kleines Beispiel, um die Zusammenhänge zu verdeutlichen. Wir schalten dazu gedanklich zwei Kondensatoren mit den identischen Einzelkapazitäten $C_1 = 100\ \mu F$ und $C_2 = 100\ \mu F$ in Reihe. Die auf den Kondensatoren gespeicherte Ladung sei $Q = 1{,}2\ mAs$. Wie groß sind die Gesamtspannung U sowie die Teilspannungen U_1 und U_2 an den beiden Kondensatoren?

Rechenbeispiel:

Gegeben: $C_1 = 100\ \mu F, C_2 = 100\ \mu F, Q = 1{,}2\ mAs$

Gesucht: U_{ges}, U_1, U_2

$U_{ges} = \dfrac{Q}{C_{ges}}$ $\qquad \Rightarrow$ siehe Gleichung (3.7)

$\dfrac{1}{C_{ges}} = \dfrac{1}{C_1} + \dfrac{1}{C_2} = \dfrac{1}{100\ \mu F} + \dfrac{1}{100\ \mu F} = \dfrac{2}{100\ \mu F}$ $\qquad \Rightarrow$ Zunächst wird C_{ges} benötigt, dafür erst Kehrwertaddition

$C_{ges} = \dfrac{100\ \mu F}{2} = 50\ \mu F$ $\qquad \Rightarrow$ Wir sehen, es resultiert bei zwei identischen Kapazitäten eine Gesamtkapazität, die halb so groß ist, wie die Einzelkapazitäten

3 Gleichstromtechnik

$$U_{ges} = \frac{Q}{C_{ges}} = \frac{1.200\ \mu As}{50\ \mu F} = 24\ V$$

$$U_1 = U_2 = \frac{Q}{C_1} = \frac{Q}{C_2} = \frac{1.200\ \mu As}{100\ \mu F} = 12\ V$$

⇨ *Probe: Die Addition von U_1 und U_2 ergibt U_{ges}, also ist das Ergebnis richtig*

Damit haben wir nun den Kondensator im Gleichstromkreis vom Aufbau über die Funktionsweise bei Auf- und Entladevorgang bis hin zur Reihen- und Parallelschaltung ausführlich behandelt.

3.10 Die Spule im Gleichstromkreis

3.10.1 Was ist eine Spule?

Als viertes elementares Element nach Quelle, Ohmschem Widerstand und Kondensator betrachten wir nun die **Spule** im Gleichstromkreis. Wie der Kondensator hat auch die Spule die Eigenschaft elektrische Energie speichern zu können. Die physikalische Größe **Induktivität L** ist die charakteristische Größe der Spule. Gelegentlich wird eine Spule umgangssprachlich auch einfach „Induktivität" genannt. Wir werden die Induktivität L als Größe im Folgenden noch genauer betrachten. Die Einheit der Induktivität lautet **Henry** mit dem Einheitenzeichen H. Charakteristisch für die Spule ist das **magnetische Feld**, der genaue Zusammenhang wird im Kapitelabschnitt 3.10.5 zum magnetischen Feld einer Spule beschrieben.

Tabelle 3-6 Die Spule

	Spule
Charakteristische Größe	Induktivität
Formelzeichen	L
Einheit	Henry [H]
Schaltzeichen Bauelement	

3.10.2 Aufbau einer Spule

Zunächst stellt sich wieder die Frage, was eine Spule eigentlich ist. Eine Spule ist nichts anderes als ein gewickelter elektrischer Leiter. Wird der Leiter frei gewickelt, also nicht um einen festen Körper, wird die Spule **Luftspule** genannt. Meist wird der Leiter jedoch um ein Körper aus magnetisch gut leitfähigem Material, also aus einem Material mit hoher Permeabilität μ gewickelt. Dieser Körper wird **Spulenkern** genannt. Bei Spulen gibt es, wie beim Kondensator, unterschiedliche Bauarten. Wir wollen im Folgenden eine sogenannte **Zylinderspule**, welche in Abbildung 3.25 dargestellt ist, betrachten.

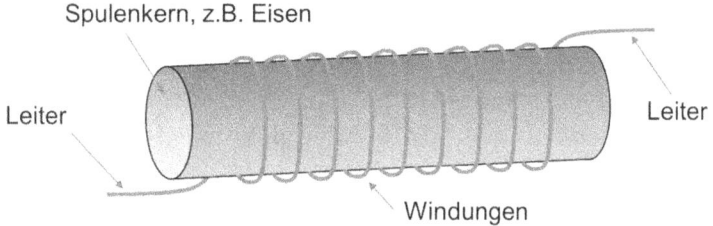

Abbildung 3.25 Zylinderspule schematisch

Die bereits erwähnte Induktivität L wird unterschieden in **Selbstinduktivität**, auch **Eigeninduktivität** genannt und **Gegeninduktivität**, auch **Fremdinduktivität** genannt. Wir behandeln in diesem Textabschnitt zunächst die Eigen- bzw. Selbstinduktivität einer Spule. Meist wird nur von „Induktivität" gesprochen, damit ist dann in der Regel die Selbstinduktivität gemeint. Auf die Unterscheidung zwischen den zwei Formen der Induktivität werden wir im Laufe des Kapitels noch eingehen.

Die Selbstinduktivität L der Spule ist, ähnlich wie die Kapazität beim Kondensator, von der Spulengeometrie sowie vom verwendeten Material für den Spulenkern abhängig. Die Selbstinduktivität L einer zylinderförmigen, langgezogenen Spule kann über die nachfolgende Gleichung berechnet werden.

$$L = \mu \cdot N^2 \cdot \frac{A}{l} = \mu_0 \cdot \mu_r \cdot N^2 \cdot \frac{A}{l} \tag{3.12}$$

Induktivität L [Henry, H], Permeabilität μ [Voltsekunden pro Amperemeter, $\frac{Vs}{Am}$], magnetische Feldkonstante $\mu_0 \approx 1{,}26 \cdot 10^{-6}$ [Voltsekunden pro Amperemeter, $\frac{Vs}{Am}$], relative Permeabilität μ_r des Kerns [einheitenlos], Windungszahl N [einheitenlos], Querschnittsfläche A [Quadratmeter, m²], Spulenlänge l [Meter, m]

3 Gleichstromtechnik

Wie man an den Einschränkungen „zylinderförmig" und „langgezogen" erkennen kann, ist diese Gleichung eigentlich nur für einen Sonderfall von Spulen gültig. Dieser Sonderfall wird jedoch häufig für erste Betrachtungen von Spulen herangezogen. Bei anderen Spulengeometrien kann die Berechnung der Induktivität unter Umständen deutlich komplexer werden. Da es unser Ziel ist, eine erste Vorstellung von der Größe Induktivität und von Spulen allgemein zu bekommen, bleiben wir bei diesem einfachen Spulentyp.

Wenn man die Gleichung zur Induktivität der zylinderförmigen Spule mit der Gleichung (3.6) zur Kapazität des Plattenkondensators auf Seite 91 vergleicht, erkennt man einige Parallelen. Das griechische μ in Gleichung (3.12) steht für die **magnetische Permeabilität μ**, welche wir bereits in Kapitel 2.2 bei der Behandlung des magnetischen Feldes kennengelernt haben. Während beim Kondensator die Permittivität ε die Durchlässigkeit eines Materials für das elektrische Feld angibt, gibt die Permeabilität μ an, wie durchlässig ein Material für magnetische Felder ist.

Die Permeabilität μ ist, wie bereits in Kapitel 2.2 beschrieben, das Produkt aus **magnetischer Feldkonstante μ_0** und der **relativen Permeabilität μ_r** des Spulenkerns. Wir erinnern uns; die relative Permeabilität von Luft ist $\mu_r = 1$. Wenn wir also eine Spule nicht als Luftspule ausführen, sondern den Leiter um einen Eisenkern wickeln, z. B. einen Eisenzylinder mit $\mu_r = 1.000$, erhalten wir eine Spule mit einer 1.000-fach höheren Induktivität!

Die drei restlichen Größen der Gleichung (3.12) sind die **Windungszahl N**, also die Anzahl wie oft der Leiter um den Kern gewickelt wurde, die **Querschnittsfläche A** der Spule sowie die **Spulenlänge l**.

Wenn wir also eine Spule mit hoher Selbstinduktivität L bauen wollen, muss diese zum einen eine hohe Windungszahl N und zum anderen einen Spulenkern aus einem Material mit hoher relativer Permeabilität μ_r besitzen. Dies gilt nicht nur für langgezogene Zylinderspulen, sondern für alle Spulentypen.

3.10.3 Die Spule im Gleichstromkreis

Das Verhalten der Spule im Gleichstromkreis kann anhand des in Abbildung 3.26 dargestellten Stromkreises nachvollzogen werden. Dieser besteht aus einer idealen Spannungsquelle, einem Schalter, einem Widerstand und einer Spule.

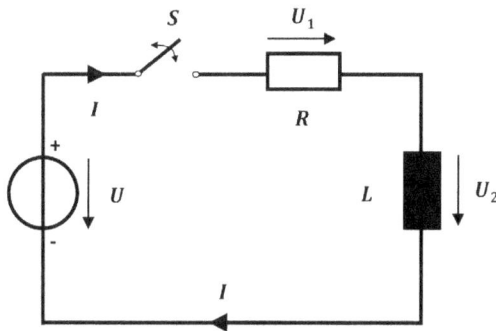

Abbildung 3.26 Stromkreis mit Quelle, Schalter, Widerstand und Spule

Wie bei den Erläuterungen zum Kondensator betrachten wir zunächst den offenen Stromkreis, also den Kreis mit geöffnetem Schalter. Es liegt dann keine Spannung an der Spule an und es fließt aufgrund des offenen Schalters auch kein Strom.

Wird der Schalter geschlossen, fließt jedoch nicht sofort ein gleichmäßiger Strom, wie dies bei einem geraden, „normalen" Leiter der Fall wäre. Wie beim Kondensator gibt es auch bei der Spule einen Aufladevorgang, welcher mit der Ausbildung eines magnetischen Feldes verbunden ist. Ebenso gibt es bei der Spule einen Entladevorgang, dazu gleich mehr.

3.10.4 Die Spule anhand des Wassermodells

Bevor wir uns mit den genauen physikalischen Vorgängen beim Auf- und Entladevorgang einer Spule beschäftigen, ziehen wir für eine anschauliche Erklärung derselben zunächst wieder das Wassermodell heran. Auch hier sei noch einmal betont, dass für das Wassermodell keinerlei wissenschaftlicher Anspruch gilt, doch wie für den einfachen Stromkreis helfen die Erklärungen enorm beim Aufbau eines ersten Verständnisses.

3 Gleichstromtechnik

Im Wassermodell kann man sich eine Spule wie ein **Wasserrad** vorstellen, ähnlich wie Abbildung 1.6 auf Seite 34 zu Beginn des Buches dargestellt. Die Spule ist im Wassermodell jedoch als Wasserrad ohne Last, also ohne angeschlossene Mühlsteine, anzusehen. Man kann sich die Spule im Wassermodell als eine reine Schwungmasse vorstellen. In folgender Grafik ist der Schaltplan für den Auf- und Entladevorgang einer Spule auf das Wassermodell übertragen. Aus Darstellungsgründen sind die Rohre im Wasserkreis wieder als Kanäle abgebildet.

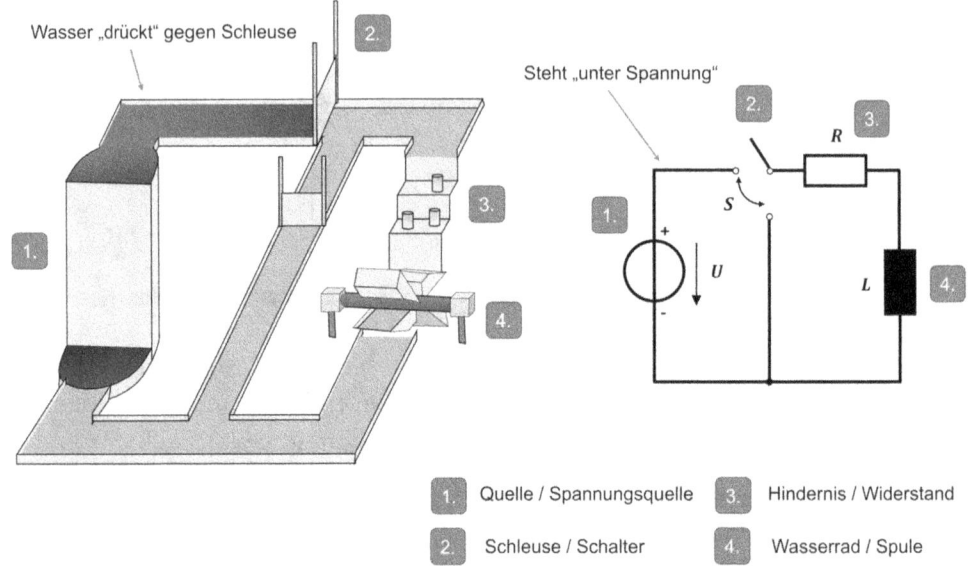

Abbildung 3.27 *R-L*-Stromkreis übertragen auf das Wassermodell

Der Schalter im Stromkreis entspricht dabei einer Schleuse mit zwei Toren, von denen sich immer nur eines öffnen lässt. Der Widerstand entspricht einem Hindernis im Wasserkreis und die Spule dem besagten Wasserrad.

Nun können wir anhand dieses Modells die Zusammenhänge für den Auf- und den Entladevorgang nachvollziehen. Beginnen wir mit dem Aufladevorgang. Dafür wird der Schalter im Stromkreis in die obere Stellung gebracht, im Wassermodell wird das obere Schleusentor geöffnet. Nun fließt das Wasser in den Kanal, es wird jedoch durch das schwere und träge Wasserrad zunächst abgebremst. Das Abbremsen des Wassers zu Beginn entspricht dem Aufladevorgang der Spule im Stromkreis.

Sobald das Wasserrad in Schwung gekommen ist, fließt ein konstanter Wasserstrom durch den Kanal. Dies trifft auf den Stromkreis ebenso zu: Sobald der Aufladevorgang der Spule abgeschlossen ist, kann der Strom ungehindert durch die Spule fließen.

> Nach dem Aufladevorgang verhält sich die Spule wie ein gerades Leiterstück für den fließenden Strom.

In nachfolgender Grafik ist der beschriebene Zusammenhang beim Öffnen des oberen Schleusentores im Wassermodell noch einmal dargestellt.

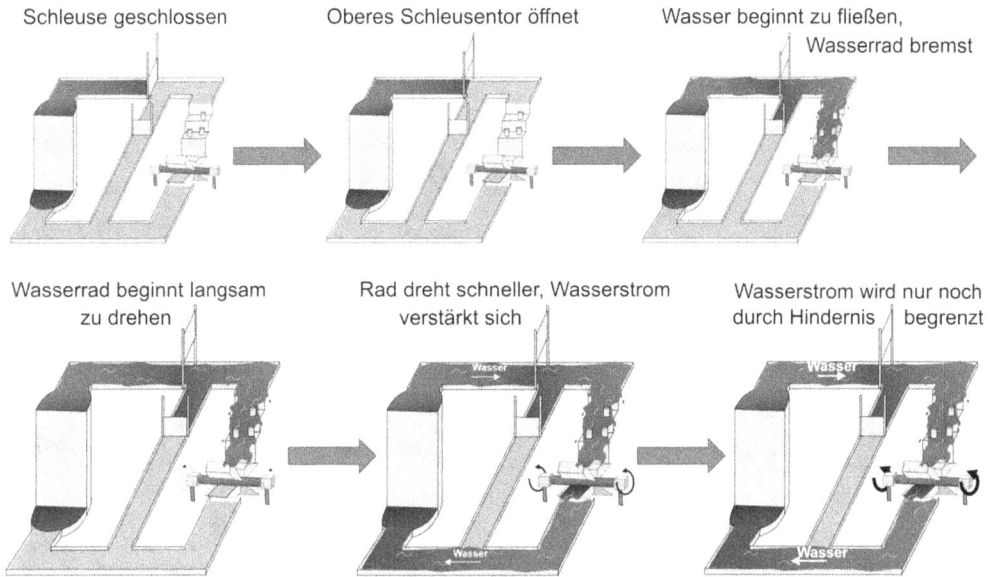

Abbildung 3.28 Aufladevorgang einer Spule anhand Wassermodell

Wenn wir das obere Schleusentor im Wassermodell gedanklich wieder schließen und das untere Tor gleichzeitig öffnen, versiegt der nachfließende Wasserstrom sofort. Das Wasserrad treibt das vorhandene Wasser jedoch aufgrund seiner Schwungmasse noch weiter. Das Wasser fließt dann für kurze Zeit mit nachlassender Intensität durch den mittleren Kanal weiter, da dieser die einzige Möglichkeit für einen geschlossenen Kreis bietet.

Das Schließen des oberen Schleusentors und das gleichzeitige Öffnen des unteren Schleusentors entspricht im Stromkreis der Schalterstellung nach unten. Wie das Wasserrad treibt die Spule im Stromkreis den Strom noch für einen Moment weiter. Dies stellt den Entladevorgang der Spule im Stromkreis dar. Das Wasserrad speichert den Wasserfluss quasi für einen Moment. Selbiges gilt für die Spule im Stromkreis. Eine Spule verhindert also eine sprunghafte Zu- oder Abnahme des Stromes beim Auf- und Entladevorgang.

3 Gleichstromtechnik

> Vereinfacht kann man sich eine Spule wie ein schweres Wasserrad im Wassermodell vorstellen: Die Spule „bremst" den Strom zunächst beim Einschalten, beim Ausschalten treibt sie ihn noch kurz weiter.

Zur besseren Nachvollziehbarkeit ist auch der Entladevorgang anhand des Wassermodells in der folgenden Grafik dargestellt.

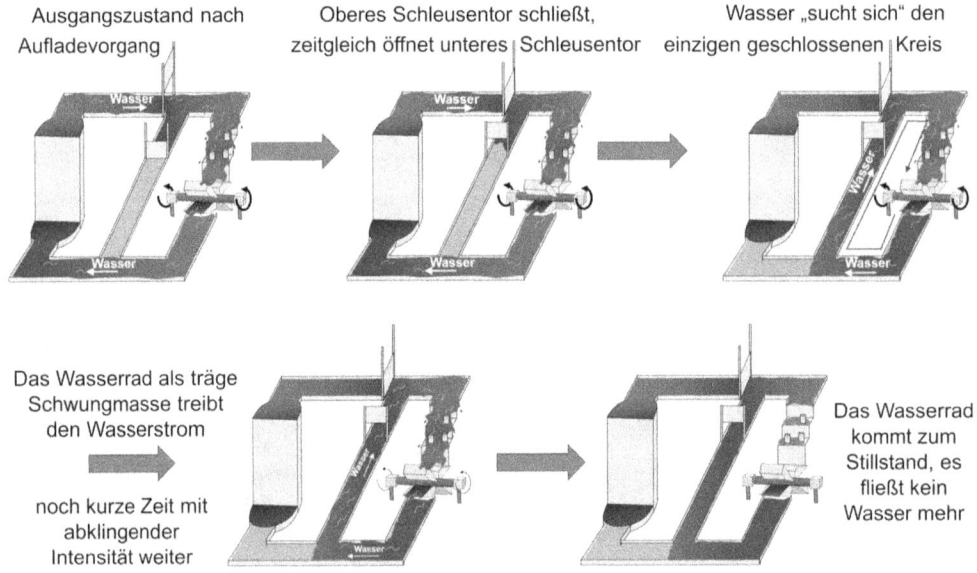

Abbildung 3.29 Entladevorgang einer Spule anhand Wassermodell

Nachdem wir nun eine Vorstellung davon haben, wie eine Spule grundsätzlich funktioniert, betrachten wir die genauen physikalischen Vorgänge bei Auf- und Entladevorgängen sowie die Rolle des magnetischen Feldes dabei.

3.10.5 Das magnetische Feld einer Spule

Wir haben in Kapitel 2.2.1 bereits gelernt, dass ein Strom nach der rechten-Faust-Regel immer ein konzentrisches Magnetfeld mit dem Leiter als Mittelpunkt erzeugt. Nun können wir uns mit unserem vorhandenen Wissen überlegen, wie ein Magnetfeld bei einer Zylinderspule aussieht. Hierfür stellen wir uns einen gewundenen Leiter in Spulenform, wie in nachfolgender Abbildung 3.30 rechts dargestellt, vor.

Wir simulieren für diese Überlegungen den Stromfluss durch die Spule mithilfe der rechten-Faust-Regel. Das heißt, wir durchfahren gedanklich mit unserem Daumen die Windungen der Spule in Richtung des Stromflusses und verdeutlichen mit unseren restlichen Fingern die Richtung des Magnetfeldes. Wir merken, dass das Magnetfeld immer in eine Richtung verläuft und sich die Felder der einzelnen Windungen zu einem resultierenden, stärkeren Feld überlagern. Jetzt kann man nachvollziehen, was die Spulengeometrie bewirkt: Sie verstärkt das Magnetfeld durch die Mittelachse der Spule mit dem Faktor „Anzahl der Windungen". Dies ist im Stromkreis in Abbildung 3.30 dargestellt. Die Spule ist in der Abbildung nicht mit ihrem Schaltzeichen eingezeichnet, sondern schematisch und mit dem sie umgebenden Magnetfeld. Das Magnetfeld ist nicht wie bisher mit schwarzen, sondern mit hellgrauen Feldlinien eingezeichnet, um einen besseren Kontrast zu bilden.

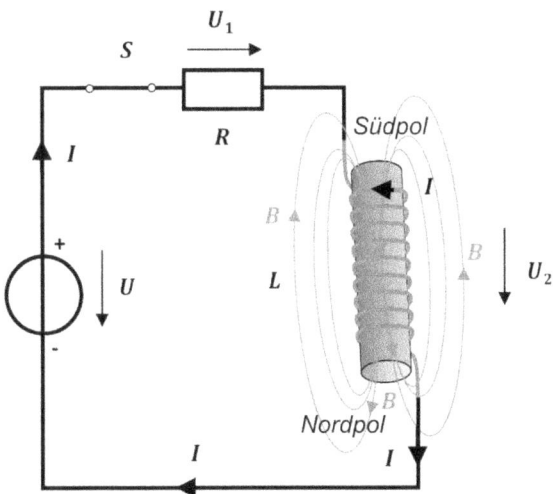

Abbildung 3.30 Geschlossener Stromkreis mit schematischer Spule und B-Feld

Wie anhand der Abbildung erkennbar ist, wird das Magnetfeld in der Mittelachse der Spule gebündelt und verstärkt sich dadurch in diesem Bereich. Da der Spulenkern aus einem Material mit hoher Permeabilität besteht, also aus einem Material mit hoher Durchlässigkeit für das Magnetfeld, durchsetzen praktisch alle Magnetfeldlinien den Spulenkern.

> Eine stromdurchflossene Spule erzeugt ein Magnetfeld durch ihre Mittelachse und um sich selbst.

Wie bereits in Kapitel 2.2 zum magnetischen Feld erwähnt, stellt eine Spule einen **Elektromagneten** dar. Ein Elektromagnet ist nur magnetisch, wenn er von Strom durchflossen ist. Nach den eben gegebenen Erklärungen verstehen wir nun auch wieso: Die Spule baut nur ein Magnetfeld auf, wenn Strom durch sie hindurchfließt. Dort wo die Feldlinien aus der Spule heraustreten, befindet sich der Nordpol des Elektromagneten, dort wo die Feldlinien wieder eintreten befindet sich der Südpol. Dies ist in Abbildung 3.30 eingezeichnet.

> Eine stromdurchflossene Spule hat einen Nord- und einen Südpol wie ein Permanentmagnet.

Im Magnetfeld einer Spule ist Energie gespeichert. Wie beim Kondensator können wir auch bei der Spule diese Energie über eine einfache Gleichung errechnen. Diese lautet wie folgt:

$$W_{\text{mag}} = \frac{1}{2} \cdot L \cdot I^2 \tag{3.13}$$

Energie im Magnetfeld W_{mag} [Joule, J], Induktivität L [Henry, H], Stromstärke I [Ampere, A]

Wir sehen anhand der Gleichung, dass die im Magnetfeld gespeicherte Energie von der Höhe der (Selbst-)Induktivität der Spule und quadratisch von der Stromstärke des Stromes abhängt, der durch die Spule fließt.

Der in diesem Unterkapitel beschriebene und in Abbildung 3.30 gezeigte Zustand stellt sich nach dem Aufladevorgang ein. Nun haben wir genug Wissen, um die physikalischen Vorgänge beim Aufladevorgang einer Spule genauer zu betrachten.

3.10.6 Aufladevorgang und Eigeninduktivität einer Spule

Werfen wir zunächst noch einmal einen kurzen Blick auf Abbildung 3.26 auf Seite 109. Anhand dieses Stromkreises können wir den Aufladevorgang einer Spule nachvollziehen. Das bereits beschriebene Magnetfeld durch und um die Spule bildet sich während dem Aufladevorgang der Spule aus.

Der Aufladevorgang beginnt mit dem Schließen des Schalters. Unmittelbar mit dem Schließen des Schalters beginnt Strom zu fließen. Dieser Strom baut das bereits bekannte, konzentrische Magnetfeld um den Leiter auf. Für die Spule bedeutet dies, dass in ihr und um sie herum ein sehr schnell zunehmendes Magnetfeld entsteht. Wie wir aus dem Exkurs zur Induktion wissen, wird durch ein sich änderndes Magnetfeld, z. B. durch ein Zunehmendes, eine Spannung in den Leiter, welcher sich im Magnetfeld befindet, induziert. Das bedeutet, dass die Spule sich beim Aufladevorgang selbst eine Spannung induziert. Wir erinnern uns auch noch, dass die Lenzsche Regel besagt, dass eine induzierte Spannung bzw. der dadurch entstehende Strom der Ursache der Spannungsinduktion, also dem zunehmenden Strom bzw. dem zunehmenden magnetischen Feld, entgegenwirkt. Das heißt, dass der durch die induzierte Spannung hervorgerufene Strom **entgegen** dem Strom aus der Quelle beim Aufladevorgang fließt und diesen abschwächt.

> Eine Spule induziert sich beim Aufladevorgang selbst eine Spannung, die einen Strom hervorruft, der dem Aufladestrom entgegenfließt und diesen zunächst abschwächt.

Während des Aufladevorgangs nimmt der Stromfluss immer weiter zu, bis die Stromstärke ihren Endwert erreicht hat. Dann gibt es keine weitere Änderung der Stromstärke und somit auch keine weitere Änderung des Magnetfeldes. Die Spule induziert sich also keine Spannung mehr selbst und der extern generierte Strom kann ungehindert durch die Spule fließen. Genau wie beim Wasserrad im Wassermodell. Der Aufladevorgang ist dann abgeschlossen.

Die Eigenschaft, sich selbst eine Spannung zu induzieren ist die **Selbst-** oder **Eigeninduktivität** einer Spule.

> Die Selbstinduktivität ist die Eigenschaft einer Spule sich selbst, aufgrund einer (Magnetfeld-)Änderung des durch sie hindurch fließenden Stromes, eine Spannung zu induzieren.

3 Gleichstromtechnik

Wir können die in Unterkapitel 2.2 aufgeführte Gleichung (2.3) im Exkurs zur Induktion nun, da wir die Spule kennen, noch erweitern und zwar im rechten Teil der Gleichung um die Windungszahl N der Spule.

$$U_{\text{ind}} = -\frac{N \cdot d(B \cdot A)}{dt} \quad (3.14)$$

Induzierte Spannung U_{ind} [Volt, V], Windungszahl N [einheitenlos], magnetische Flussdichte B [Tesla, T], vom Magnetfeld durchsetzte Fläche A [Quadratmeter, m²], Zeit t [Sekunden, s]

Wir sehen anhand der Gleichung, dass die induzierte Spannung proportional mit der Windungszahl N der Spule zunimmt. Die Gleichungen (2.3) und (3.14) sind im Prinzip identisch, nur dass bei Gleichung (2.3) für N die Zahl 1 (eine Windung) eingesetzt wurde.

Abschließend muss zum Thema Selbstinduktivität noch auf einen wichtigen Zusammenhang zwischen der Induktivität L der Spule, der Stromänderung und der selbstinduzierten Spannung eingegangen werden.

Dieser lautet in Gleichungsform:

$$u_{\text{selbst\_ind}}(t) = L \cdot \frac{di(t)}{dt} \quad (3.15)$$

Induzierte Spannung $u_{\text{selbst\_ind}}$ [Volt, V], Selbstinduktivität L [Henry, H], Stromstärkeänderung $di(t)$ [Ampere, A], Zeitänderung dt [Sekunden, s]

Diese Gleichung ist quasi das Pendant zu Gleichung (3.11), welche den Zusammenhang zwischen Stromstärke und Spannung beim Kondensator darstellt. Da Gleichung (3.15) immer wieder in der Elektrotechnik und in der elektrischen Energietechnik gebraucht wird, schauen wir sie uns noch einmal genauer an. Wir sehen anhand der Gleichung, dass die folgenden Parameter die Höhe der selbstinduzierten Spannung beeinflussen:

- Die Höhe der Selbstinduktivität L einer Spule
- Die Höhe der Stromstärkeänderung
- Die Zeitdauer der Stromstärkeänderung

Wenn wir also bei einer Spule mit hoher Selbstinduktivität L eine große Stromstärkeänderung di in einem sehr kurzen Zeitraum dt vorliegen haben, entsteht eine sehr hohe Spannung an der Spule. Dieser Zusammenhang ist in der elektrischen Energietechnik unter anderem bei Schaltvorgängen im elektrischen Energieversorgungsnetz von Bedeutung.

3.10.7 Die Gegeninduktivität

Nachdem wir nun den Begriff Selbstinduktivität sowie den Aufladevorgang einer Spule näher betrachtet haben, beschäftigen wir uns jetzt mit der zweiten Form einer Induktivität, der sogenannten **Gegeninduktivität**. Dafür stellen wir uns vor, dass neben der stromdurchflossenen Spule in der Schaltung in Abbildung 3.30 auf Seite 113 noch eine zweite Spule, in einem zweiten Stromkreis ohne Quelle positioniert wird. Der beschriebene Aufbau ist in der folgenden Abbildung 3.31 dargestellt.

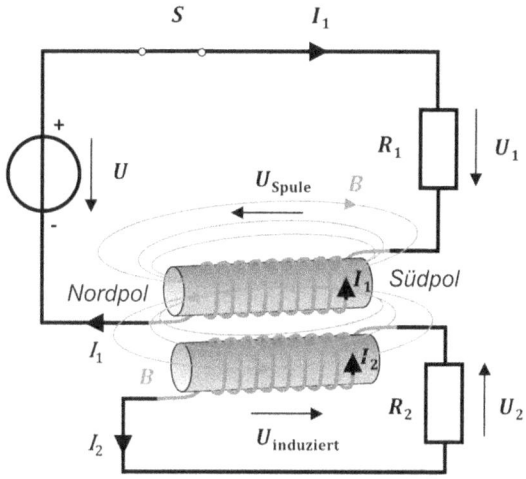

Abbildung 3.31 Prinzip der Gegeninduktivität

Wird der Schalter im oberen Stromkreis geschlossen, beginnt der Aufladevorgang der oberen Spule. Bei diesem Aufladevorgang wird die zweite Spule im unteren Stromkreis ebenfalls vom sehr schnell zunehmenden Magnetfeld der ersten Spule durchsetzt, d.h. es wird in diese zweite Spule ebenfalls eine Spannung induziert. Diese Spannung ist mit der Bezeichnung $U_{induziert}$ in Abbildung 3.31 unten eingezeichnet. Der Strom I_2 fließt so, dass sein Magnetfeld nach der Lenzschen Regel dem Feld der ersten Spule entgegenwirkt. Dieses Magnetfeld des Stromes I_2 und somit der unteren Spule ist aus Gründen der Übersichtlichkeit jedoch nicht eingezeichnet. Da die zweite Spule im unteren Stromkreis im dargestellten Moment ein Erzeuger ist, sind Strom und Spannungspfeil bei ihr nach dem Erzeuger-Zählpfeilsystem entgegengerichtet eingezeichnet. Es sei an dieser Stelle noch einmal erwähnt, dass nur während des Auflade- oder Entladevorgangs der Spule im oberen

Kreis, also bei einer Stromstärke**änderung**, auch eine Spannung in die untere Spule induziert wird, da nur dann auch eine Änderung des magnetischen Feldes vorliegt.

Man spricht bei dem beschriebenen Vorgang von einer magnetischen **Kopplung** der beiden Spulen. Das Induzieren einer Spannung in eine Spule durch ein Magnetfeld einer anderen Spule wird durch den Begriff **Gegeninduktivität** beschrieben.

> Ein von einer anderen Spule erzeugtes und sich änderndes Magnetfeld verursacht eine Gegeninduktion in einer Spule.

Im Exkurs zur Induktion in Unterkapitel 2.2 entspricht diese Art der Induktion der beschriebenen Möglichkeit 2 zur Induktion, der Ruheinduktion, bei der eine ruhende Leiterschleife von einem sich ändernden Magnetfeld durchsetzt wird. Eine Spule ist nichts anderes als die dort beschriebene Leiterschleife, nur dass eine Leiterschleife eine Windung und eine Spule mehrere Windungen N hat. Nun können wir auch diese zweite Möglichkeit zur Induktion besser verstehen. Auf diesem Prinzip basieren **Transformatoren**. Der Unterschied zu dem hier gegebenen Beispiel mit den luftgekoppelten Spulen besteht darin, dass die Spulen eines Transformators über einen Eisenkern, der die magnetischen Feldlinien gezielt führt, gekoppelt sind.

3.10.8 Simulation des Aufladevorgangs einer Spule

Nachdem wir die physikalischen Vorgänge beim Aufladevorgang einer Spule nachvollzogen haben, schauen wir uns nun den Aufladevorgang einer Spule anhand einer Simulation noch einmal genauer an. Der zugrundeliegende Stromkreis für die Simulation ist in Abbildung 3.26 auf Seite 109 dargestellt.

Das Ergebnis der Simulation ist in nachfolgender Abbildung 3.32 gezeigt. Die dunkelgraue Kurve stellt dabei den Spannungsverlauf an der Spule und die hellgraue Kurve den Stromstärkeverlauf im Stromkreis nach dem Schließen des Schalters dar. Der Zeitpunkt $t = 0$ ms stellt den Moment dar, in dem der Schalter geschlossen wurde.

3 Gleichstromtechnik

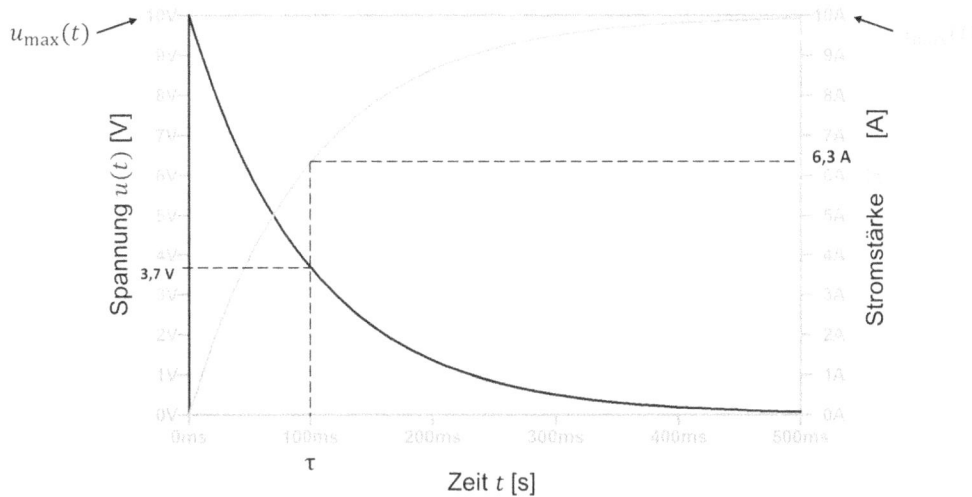

Abbildung 3.32 Auflading einer Spule im Gleichstromkreis

Wir können erkennen, dass die Verläufe den Erläuterungen in den vorherigen Kapitelabschnitten entsprechen. Bei der Spule verhalten sich Spannung und Stromstärke genau entgegengesetzt wie beim Kondensator: Während beim Kondensator im Moment des Schließens des Schalters der Strom ungehindert fließen kann und keine Spannung anliegt, kann bei der Spule im ersten Moment noch kein Strom fließen, da sich die Spule eine hohe Gegenspannung selbst induziert. Außerdem liegt im Moment des Einschaltens die volle Spannung an der Spule an. Die Spannung sinkt dann exponentiell ab und der Strom nähert sich exponentiell steigend einem Grenzwert an, da die induzierte Spannung, welche den Gegenstrom hervorruft, immer schwächer wird.

Wie beim Kondensator gibt es auch bei der Spule eine charakteristische **Zeitkonstante** τ_L. Diese wird wie folgend berechnet:

$$\tau_L = \frac{L}{R} \tag{3.16}$$

Zeitkonstante τ_L [Sekunde, s], Induktivität L [Henry, H],
Ohmscher Widerstand R [Ohm, Ω]

Auch bei der Spule stellt die Zeitkonstante τ_L einen charakteristischen Punkt für den Strom- und Spannungsverlauf dar. Nach dieser Zeit ist der Strom auf 63 % seines Endwertes $i(t)_{max}$ gestiegen und die Spannung auf 37 % ihres Anfangswertes $u(t)_{max}$ gesunken. Nach der Zeitspanne von $t = 5 \cdot \tau_L$ ist der Strom auf 99 % seines Endwertes $i(t)_{max}$ gestiegen und die Spannung auf 1 % ihres Anfangswertes $u(t)_{max}$ gesunken, wie in Abbildung 3.32 zu erkennen ist. Wir erkennen anhand der Stromstärke- und Spannungsverläufe, dass sich eine ideale Spule nach dem

Aufladen wie ein gerades ideales Leiterstück verhält, an dem keine Spannung abfällt und durch das ein konstanter Gleichstrom fließt. Genauso wie das Wasserrad im Wassermodell.

3.10.9 Entladevorgang einer Spule

Schauen wir uns nun den Entladevorgang der Spule an. Wir verwenden für die Betrachtung des Entladevorgangs jedoch nicht den in Abbildung 3.26 dargestellten „Standard-Stromkreis", da beim Öffnen des Schalters eine sehr hohe Spannung im offenen Kreis entstehen würde (s. Gleichung (3.15)). Diese hohe Spannung kann zu Bauteilschädigungen führen, bzw. je nach Schaltertyp zu einem Lichtbogen, also einem heißen, leitenden Kanal durch die Luft. Wir verwenden für die Erklärung des Entladevorgangs einer Spule daher eine ganz ähnliche Schaltung, wie wir sie auch schon beim Entladevorgang des Kondensators genutzt haben. Diese ist in Abbildung 3.33 gezeigt. Im linken Teil der Abbildung ist die Schaltung mit aufgeladener Spule dargestellt. Der rechte Teil der Abbildung zeigt dieselbe Schaltung mit nach unten umgelegtem Schalter. Bei der Schalterstellung nach unten ist der linke Stromkreis offen und der rechte Stromkreis geschlossen, aber von der Quelle getrennt. Der Entladevorgang der Spule wird durch das Umlegen des Schalters nach unten eingeleitet.

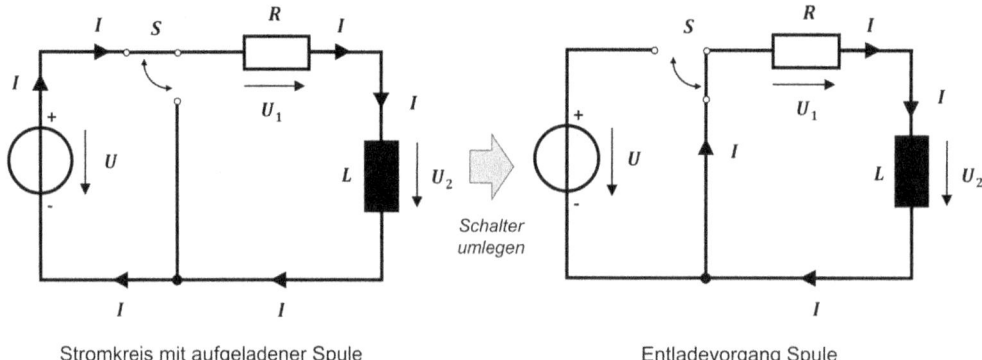

Abbildung 3.33 Entladevorgang einer Spule

Mit unserem vorhandenen Wissen können wir uns nun überlegen, was beim Umlegen des Schalters nach unten passiert. Durch das Umlegen des Schalters kann kein Strom mehr aus der Quelle fließen. Das heißt, das durch den Strom aus der Quelle hervorgerufene Magnetfeld um die Spule bricht in sehr kurzer Zeit zusammen. Nun kommt wieder die Eigeninduktivität der Spule ins Spiel. Durch das sehr schnell abnehmende Magnetfeld induziert sich die Spule selbst eine Spannung, die einen Strom hervorruft. Dieser ist nach der Lenzschen Regel wieder der Ursache der Induktion, nämlich dem abnehmenden, von außen eingebrachten Strom und dem damit verbundenen abnehmenden magnetischen Feld entgegengerichtet. Die

Spule „treibt" den Strom während des Ausschaltvorgangs also noch für eine sehr kurze Zeit weiter. Auch hier gilt wieder die Analogie zum Wasserrad im Wassermodell.

Schauen wir uns die Simulation des Entladevorgangs anhand eines Ausschaltvorgangs der in Abbildung 3.33 dargestellten Schaltung an. Das Ergebnis der Simulation ist in nachfolgender Abbildung 3.34 gezeigt. Die dunkelgraue Kurve stellt dabei wieder den Spannungsverlauf an der Spule und die hellgraue Kurve den Stromstärkeverlauf im rechten Stromkreis nach dem Umlegen des Schalters dar. Der Zeitpunkt $t = 1.0$ s (englische Schreibweise für „1,0") stellt den Moment dar, in dem der Schalter nach unten gelegt wurde.

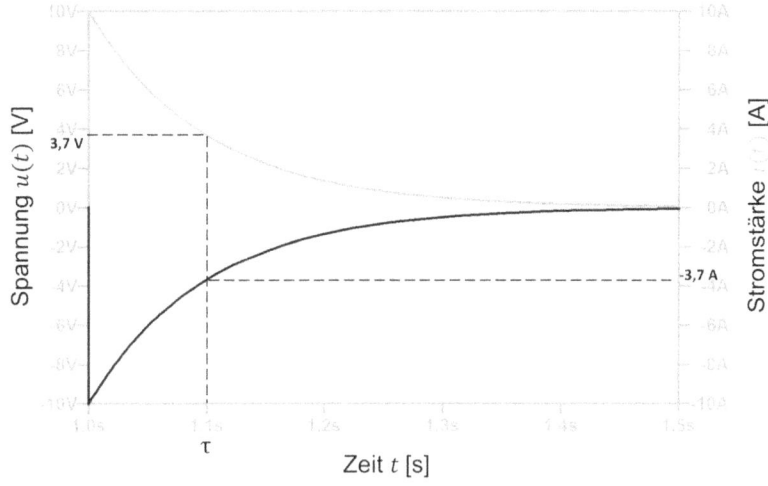

Abbildung 3.34 Entladung einer Spule im Gleichstromkreis

Wie wir sehen, entspricht der Stromstärke- und der Spannungsverlauf beim Ausschaltvorgang den oben beschriebenen Vorgängen. Der Stromverlauf fällt exponentiell ab und nähert sich $i(t) = 0$ A an. Der Spannungsverlauf nähert sich ebenfalls exponentiell $u(t) = 0$ V an, verläuft jedoch im negativen Bereich. Dieser Verlauf mit negativen Spannungswerten ist dadurch zu erklären, dass die Spule im beschriebenen Szenario zum Erzeuger wird, im Schaltbild in Abbildung 3.33 rechts jedoch laut Spannungspfeil / Strompfeil als Verbraucher, also für den Ausschaltvorgang „falsch herum", eingezeichnet ist.

Auch beim Entladevorgang gibt es die Zeitkonstante τ_L. Sie berechnet sich wie beim Aufladevorgang. Nach der Zeit τ_L sind die Spannung sowie der Strom betragsmäßig auf 37 % ihrer Anfangswerte gefallen.

3.10.10 Reihen- und Parallelschaltung von Spulen

Die Reihen- oder Parallelschaltung von Spulen kommt in der Praxis deutlich seltener zur Anwendung als die Reihen- oder Parallelschaltung von Widerständen oder Kondensatoren. Trotzdem gehen wir aus Gründen der Vollständigkeit kurz auch auf die Zusammenhänge bei Spulen ein.

Einfach gesagt wird die Gesamtinduktivität L_{ges} bei Spulen identisch zum Gesamtwiderstand R_{ges} bei Widerständen berechnet. Das heißt, dass bei einer Reihenschaltung die Induktivitätswerte der einzelnen Spulen addiert werden. Bei einer Parallelschaltung werden die Kehrwerte der einzelnen Induktivitäten addiert und von dieser Summe wiederrum der Kehrwert gebildet.

Die Spannung teilt sich wie bei Widerständen bei einer Reihenschaltung über die einzelnen Spulen entsprechend ihrer Induktivitätswerte auf. Bei einer Parallelschaltung fällt an allen Spulen die gleiche Spannung ab.

Die beschriebenen Zusammenhänge sind in nachfolgender Grafik anhand von drei in Reihe, bzw. parallel geschalteten Spulen noch einmal dargestellt.

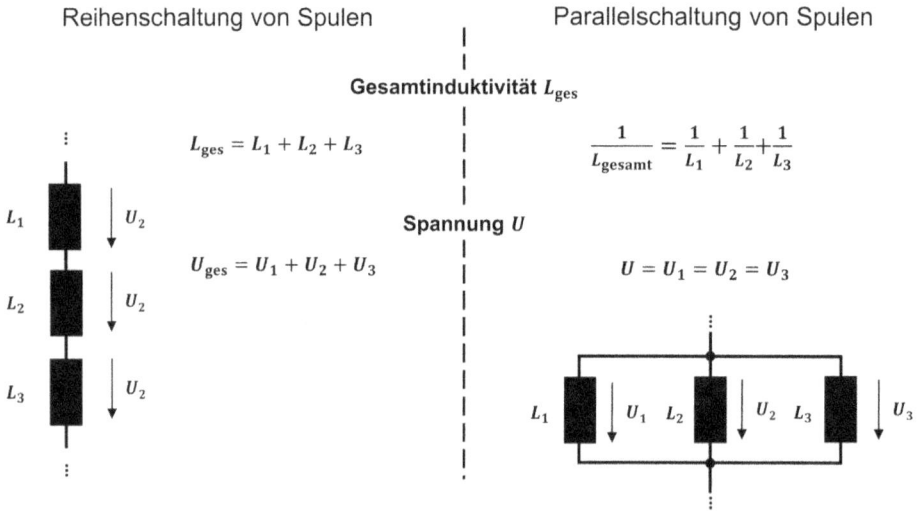

Abbildung 3.35 Gesamtinduktivität bei Reihen und Parallelschaltung von Spulen

Nun haben wir die wichtigsten grundlegenden Zusammenhänge und Bauelemente für die Gleichstromtechnik behandelt, daher schließen wir dieses Themengebiet hiermit ab.

4 Wechselstromtechnik

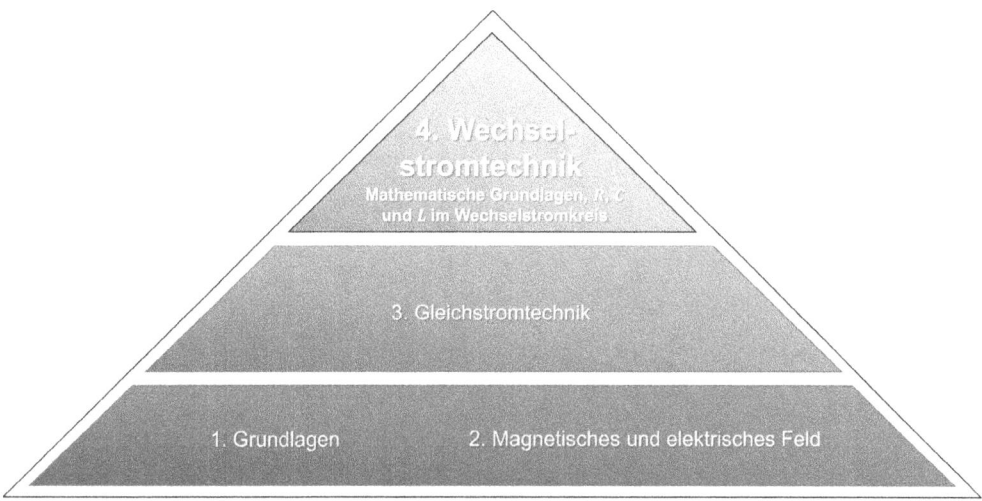

Abbildung 4.1 Kapitel 4 im Kontext des Buches

Nachdem in den ersten drei Kapiteln ingenieurswissenschaftliche Grundlagen, das elektrische und das magnetische Feld sowie die Gleichstromtechnik behandelt wurden, geht es in diesem Kapitel um die wohl wichtigste, da verbreitetste Stromtechnik-Art: Die **Wechselstromtechnik**. Zunächst werden wir, wie zu Beginn des Gleichstromtechnikkapitels, klären, was eine Wechselgröße ist. Anschließend werden einige mathematische Grundlagen behandelt. Ohne diese kann die Wechselstromtechnik nicht verstanden werden. Nach dieser Vorbereitung werden wir den Wechselstromkreis sowie das Verhalten der Bauelemente Widerstand R, Kondensator C und Spule L in der Wechselstromtechnik genauer betrachten. Abschließend gehen wir auf die Leistung im Wechselstromkreis ein.

4.1 Was ist eine Wechselgröße?

Bevor wir uns die Merkmale einer Wechselgröße anschauen, rufen wir uns noch einmal in Erinnerung, wie eine Gleichgröße definiert wird: Bei einer Gleichgröße sind die Werte der Größe zu jedem Zeitpunkt konstant. Der zeitliche Verlauf der Stromstärke eines Gleichstromes zeigt demnach keinerlei Änderung auf.

4 Wechselstromtechnik

Betrachten wir nun für das Verständnis von **Wechselgrößen** einen beispielhaften Werteverlauf eines **Wechselstromes** und einer **Wechselspannung** über die Zeitdauer von $t = 5$ s. Die hellgraue Linie zeigt dabei den Stromstärkeverlauf an. Die dunkelgraue Linie zeigt den Spannungsverlauf an.

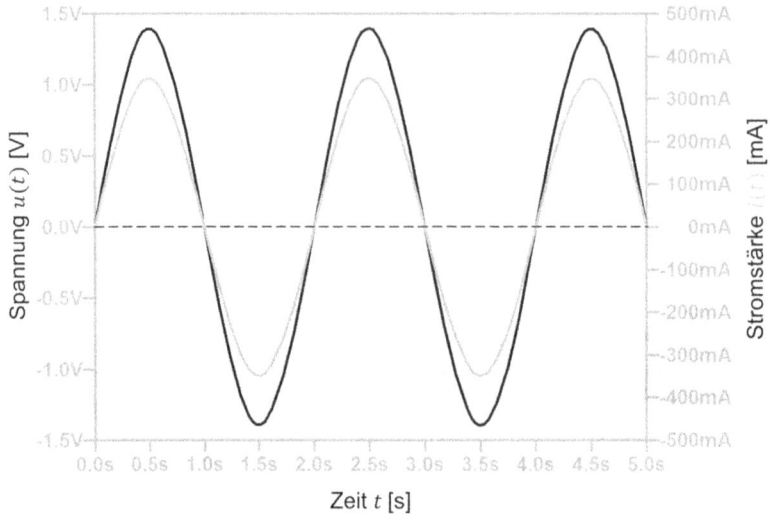

Abbildung 4.2 Wechselstrom und -spannung mit sinusförmigen Werteverläufen

Die in Abbildung 4.2 gezeigten Graphen haben einen sogenannten **sinusförmigen Verlauf**. Dies ist die verbreitetste Verlaufsform für einen Wechselstrom bzw. für eine Wechselspannung. Im Kapitel 4.4.1 zur Trigonometrie werden wir genauer auf sinusförmige Verlaufsformen und ihre Eigenschaften eingehen. Spannung und Stromstärke haben diesen sinusförmigen Verlauf deshalb, weil ein Großteil des Stromes im elektrischen Energieversorgungsnetz durch große elektrische Maschinen, sogenannte **Generatoren**, in Kraftwerken generiert wird. Dieser durch Generatoren erzeugte Strom hat aufgrund der Maschinenkonstruktion und der zugrundeliegenden physikalischen Prinzipien einen sinusförmigen Verlauf.

Wie in Abbildung 4.2 erkennbar, verlaufen die Werte der Stromstärke im Bereich von -350 mA $< i(t) < +350$ mA. Die Werte der Spannung verlaufen im Bereich von $-1,4$ V $< u(t) < +1,4$ V. Wie wir bereits gelernt haben, werden für zeitveränderliche Größen die Formelzeichen durch Kleinbuchstaben gekennzeichnet.

Die Verläufe befinden sich also **sowohl im positiven, als auch im negativen** Wertebereich. Ein solcher Verlauf, der sowohl positive als auch negative Werte umfasst, wird **bipolarer Verlauf** genannt. Man sagt auch: Die **Polarität** der Größe **ändert sich**. Eines der wichtigsten Charakteristika einer Wechselgröße ist außerdem, dass der **zeitliche Mittelwert** der Größe gleich **Null** ist.

> Bei einer Wechselgröße ändert sich die Polarität in ihrem zeitlichen Werteverlauf, d.h. der Verlauf umfasst sowohl positive als auch negative Werte. Eine Wechselgröße hat außerdem den Mittelwert Null.

Des Weiteren sehen wir anhand von Abbildung 4.2, dass die dargestellten Größen nach sich wiederholenden Zeitabschnitten immer wieder denselben Wert annehmen. Wechselgrößen mit dieser Eigenschaft werden **periodische Wechselgrößen** genannt.

> Eine periodische Wechselgröße nimmt nach sich wiederholenden Zeitabschnitten immer wieder denselben Wert an.

Physikalisch bedeutet der bipolare, sinusförmige Verlauf der Stromstärke, dass während den Verlaufsphasen im positiven Wertebereich der Strom in die eine Richtung fließt und während den Verlaufsphasen im negativen Wertebereich der Strom in die andere Richtung fließt.

Exkurs: Wechselstrom anhand des Wassermodells

Das Thema Wechselstrom ist für viele Einsteiger zunächst schwer nachvollziehbar. Besonders wenn die Grundzusammenhänge bei Spannung und Strom noch nicht richtig verinnerlicht sind, sorgen Aspekte wie die zeitliche Änderung der Größen oder der Richtungswechsel von Wechselspannung und -strom häufig für Verwirrung. Um auch bei diesem Thema ein erstes Grundverständnis aufzubauen, nutzen wir ein letztes Mal in diesem Buch das Wassermodell. Auch hier noch einmal der Hinweis zur Verwendung des Wassermodells: Die Erklärungen in diesem Exkurs haben keinerlei wissenschaftlichen Anspruch. Sie helfen aber enorm, sich dem Thema Wechselstrom ohne „Schrecken" zu nähern.

Für die folgenden Erklärungen betrachten wir eine vollständige Schwingung einer sinusförmigen Spannungs- und Stromstärkefunktion über eine Zeit von $t = 1$ s, wie in nachfolgender Abbildung 4.4 dargestellt. Parallel bauen wir gedanklich dazu ein Wassermodell mit einer Quelle, Rohren (wieder als Kanäle dargestellt) und einem Wasserrad als Verbraucher auf. Also ganz ähnlich, wie wir es bisher auch schon behandelt haben. Der Unterschied ist dabei jedoch, dass die beiden Becken der Quelle und die Rohre nicht statisch sind, sondern sich in ihrer Höhe verändern können, immer passend zum jeweiligen Zeitpunkt in der Sinus-Schwingung von Spannung und Stromstärke. In der Ausgansposition bei $t = 0$ s liegt eine Spannung von $u(t) = 0$ V und eine Stromstärke von $i(t) = 0$ A vor. Beide Becken, sowie die Rohre liegen dabei zu Beginn auf gleicher Höhe. Es fließt kein Wasser. Die beschriebene Ausgangssituation ist in nachfolgender Grafik dargestellt.

4 Wechselstromtechnik

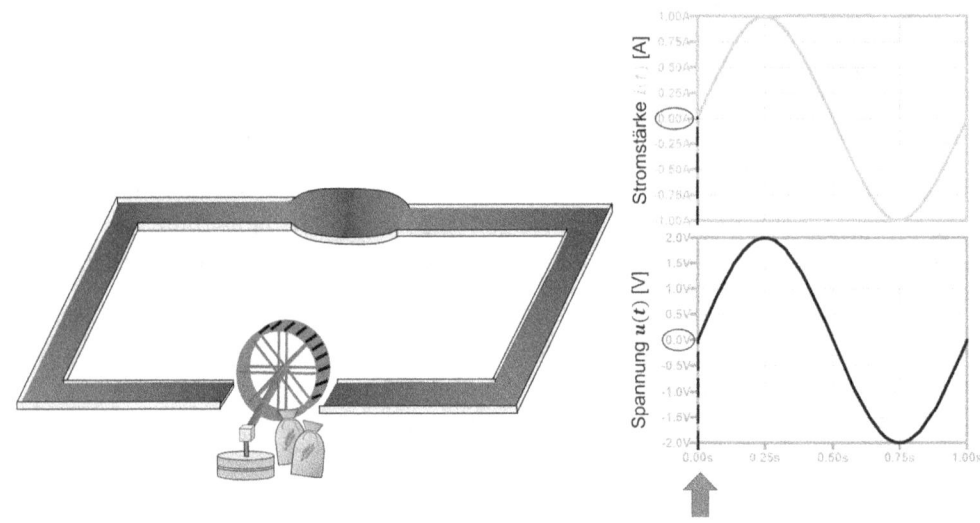

Abbildung 4.4 Wechselstrom anhand Wassermodell, Start-Zeitpunkt $t = 0$ s

Nun springen wir zum Zeitpunkt $t \approx 90$ ms. Wir sehen in nachfolgender Abbildung 4.3, dass die Spannungsfunktion einen Wert von $u(t) = 1$ V und die Stromstärkefunktion einen Wert von $i(t) = 0{,}5$ A erreicht hat. Beide Werte entsprechen der Hälfte der jeweiligen Maximalwerte der Funktionen. Übertragen auf das Wassermodell würde das bedeuten, dass das linke Becken auf die Hälfte der Maximalhöhe angestiegen ist und dass das Wasser die Hälfte des maximalen Wasserstromes erreicht hat. Diese Situation ist in der nachfolgenden Grafik dargestellt.

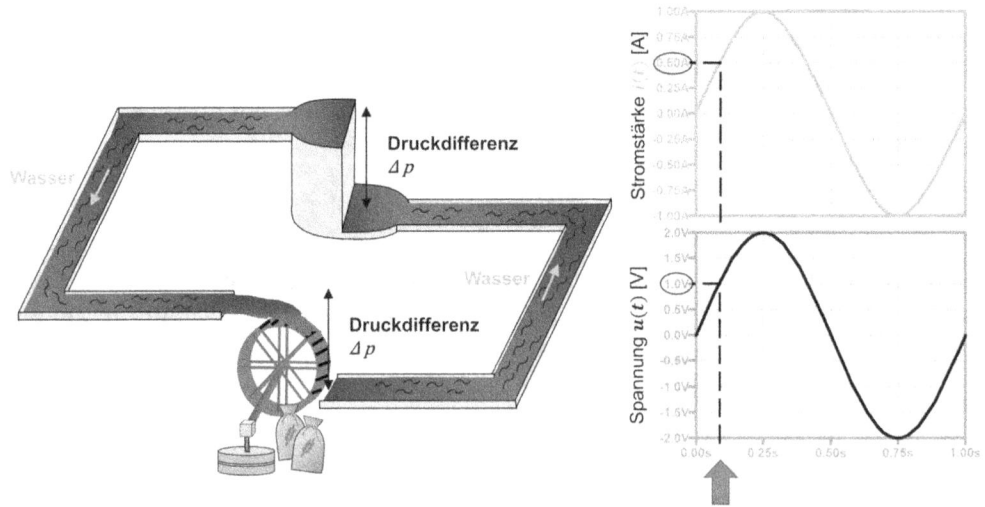

Abbildung 4.3 Wechselstrom anhand Wassermodell, Zeitpunkt 2

Zum Zeitpunkt $t = 250$ ms erreichen die Spannungs- und Stromstärkefunktion dann ihre Maximalwerte von $i(t) = 1$ A und $u(t) = 2$ V, wie in Abbildung 4.5 zu sehen ist. Übertragen auf das Wassermodell bedeutet dies, dass das linke Becken der Quelle auf die Maximalhöhe angestiegen ist. Die Druckdifferenz zum unteren Becken sowie der Wasserstrom sind nun maximal.

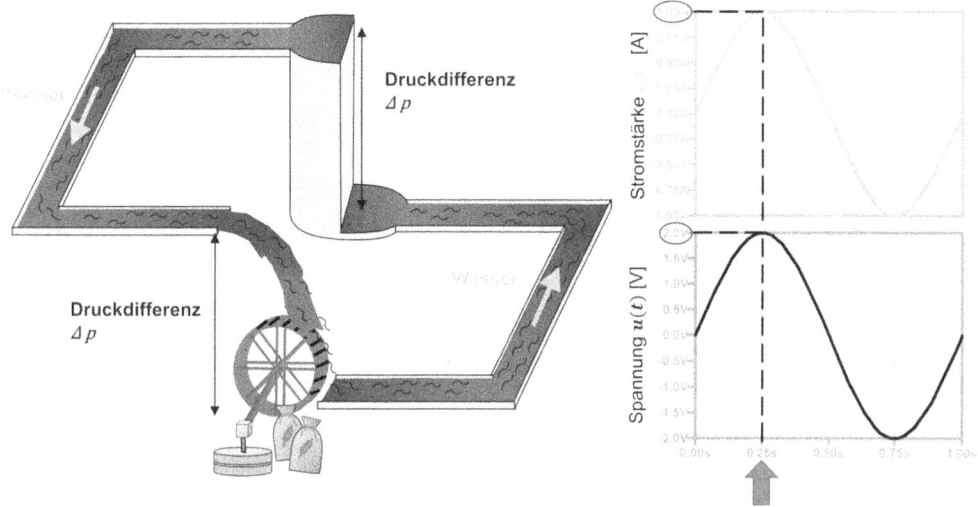

Abbildung 4.5 Wechselstrom anhand Wassermodell, positiver Maximalwert

Springen wir nun zum Zeitpunkt $t \approx 460$ ms, an dem Spannungs- und Stromstärkefunktion wieder auf die Hälfte ihrer Maximalwerte abgefallen sind, wie in Abbildung 4.6 zu sehen ist. Im Wassermodell ist das linke Becken wieder auf die Hälfte der Maximalhöhe abgesunken. Das Ansteigen und Absinken der Höhe der Becken ist dabei ein kontinuierlicher Vorgang. Die Grafiken zeigen jeweils eine Momentaufnahme, wie ein Foto eines bewegten Vorganges.

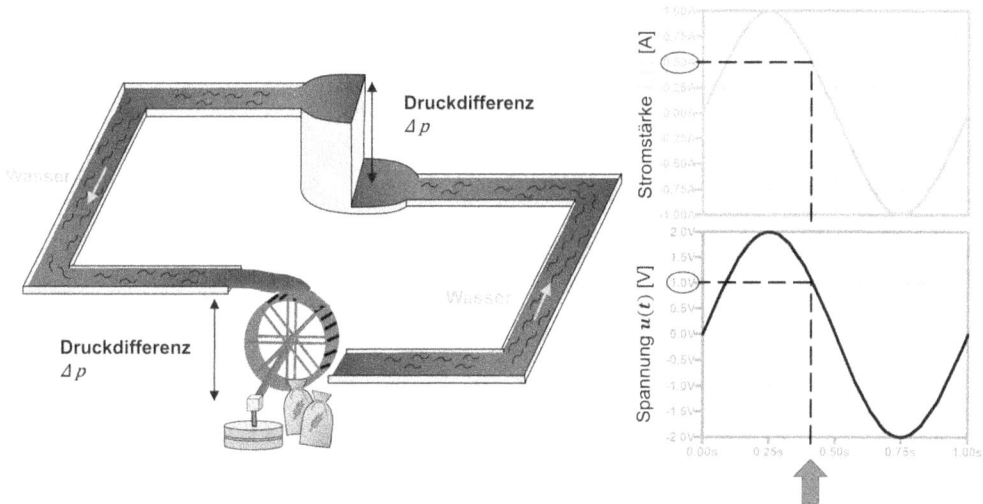

Abbildung 4.6 Wechselstrom anhand Wassermodell, Zeitpunkt 4

4 Wechselstromtechnik

Zum Zeitpunkt $t = 500$ ms sind die Spannungs- und Stromstärkefunktion wieder auf die Ausgangswerte $u(t) = 0$ V und $i(t) = 0$ A abgesunken. Das Wassermodell entspricht ebenfalls wieder der Ausgangssituation.

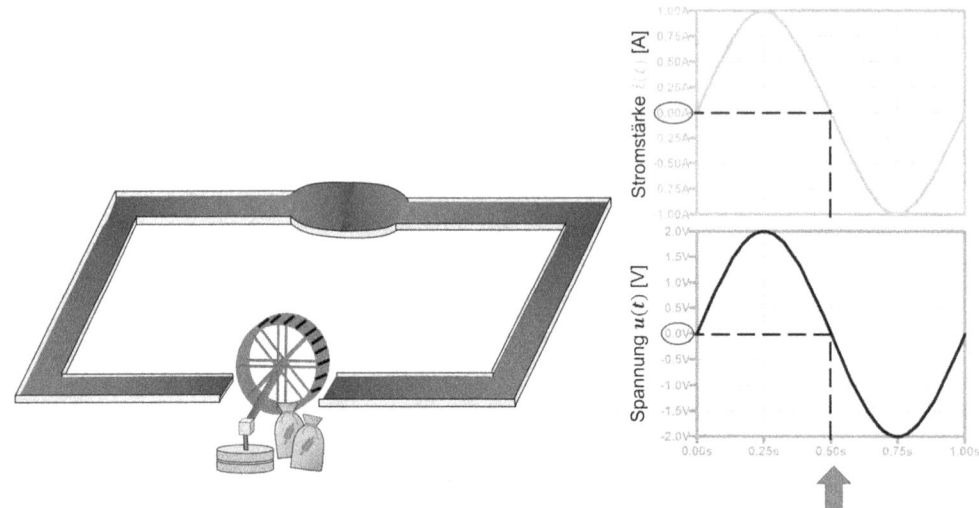

Abbildung 4.7 Wechselstrom anhand Wassermodell, Zeitpunkt Nulldurchgang

Zum Zeitpunkt $t \approx 590$ ms sehen wir in Abbildung 4.8, dass die Spannungs- und Stromstärkefunktionen nun auf die Hälfte der negativen Maximalwerte abgesunken sind. Für den physikalischen Strom bedeutet dieser negative Wert, dass der Strom in die entgegengesetzte Richtung fließt! Im Wassermodell sehen wir, dass nun das rechte Becken auf die Hälfte der maximalen Höhe angestiegen ist. Der Wasserfluss erfolgt daher auch in der entgegengesetzten Richtung!

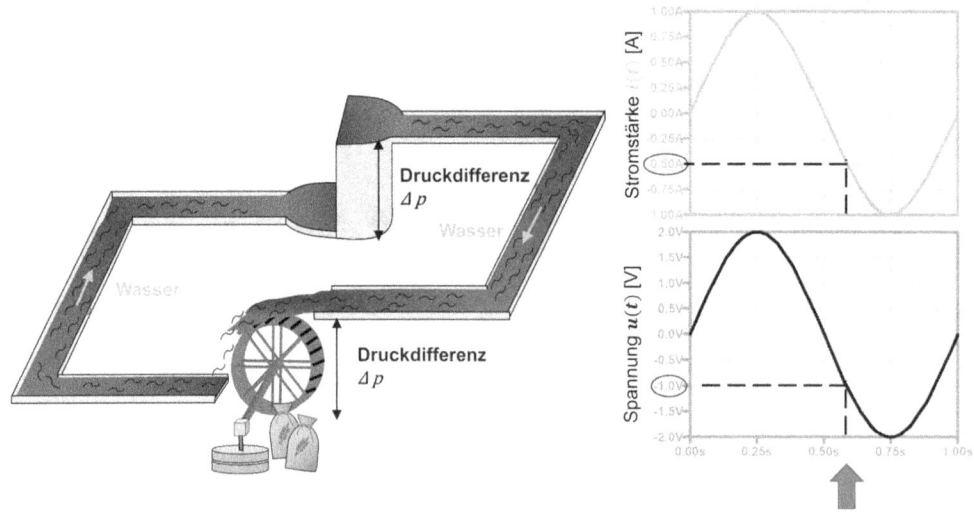

Abbildung 4.8 Wechselstrom anhand Wassermodell, Zeitpunkt 6

> Den Wechsel der Stromrichtung können wir uns anhand des Wassermodells
> als abwechselnd ansteigende und absinkende Becken der Quelle vorstellen.
> Der Wasserstrom fließt dementsprechend einmal in die eine und einmal in
> die andere Richtung.

Zum Zeitpunkt $t = 750$ ms sind dann die negativen Maximalwerte von Spannung und Stromstärke erreicht. Das rechte Wasserbecken der Quelle hat ebenfalls die Maximalhöhe erreicht.

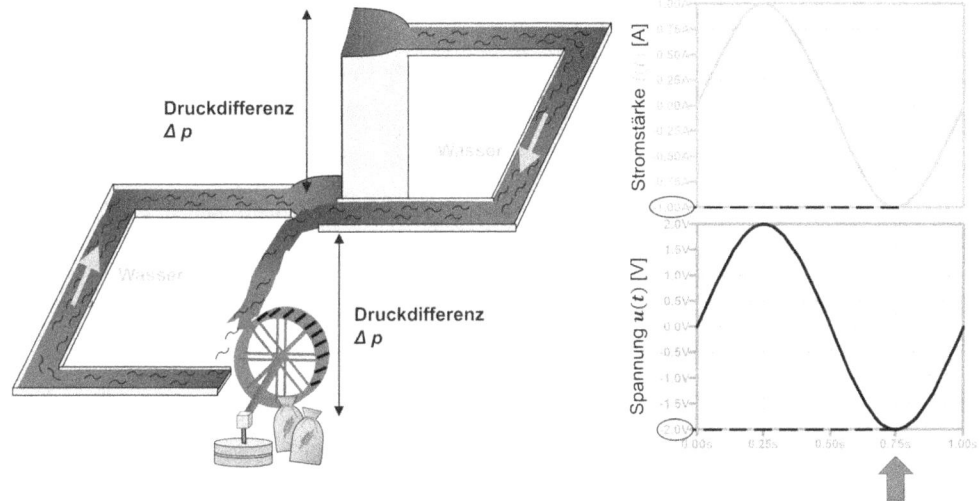

Abbildung 4.9 Wechselstrom anhand Wassermodell, negativer Maximalwert

Den letzten Zeitpunkt bei circa $t \approx 920$ ms sehen wir in Abbildung 4.10. Die Spannung und die Stromstärke sind auf die Hälfte ihrer negativen Maximalwerte angestiegen. Im Wassermodell ist das rechte Becken auf die Hälfte der Maximalhöhe abgesunken. Am besten kann man die Analogie zwischen den Sinus-Schwingungen von Spannung und Stromstärke und dem Wassermodell nachvollziehen, wenn man sich die Grafiken von Abbildung 4.3 bis Abbildung 4.10 direkt hintereinander anschaut.

4 Wechselstromtechnik

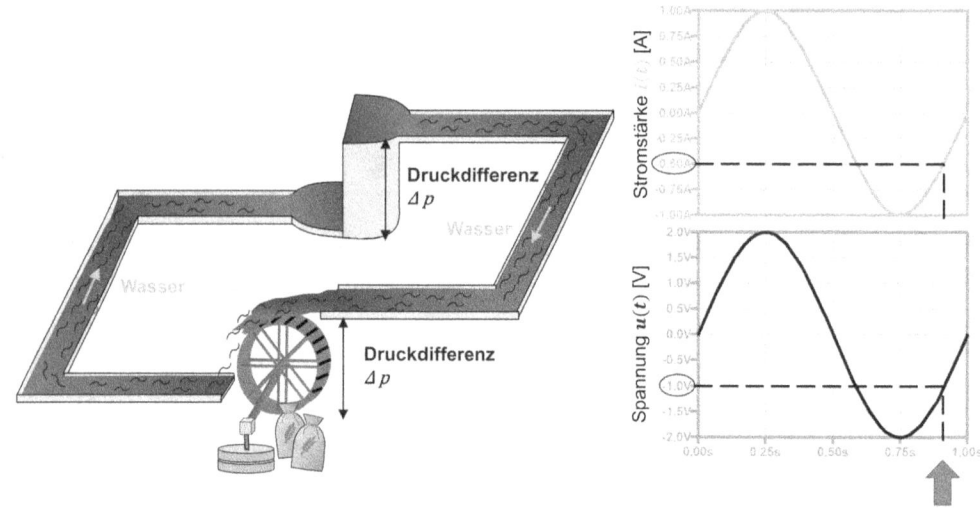

Abbildung 4.10 Wechselstrom anhand Wassermodell, Zeitpunkt 7

Zum Zeitpunkt $t = 1$ s wäre dann wieder der Ausgangszustand, der in Abbildung 4.3 gezeigt ist, erreicht. Ab diesem Zeitpunkt wiederholt sich der gesamte beschriebene Vorgang immer wieder.

Nun haben wir eine erste Idee, wie man sich die Stromflussrichtung des Wechselstromes vorstellen kann.

Exkurs Ende

Wir werden auf die, im Exkurs beschriebenen, Zusammenhänge im Laufe dieses Kapitels genauer und vor allem anhand der tatsächlichen und wissenschaftlich korrekten elektrotechnischen Vorgänge eingehen.

Wechselstrom wird im Englischen als „Alternating Current", kurz AC, bezeichnet. Dieses Kürzel ist auch im Deutschen sehr geläufig und wird häufig verwendet.

Nun wissen wir bereits, was eine Gleichgröße und was eine Wechselgröße ist. Es gibt jedoch noch eine dritte Form, welche Strom und Spannung annehmen können. Diese dritte Form wird **Mischgröße** genannt, auf sie gehen wir im Folgenden ein.

4.2 Was ist eine Mischgröße?

Eine **Mischgröße** entsteht durch die Überlagerung von Gleich- und Wechselgrößen. Eine Überlagerung eines Gleichstromes mit einem Wechselstrom stellt also beispielsweise eine Mischgröße dar.

> Eine Mischgröße entsteht durch die Überlagerung einer Gleichgröße und einer Wechselgröße.

Wir unterscheiden bei Mischgrößen dabei an dieser Stelle zwei Unterformen: **Mischgrößen mit dominantem Gleichanteil** und **Mischgrößen mit dominantem Wechselanteil**. In den folgenden beiden Kapitelabschnitten gehen wir jeweils auf eine der Unterformen ein.

4.2.1 Mischgrößen mit dominantem Gleichanteil

Beginnen wir mit Mischgrößen mit dominantem Gleichanteil. Zwei solcher Mischgrößen sind in nachfolgender Abbildung 4.11 in Form eines Spannungs- und eines Stromstärkeverlaufes exemplarisch dargestellt.

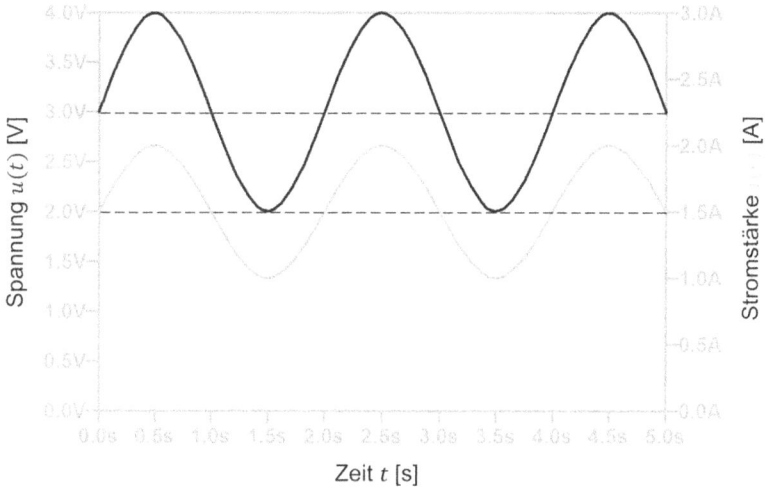

Abbildung 4.11 Mischgrößen mit dominantem Gleichanteil

Wie wir sehen, ändern sich die Werte von Stromstärke und Spannung in einem Sinusverlauf, wie es eigentlich für Wechselgrößen typisch ist. Auffällig ist dabei jedoch, dass die beiden Größen in Abbildung 4.11 nicht um $u(t) = 0$ V bzw. $i(t) = 0$ A pendeln, wie es bei einer Wechselgröße der Fall wäre, sondern um $u(t) = 3{,}0$ V bzw. $i(t) = 1{,}5$ A. Dies ist durch die gestrichelt eingezeichneten Linien hervorgehoben. Beide Größen umfassen dabei ausschließlich positive Werte, wie deutlich zu erkennen ist. Dies stellt auch das entscheidende Kriterium für eine Mischgröße mit dominantem Gleichanteil dar: Die Werte der Größe sind zu jedem Zeitpunkt positiv oder Null. Die Werte können jedoch auch alle negativ oder Null sein. Es dürfen nur keine Werte im positiven **und** negativen Bereich vorkommen. Wenn dieses Kriterium erfüllt ist, spricht man von einem Verlauf mit **gleicher Polarität** oder auch von einem **unipolaren** Verlauf. Dies ist das Unterscheidungsmerkmal zum Wechselstrom und zu Mischgrößen mit dominantem Wechselanteil.

4 Wechselstromtechnik

> Mischgrößen mit dominantem Gleichanteil haben einen unipolaren Verlauf.
> Dies bedeutet, dass ausschließlich positive Werte oder Null oder
> ausschließlich negative Werte oder Null auftreten.

Physikalisch bedeutet eine Mischgröße mit dominantem Gleichstrom und somit einem unipolaren Verlauf, dass der aus der Überlagerung resultierende Gesamtstrom nur in eine Richtung fließt. Die Verschiebung der Nulllinie wird **Offset** genannt.

4.2.2 Mischgrößen mit dominantem Wechselanteil

Nachdem wir nun Mischgrößen mit dominantem Gleichanteil anhand ihres unipolaren Verlaufes identifizieren können, schauen wir uns nun Mischgrößen mit dominantem Wechselanteil an. Zwei solcher Mischgrößen sind exemplarisch in Form eines Spannungs- und eines Stromstärkeverlaufes in nachfolgender Abbildung 4.12 dargestellt.

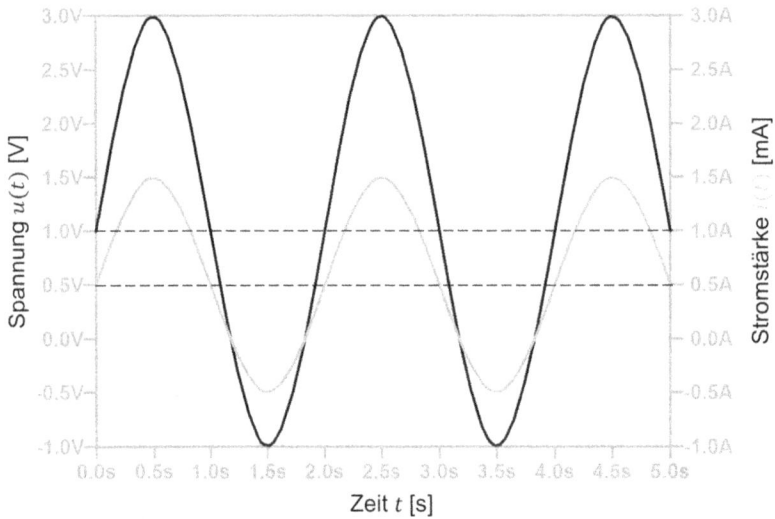

Abbildung 4.12 Mischgrößen mit dominantem Wechselanteil

Wie wir sehen, ändern sich die Werte von Stromstärke und Spannung wieder in einem Sinusverlauf, wie es eigentlich bei Wechselgrößen üblich ist. Im Gegensatz zu Wechselgrößen pendeln sie jedoch nicht um $u(t) = 0$ V bzw. $i(t) = 0$ A, sondern um $u(t) = 1,0$ V und $i(t) = 0,5$ A. Der **Mittelwert** der Werteverläufe ist also **ungleich Null**. Im Gegensatz zu Mischgrößen mit dominantem Gleichanteil umfassen die Mischgrößen in Abbildung 4.12 sowohl positive als auch negative Werte. Sie haben also einen **bipolaren Verlauf**. Diese beiden Kriterien charakterisieren eine Mischgröße mit dominantem Wechselanteil. Von Wechselgrößen unterscheiden sie sich durch den Mittelwert ihres zeitlichen Verlaufes, der ungleich Null ist. Von Mischgrößen mit dominantem Gleichanteil unterscheiden sie sich durch ihren bipolaren Verlauf.

> Eine Mischgröße mit dominantem Wechselanteil hat einen bipolaren Verlauf. Der Mittelwert des zeitlichen Verlaufes ist dabei ungleich Null.

Um noch einmal auf einen Blick Gleichgrößen, Wechselgrößen und Mischgrößen vergleichen zu können, sind diese in nachfolgender Tabelle 4-1 zusammengefasst. Zur Verdeutlichung, wie die Graphen jeweils einzuordnen sind, ist eine Linie bei $u(t) = 0$ V bzw. $i(t) = 0$ A durchgezogen eingezeichnet. Außerdem sind die Werte $u(t) = 0$ V und $i(t) = 0$ A aus Gründen der Übersichtlichkeit jeweils eingekreist. In der rechten Spalte der Tabelle werden die Charakteristika aufgeführt, anhand derer eindeutig bestimmt werden kann, um welche Art von Größe es sich jeweils handelt.

4 Wechselstromtechnik

Tabelle 4-1 Gleich- und Wechselgrößen

Größe	Beispielhafter Werteverlauf	Charakteristika
Gleichgröße		Konstanter Wert über die Zeit
Wechselgröße		**Bipolarer** Werteverlauf **Mittelwert** des Werteverlaufes **gleich Null**
Mischgröße (Gleichanteil dominant)		Sich ändernder **unipolarer** Werteverlauf (Nur positive Werte und Null o. nur negative Werte und Null)
Mischgröße (Wechselanteil dominant)		**Bipolarer** Werteverlauf **Mittelwert** des Werteverlaufes **ungleich Null**

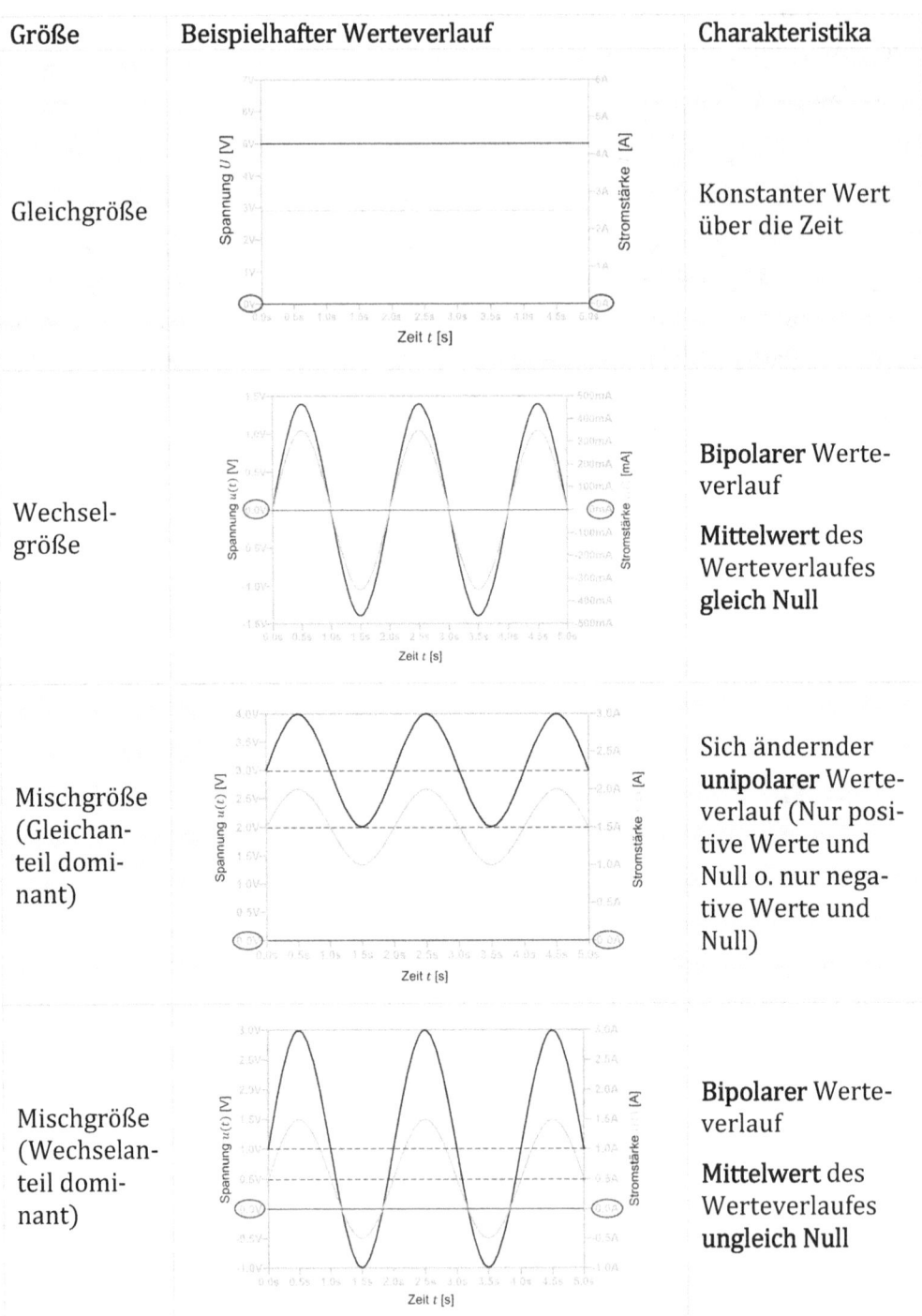

4.3 Warum nutzen wir eigentlich Wechselstrom?

Bevor wir uns gleich den mathematischen Grundlagen zuwenden, klären wir zunächst, warum wir Wechselstrom überhaupt nutzen und unternehmen dafür einen kleinen thematischen Ausflug in die Energietechnik. Dieses Wissen soll helfen, den Sinn hinter der Wechselstromtechnik und damit auch hinter den damit verbundenen theoretischen Grundlagen zu verstehen.

Die Nutzung des Wechselstroms ist historisch gewachsen. In den frühen Zeiten der kommerziellen Elektrizität war noch nicht entschieden, ob man vor allem Gleich- oder Wechselstrom in der elektrischen Energieversorgung nutzen würde. Im sogenannten „Stromkrieg" um 1890 (es war ein Industriestreit, kein Krieg) vertrat der amerikanische Unternehmer und Erfinder Thomas Alva Edison die „Gleichstromfraktion", während der serbische/kroatische Physiker Nikola Tesla für die, von ihm erfundene, Wechselstromtechnik warb. Unterstützt wurde Tesla durch den Großindustriellen George Westinghouse. Die Technik von Tesla setzte sich schließlich für die elektrische Energieversorgung durch. Die Gründe betrachten wir im Folgenden.

Abbildung 4.13 Trafostation mit Einspeisung ins 110 kV Netz

In konventionellen Kraftwerken, wie beispielsweise Kohlekraftwerken, wird damals wie heute aus thermischer Energie über eine Turbine mechanische Energie gewonnen und daraus wiederum über einen **Generator** die gewünschte elektrische Energie in Form von Wechselspannung, bzw. Wechselstrom. Genauer gesagt handelt es sich dabei um den sogenannten Dreiphasenwechselstrom oder auch Drehstrom, aus Gründen der Einfachheit bleiben wir jedoch beim Begriff Wechselstrom. Die Erzeugung der elektrischen Energie erfolgt also bereits als Wechselstrom, was eine weitere Nutzung in dieser Form bevorteilt. Anschließend wird die Spannung für einen verlustarmen Energietransport mittels **Transformatoren** auf einen höheren Wert gewandelt. Eine moderne, beispielhafte Trafostation ist in Abbildung 4.13 gezeigt.

Genau diese vergleichsweise einfache Wandelbarkeit des Wechselstromes auf höhere oder tiefere Spannungsebenen gehört zu den wichtigsten Gründen, warum sich der Wechselstrom letztlich durchgesetzt hat. Je höher die Spannung hochtransformiert wird, desto geringer ist der resultierende Strom, um eine bestimmte Leistung zu erreichen. Da der Strom quadratisch in die Verlustleistung eingeht (s. Gleichung (3.5), Zusammenhang gilt auch für Wechselstrom), ist ein vergleichsweise geringer Strom und eine hohe Spannung essentiell für eine Energieübertragung mit hohem Wirkungsgrad. Es wird also ein möglichst geringer Anteil der wertvollen elektrischen Energie am Ohmschen Widerstand der Freileitungen und Kabel im Energieversorgungsnetz in nutzlose Wärme umgewandelt.

> Das Hauptargument für die Nutzung von Wechselstrom ist die gute Wandelbarkeit auf verschiedene Spannungsebenen, was einen verlustarmen Energietransport ermöglicht.

Die einzelnen Spannungsebenen, die wir im deutschen Energieversorgungsnetz nutzen, sind die Höchstspannungsebene (Anschluss großer Kohle- oder Kernkraftwerke), die Hochspannungsebene (mittelgroße Kraftwerke und große industrielle Abnehmer), die Mittelspannungsebene (z. B. Windkraftanlagen oder große Photovoltaik-Parks) und die Niederspannungsebene (Haushalte, „klassische" Steckdose). Die zugehörigen Spannungswerte lernen wir im Laufe dieses Kapitels noch kennen.

Mittlerweile wird in Einzelfällen auch im elektrischen Energienetz Gleichstrom zum Transport der Energie eingesetzt. Die Technik wird **Hochspannungs-Gleichstrom-Übertragung**, kurz HGÜ, genannt. Der Energietransport ist dabei bei vergleichbaren Spannungsniveaus effizienter als bei Wechselstrom. Der Grund dafür ist, dass im elektrischen Energienetz bei der Wechselstromübertragung neben der sogenannten Wirkleistung auch die sogenannte Blindleistung auftritt. Diese ist nicht nutzbar, der entsprechende Stromanteil verursacht jedoch auch Verluste. Bei Gleichstrom gibt es keine Blindleistung. Detailliert gehen wir auf Blindleistung am Ende dieses Kapitels ein. Der Nachteil der Hochspannungs-Gleichstrom-Übertragung ist, dass die Umrichtung vom Wechselstrom in den Gleichstrom (Startpunkt) und wieder zurück (Endpunkt) technisch aufwendig und damit teuer ist. Daher wird die HGÜ heutzutage nur in Sonderfällen eingesetzt, wenn sehr hohe Leistungen (i. d. R. mehrere Hundert Megawatt) über sehr lange Strecken über Land (ab circa $s \geq 500$ km) von Punkt zu Punkt übertragen werden sollen. Eine weitere Anwendung sind Offshore-Windparks auf dem Meer. Die langen Unterseekabel zum Land verursachen aufgrund ihres mechanischen Aufbaus bei der Verwendung von Wechselstrom einen sehr hohen, unerwünschten Blindleistungsanteil. Dadurch wäre Wechselstromtechnik in dieser Anwendung sehr ineffizient.

In bestimmten Anwendungen, vor allem in Endnutzeranwendungen, nutzen wir aber auch heute verbreitet Gleichstrom. Da Batterien und Akkus Gleichspannung bereitstellen, nutzen unsere modernen Elektronikgeräte wie Laptops oder Smartphones ebenfalls Gleichspannung bzw. Gleichstrom. Auch viele Haushaltsgeräte benötigen Gleichstrom zum Betrieb. Dafür wird der Wechselstrom aus der Steckdose im Gerät gleichgerichtet, also in Gleichstrom umgewandelt.

4.4 Mathematische Grundlagen

Nachdem wir nun Gleich-, Wechsel- und Mischgrößen sowie den Grund für die Nutzung von Wechselstrom kennen, gehen wir in diesem Unterkapitel auf die bereits erwähnten mathematischen Themen Trigonometrie und komplexe Zahlen ein. Diese beiden Themengebiete sind essentielle Grundlagen für das Verständnis der Wechselstromtechnik.

4.4.1 Trigonometrie

Wir beginnen die mathematischen Ausführungen mit dem Themengebiet **Trigonometrie**. Die Trigonometrie ist ein Teilgebiet der Geometrie. Sie ist wichtig für diverse Berechnungen in der Wechselstromtechnik, wie wir später noch sehen werden.

4.4.1.1 Dreiecksberechnungen mit Sinus, Cosinus und Tangens

Mithilfe der **Sinus-, Cosinus- und Tangens-Funktion** können Winkel und Seitenlängen in einem **rechtwinkligen Dreieck** berechnet werden. Diese Berechnungsvorschriften werden unter anderem bei Berechnungen zur Leistung im Wechselstromkreis (s. Kapitel 4.11) benötigt.

> Mithilfe der Sinus-, Cosinus- und Tangens-Funktion können Winkel und Längen in einem rechtwinkligen Dreieck berechnet werden.

Ein rechtwinkliges Dreieck ist ein Dreieck, bei dem einer der drei Innenwinkel ein rechter Winkel (90°) ist. Die Summe der anderen beiden Winkel ergibt dann ebenfalls 90°, da die Winkelsumme der drei Winkel eines Dreiecks immer 180° entspricht. Die drei Seiten eines solchen rechtwinkligen Dreiecks haben dabei jeweils

4 Wechselstromtechnik

einen bestimmten Namen. Dieser Name hängt vom betrachteten bzw. vorgegebenen Winkel ab. Die drei Seiten des rechtwinkligen Dreiecks werden wie folgt genannt:

- Die **Hypotenuse** ist die längste Seite des Dreiecks, sie liegt gegenüber dem rechten Winkel.
- Die **Ankathete** ist die Seite des Dreiecks, die zusammen mit der Hypotenuse den vorgegebenen Winkel einschließt.
- Die **Gegenkathete** ist die Seite des Dreiecks, die gegenüber dem vorgegebenen Winkel liegt.

Betrachten wir ein beispielhaftes rechtwinkliges Dreieck inklusive der Winkel- und Seitenbezeichnungen. Der Winkel α sei dabei vorgegeben.

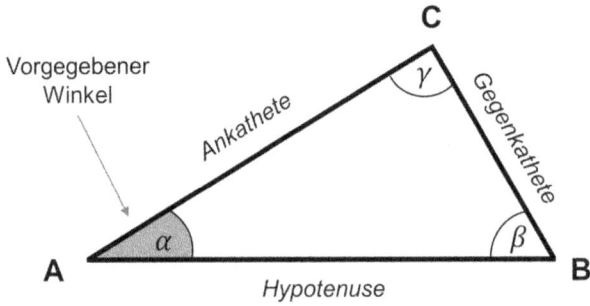

Abbildung 4.14 Rechtwinkliges Dreieck mit Winkel- und Seitenbezeichnungen

Der Winkel γ beträgt bei dem in Abbildung 4.14 dargestellten rechtwinkligen Dreieck $\gamma = 90°$.

Die drei bereits genannten Funktionen für Dreiecksberechnungen sind in Tabelle 4-2 aufgeführt.

Tabelle 4-2 Funktionen zur Dreiecksberechnung

Funktionsname	Funktion	
Cosinus-Funktion	$\cos(\alpha) = \dfrac{\text{Ankathete}}{\text{Hypotenuse}}$	(4.1)
Sinus-Funktion	$\sin(\alpha) = \dfrac{\text{Gegenkathete}}{\text{Hypotenuse}}$	(4.2)
Tangens-Funktion	$\tan(\alpha) = \dfrac{\text{Gegenkathete}}{\text{Ankathete}}$	(4.3)

Schauen wir uns anhand der Cosinus-Funktion einige exemplarische Berechnungen an, die wir mit den Funktionen aus Tabelle 4-2 durchführen können.

Wenn wir zum Beispiel den Winkel α sowie die Hypotenuse eines rechtwinkligen Dreiecks vorgegeben haben, können wir mit Gleichung (4.1) die Ankathete berechnen, wie im folgenden Rechenbeispiel verdeutlicht.

Rechenbeispiel:

Gegeben: $\alpha = 30°$, $Hypotenuse = 10\ cm$

Gesucht: $Ankathete$

$cos(\alpha) = \frac{Ankathete}{Hypotenuse}$

$cos(\alpha) \cdot Hypotenuse = Ankathete$

$cos(30°) \cdot 10\ cm = Ankathete = 8{,}66\ cm$

Genauso könnte der Winkel β im Dreieck in Abbildung 4.14 gegeben sein. In diesem Fall wäre die rechte Seite des Dreiecks die Ankathete und die linke Seite die Gegenkathete. Dann könnten wieder dieselben Berechnungen durchgeführt werden. Es könnte auch nur die Ankathete und die Hypotenuse gegeben und der Winkel α gesucht sein. In diesem Fall muss der **Arkuscosinus**, kurz *arccos* (bei Taschenrechnern häufig die Taste "cos^{-1}"), verwendet werden. Betrachten wir auch hierzu ein kurzes Rechenbeispiel.

Rechenbeispiel:

Gegeben: $Ankathete = 8{,}66\ cm$, $Hypotenuse = 10\ cm$

Gesucht: α

$cos(\alpha) = \frac{Ankathete}{Hypotenuse}$

$\alpha = \arccos\left(\frac{Ankathete}{Hypotenuse}\right)$

$\alpha = \arccos\left(\frac{8{,}66\ cm}{10\ cm}\right) = 30°$

Berechnungen mit der Sinus- und der Tangens-Funktion (Gleichungen (4.2) und (4.3)) können analog zu den gegebenen Beispielen zur Cosinus-Funktion durchgeführt werden.

4.4.1.2 Die Sinus-Funktion

Die für die Wechselstromtechnik wichtigsten Winkelfunktionen der Trigonometrie sind die Sinus- und die Cosinus-Funktion. Ein fundiertes Verständnis dieser beiden Funktionen ist essentiell, um die Zusammenhänge in der Wechselstromtechnik wirklich nachvollziehen zu können. Daher werden wir im Folgenden ausführlich auf die Funktionen eingehen.

Wie bei jeder Funktion in einem kartesischen, zweidimensionalen Koordinatensystem wird auch bei der Sinus- und der Cosinus-Funktion **jedem Wert auf der x-Achse** ein fester **Funktionswert auf** der **y-Achse zugeordnet**. Bei akademischen Erläuterungen wird die x-Achse in der Regel **Abszisse**, die y-Achse **Ordinate** und der x-Wert **Funktionsargument** genannt. Da wir unsere Erklärungen möglichst verständlich halten wollen, werden wir die aus der Schule bekannten Begriffe x-Achse, y-Achse und x-Wert verwenden. Trotzdem ist es hilfreich, wenn man die Begriffe Abszisse, Ordinate und Funktionsargument kennt und sie gedanklich richtig einordnen kann, wenn man erneut auf sie stößt.

Der „klassische" x-Wert einer Funktion (x = 1, x = 2, x = 3 usw.) kann bei der Sinus- und der Cosinus-Funktion durch einen Winkel, den sogenannten **Phasenwinkel** φ ersetzt werden. In Abschnitt 4.4.1.4 zum Einheitskreis wird erklärt, warum dies häufig Sinn macht.

> Bei der Sinus- und der Cosinus-Funktion werden anstatt von x-Werten häufig Winkel-Werte (Phasenwinkel φ) verwendet.

Die Sinus-Funktion haben wir bereits in Kapitel 4.1 im Zusammenhang mit Wechselgrößen kennengelernt. Sie beschreibt eine **harmonische** (gleichmäßige) **Schwingung**. Was dies genau bedeutet, werden wir uns im Laufe dieses Kapitelabschnitts genauer anschauen. In der nachfolgenden Abbildung 4.15 ist der Verlauf zweier Sinus-Funktionen gezeigt. Dabei sind einige wichtige Eigenschaften der Funktionen wie die **Periode T**, die **Amplitude A** sowie der **Nullphasenwinkel φ_0** (nur im rechten Koordinatensystem) eingezeichnet. Auf die Bedeutung dieser Eigenschaften wird im Folgenden eingegangen. Zunächst führen wir jedoch die allgemeine Sinus-Funktion ein. Sie lautet:

$$f(\varphi) = A \cdot \sin(b \cdot (\varphi + \varphi_0)) + d \qquad (4.4)$$

A = Amplitude, b = Stauchung / Streckung in x-Richtung, φ = Phasenwinkel, φ_0 = horizontale Verschiebung / Nullphasenwinkel, d = vertikale Verschiebung

4 Wechselstromtechnik

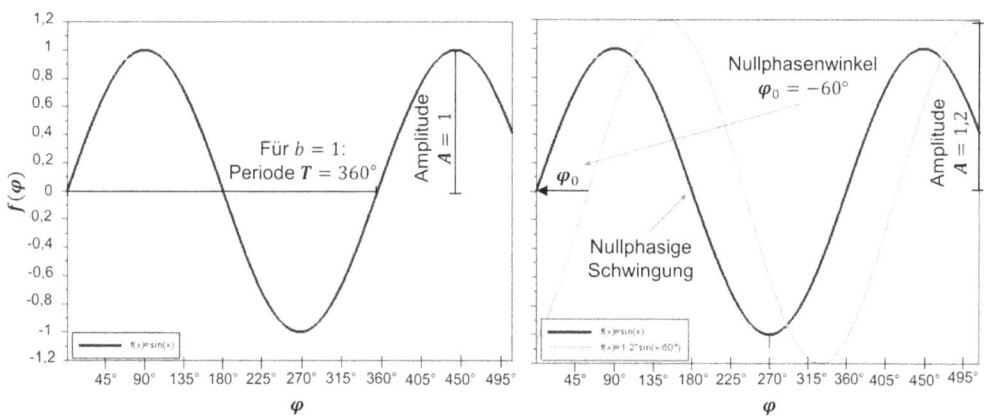

Abbildung 4.15 Die Sinus-Funktion

Der Funktionsverlauf einer Sinus-Funktion wird wie bereits erwähnt auch **sinusförmiger Verlauf** genannt. Der Graph der Funktion wird häufig **Sinuskurve** genannt. Gehen wir nun auf die einzelnen Parameter aus Gleichung (4.4) ein. Sie bestimmen, wie der Graph der Sinus-Funktion aussieht.

Die **Amplitude A** ist der Abstand zwischen dem höchsten Punkt im Funktionsverlauf und der x-Achse. Je größer die Amplitude ist, desto mehr wird die Funktion in y-Richtung gestreckt. Umgekehrt gilt: Je kleiner die Amplitude ist, desto mehr wird die Funktion in y-Richtung gestaucht.

Durch den **Parameter b** kann die Sinus-Funktion in x-Richtung gestreckt oder gestaucht werden. Eine eng mit dem Parameter b verbundene Eigenschaft der Sinus-Funktion und auch der Cosinus-Funktion ist die **Periode T**. Für den Zusammenhang zwischen dem Faktor b und der Periode T gilt die folgende Gleichung:

$$T = \frac{360°}{b} \tag{4.5}$$

T = Periode, b = Stauchung / Streckung in x-Richtung

Für Werte $b > 1$ wird die Funktion in x-Richtung gestaucht, während Werte $0 < b < 1$ eine Streckung der Funktion in x-Richtung bewirken. Für $b = 1$ entspricht die Periode T exakt $T = 360°$. Die Periode T beschreibt den Abstand zwischen zwei Punkten, nach denen sich der Verlauf der Funktion wiederholt. Die Periode T kann beispielsweise durch den Abstand zwischen zwei Hochpunkten bestimmt werden. In der Elektrotechnik gilt in aller Regel $b = 1$. Die Periode T einer Sinusfunktion in der Elektrotechnik entspricht also $T = 360°$. Dies gilt auch für die Cosinus-Funktion.

4 Wechselstromtechnik

> Eine Periode T entspricht bei einer Sinus- oder Cosinus-Funktion in der Elektrotechnik $T = 360°$. Ab dieser Stelle wiederholt sich der Funktionsverlauf.

Der nächste Parameter in Gleichung (4.4) ist der **Nullphasenwinkel φ_0**. Der Nullphasenwinkel φ_0 ist ein wichtiger, wenn auch nicht ganz einfach zu verstehender Parameter einer Sinus-Funktion. Der Nullphasenwinkel φ_0 entspricht der horizontalen Verschiebung der Sinus-Funktion, also quasi dem Abstand auf der x-Achse zwischen dem Ursprung im Koordinatensystem und dem ersten Übergang von negativen zu positiven Werten im Funktionsverlauf. Wichtig ist dabei zu beachten, dass für den Nullphasenwinkel φ_0 ausschließlich Werte im Bereich

$$-180 < \varphi_0 < +180°$$

verwendet werden. Diese Beschreibung klingt beim ersten Lesen möglicherweise etwas kompliziert, daher wird im Folgenden genauer auf den Nullphasenwinkel eingegangen. Hierfür führen wir zunächst zwei weitere Begriffe ein und formulieren die Beschreibung für den Nullphasenwinkel anschließend noch einmal neu.

Der beschriebene Übergang einer Sinus-Funktion von negativen zu positiven Werten wird auch **positiver Nulldurchgang** genannt.

> Der Punkt, an dem die positive Halbwelle einer Sinusfunktion beginnt, wird positiver Nulldurchgang genannt.

Eine Sinus-Funktion, die ihren positiven Nulldurchgang im Ursprung des Koordinatensystems, also am Punkt (0|0) hat, wird **nullphasige Schwingung** genannt. Der Nullphasenwinkel einer nullphasigen Schwingung beträgt folglich $\varphi_0 = 0°$.

> Eine Sinus-Funktion, deren positiver Nulldurchgang im Ursprung des Koordinatensystems liegt, wird nullphasige Schwingung genannt. Ihr Nullphasenwinkel beträgt $\varphi_0 = 0°$.

Den eingangs zum Nullphasenwinkel formulierten Satz können wir mithilfe der zwei neu eingeführten Begriffe nun umschreiben:

Der Nullphasenwinkel φ_0 einer Sinusfunktion entspricht dem Abstand des positiven Nulldurchgangs der betrachteten Sinus-Funktion zum positiven Nulldurchgang der nullphasigen Sinus-Schwingung, also zum Ursprung des Koordinatensystems.

4 Wechselstromtechnik

> Der Nullphasenwinkel φ_0 einer Sinus-Funktion entspricht dem Abstand des positiven Nulldurchgangs der Sinus-Funktion zum Ursprung des Koordinatensystems. Für die Werte von φ_0 gilt $-180° < \varphi_0 < +180°$.

Mit diesem Wissen können wir uns noch einmal die beiden Sinuskurven im rechten Koordinatensystem in Abbildung 4.15 auf Seite 141 anschauen. Wie wir sehen, entspricht die dunkelgraue Sinuskurve einer nullphasigen Schwingung. Der positive Nulldurchgang der hellgrauen Sinuskurve dagegen liegt bei $\varphi = 60°$, sie ist im Vergleich zur nullphasigen Schwingung also um $\varphi = 60°$ nach rechts auf der x-Achse verschoben. Dies entspricht einem Nullphasenwinkel von $\varphi_0 = -60°$. Generell können wir festhalten, dass ein **positiver Nullphasenwinkel** wie beispielsweise $\varphi_0 = +40°$ im Vergleich zur nullphasigen Schwingung eine **Verschiebung nach links** bewirkt und ein **negativer Nullphasenwinkel** wie beispielsweise $\varphi_0 = -40°$ im Vergleich zur nullphasigen Schwingung eine **Verschiebung nach rechts** bewirkt.

Der beschriebene Zusammenhang ist in der nachfolgenden Abbildung 4.16 anhand eines weiteren Beispiels dargestellt. Die durchgezogene Sinuskurve stellt dabei eine nullphasige Sinus-Schwingung dar. Die gestrichelte Sinuskurve besitzt einen Nullphasenwinkel von $\varphi_0 = -40°$, während der Nullphasenwinkel der dritten Sinuskurve $\varphi_0 = +40°$ beträgt.

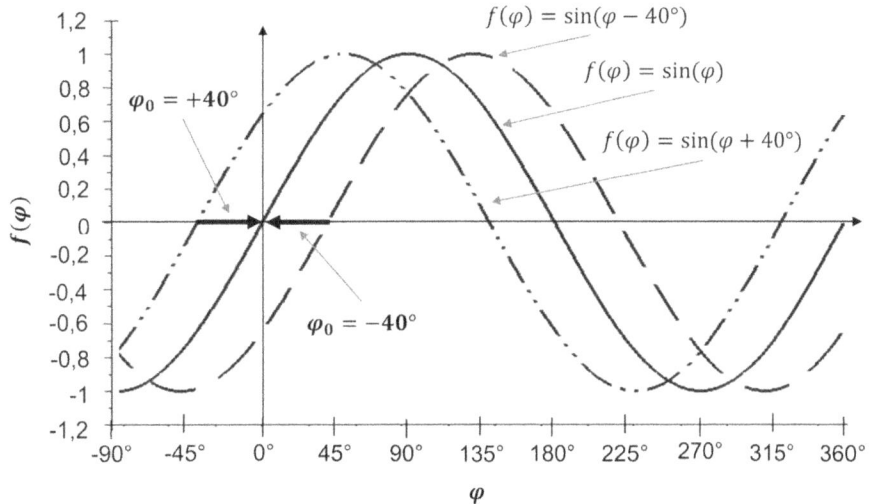

Abbildung 4.16 Nullphasige Schwingung und Sinuskurven mit $\varphi_0 = -40°$ bzw. $\varphi_0 = +40°$

Damit sind alle wichtigen Erläuterungen zum Nullphasenwinkel abgeschlossen. Beim ersten Lesen waren diese Erklärungen möglicherweise nicht ganz einfach zu verstehen, daher kann es hilfreich sein, sich den Abschnitt zum Nullphasenwinkel ein zweites Mal in Ruhe durchzulesen.

4 Wechselstromtechnik

Gehen wir nun auf den letzten Parameter aus Gleichung (4.4) ein. Mit dem Parameter **d** kann die Sinus-Funktion in y-Richtung, also nach oben oder unten verschoben werden. Dieser Parameter ist für uns als Elektrotechniker jedoch weniger relevant als die zuvor erläuterten Parameter.

Schauen wir uns nun an, wie die beiden Sinuskurven des rechten Koordinatensystems in Abbildung 4.15 auf Seite 141 mathematisch beschrieben werden können. Die Funktion des dunkelgrauen Graphen kann unter Verwendung von Gleichung (4.4) wie folgt formuliert werden:

$$f(\varphi) = 1 \cdot \sin\left(1 \cdot (\varphi + 0)\right) + 0 = \sin(\varphi)$$

Die Funktion lautet also einfach $f(\varphi) = \sin(\varphi)$. Dieser Funktionsverlauf bildet die einfachste Form der Sinusfunktion ab. Sie entspricht einer nullphasigen Schwingung mit der Amplitude $A = 1$ und $b = 1$. Wenn wir nun den hellgrauen Funktionsverlauf in Abbildung 4.15. betrachten, so lautet die zugehörige Funktion:

$$f(\varphi) = 1{,}2 \cdot \sin\left(1 \cdot (\varphi - 60°)\right) + 0 = 1{,}2 \cdot \sin(\varphi - 60°)$$

Wie wir sehen, unterscheidet sich der hellgraue Funktionsverlauf vom dunkelgrauen Verlauf durch eine größere Amplitude, nämlich $A = 1{,}2$ anstatt $A = 1$ und durch den Nullphasenwinkel von $\varphi_0 = -60°$. Nun wissen wir, wie der Graph einer Sinus-Funktion aussieht und welche Parameter den Funktionsverlauf bestimmen.

4.4.1.3 Die Cosinus-Funktion

Die zweite für uns wichtige Funktion in der Trigonometrie neben der Sinus-Funktion ist die Cosinus-Funktion. Diese ist der Sinus-Funktion sehr ähnlich. Sie unterscheidet sich einzig durch eine sogenannte **Phasenverschiebung von $\Delta\varphi = +90°$**.

Exkurs: Phasenverschiebung $\Delta\varphi$

Während der Nullphasenwinkel φ_0 die Verschiebung einer Sinus-Funktion zur nullphasigen Schwingung angibt, beschreibt die **Phasenverschiebung $\Delta\varphi$** die Verschiebung zwischen zwei Sinus- oder Cosinus-Funktionen in Richtung der x-Achse. Wichtig ist dabei zu beachten, dass beide Sinus- bzw. Cosinus-Funktionen dieselbe Periode T haben müssen. Eine Phasenverschiebung beschreibt also den Abstand zwischen den positiven Nulldurchgängen zweier Schwingungen mit derselben Periode T. Die Phasenverschiebung $\Delta\varphi$ ergibt sich aus der Differenz der Nullphasenwinkel φ_{01} und φ_{02} der beiden Funktionen und lautet demnach:

$$\varphi_{01} - \varphi_{02} = \Delta\varphi \tag{4.6}$$

φ_{01} = Nullphasenwinkel Funktion 1, φ_{02} = Nullphasenwinkel Funktion 2, $\Delta\varphi$ = Phasenverschiebung

4 Wechselstromtechnik

> Eine Verschiebung zwischen zwei Sinus- oder Cosinus-Funktionen auf der x-Achse wird Phasenverschiebung $\Delta\varphi$ genannt. Sie ergibt sich aus der Differenz der Nullphasenwinkel der beiden Funktionen.

Man unterscheidet bei zwei phasenverschobenen Kurven außerdem zwischen der **vorauseilenden Kurve** und der **nacheilenden Kurve**. Wenn der Pfeil der Phasenverschiebung $\Delta\varphi$ auf der x-Achse nach rechts zeigt, liegt eine **positive Phasenverschiebung** $\Delta\varphi$ vor. In diesem Fall spricht man davon, dass die Kurve, von welcher der Pfeil ausgeht, der Kurve, auf welche der Pfeil zeigt, **vorauseilt**. Wenn der Pfeil einer Phasenverschiebung auf der x-Achse nach links zeigt, liegt eine **negative Phasenverschiebung** $\Delta\varphi$ vor. Dann spricht man davon, dass die Kurve, von welcher der Pfeil ausgeht, der Kurve, auf welche der Pfeil zeigt, **nacheilt**.

> Kurve a → Kurve b ⇨ a eilt b voraus ≙ positive Phasenverschiebung $\Delta\varphi$
> Kurve a ← Kurve b ⇨ b eilt a nach ≙ negative Phasenverschiebung $\Delta\varphi$

Betrachten wir zur Veranschaulichung der Erläuterungen zwei Sinuskurven mit den Nullphasenwinkeln $\varphi_{01} = -40°$ und $\varphi_{02} = -120°$.

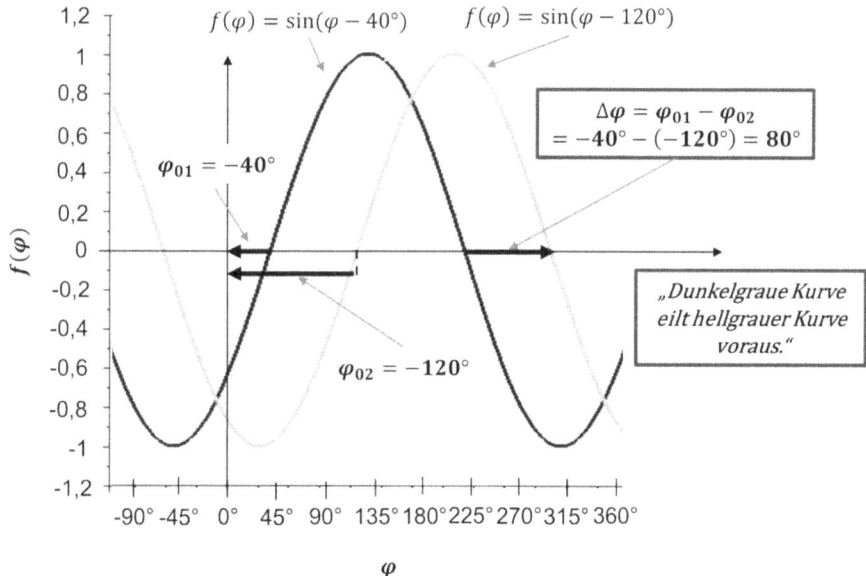

Abbildung 4.17 Phasenverschiebung $\Delta\varphi$ zwischen zwei Sinuskurven

Wir können erkennen, dass die dunkelgraue Kurve gegenüber der hellgrauen Kurve eine positive Phasenverschiebung von $\Delta\varphi = +80°$ besitzt, da der eingezeichnete Pfeil, welcher die Phasenverschiebung anzeigt, nach rechts zeigt. Wir

4 Wechselstromtechnik

können sagen: „Die dunkelgraue Kurve eilt der hellgrauen Kurve um $\Delta\varphi = 80°$ voraus." Umgekehrt könnten wir auch sagen: „Die hellgraue Kurve eilt der dunkelgrauen Kurve um $\Delta\varphi = 80°$ nach."

Exkurs Ende

Nach diesen Erklärungen können wir den Satz: „Die Cosinus-Funktion hat zur Sinus-Funktion eine Phasenverschiebung von $\Delta\varphi = +90°$" umformulieren in: „Die Cosinus-Funktion eilt der Sinusfunktion um 90° voraus."

Die allgemeine mathematische Funktion einer Cosinus-Funktion lautet:

$$f(\varphi) = A \cdot \cos(b \cdot (\varphi + \varphi_0)) + d \qquad (4.7)$$

A = Amplitude, b = Stauchung / Streckung in x-Richtung, φ = Phasenwinkel, φ_0 = horizontale Verschiebung / Nullphasenwinkel, d = vertikale Verschiebung

Es ist erkennbar, dass die Gleichungen (4.4) und (4.7) identisch aufgebaut sind. In der nachfolgenden Abbildung sind die beiden einfachsten Sinus- und Cosinus-Funktionen $f(\varphi) = \sin(\varphi)$ und $f(\varphi) = \cos(\varphi)$ dargestellt.

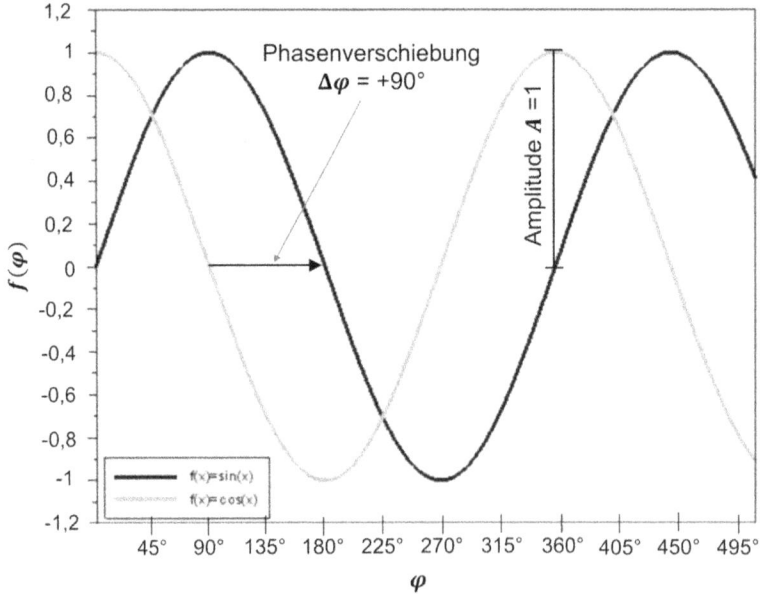

Abbildung 4.18 Cosinus- und Sinusfunktion

4 Wechselstromtechnik

Es ist gut erkennbar, dass der einzige Unterschied in der bereits erwähnten Phasenverschiebung von $\Delta\varphi = +90°$ liegt. Wenn man die Sinus-Funktion um $\Delta\varphi = 90°$ nach links verschiebt, liegen die beiden Graphen aufeinander.

> Die Cosinus-Funktion unterscheidet sich von der Sinusfunktion durch eine Phasenverschiebung von $\Delta\varphi = 90°$.

Man könnte die Cosinus-Funktion also auch durch eine Sinus-Funktion ausdrücken. Dies sieht dann wie folgt aus:

$$f(\varphi) = \sin(\varphi + 90°) = \cos(\varphi)$$

Die Cosinus-Funktion entspricht also einer Sinus-Funktion mit einem Nullphasenwinkel von $\varphi_0 = +90°$. Nun haben wir die Sinus- und die Cosinus-Funktion mit allen ihren wichtigen Eigenschaften ausführlich kennengelernt und schließen diesen Abschnitt damit ab.

4.4.1.4 Der Einheitskreis

Zu Beginn dieses Unterkapitels wurde bereits erwähnt, dass bei Sinus- und Cosinus-Funktionen auf der x-Achse der Phasenwinkel φ aufgetragen wird. Nun werden wir nachvollziehen, warum dies gemacht wird.

Wir beginnen die Erklärungen mit dem sogenannten **Einheitskreis**. Der Einheitskreis ist ein Kreis mit dem Radius $r = 1$. Der genaue Wert der Längeneinheit spielt dabei eine untergeordnete Rolle, sie kann beispielsweise $r = 1$ mm oder $r = 1$ m betragen. In die Mitte des Kreises wird der Ursprung eines kartesischen, zweidimensionalen Koordinatensystems gelegt, wie in Abbildung 4.19 dargestellt.

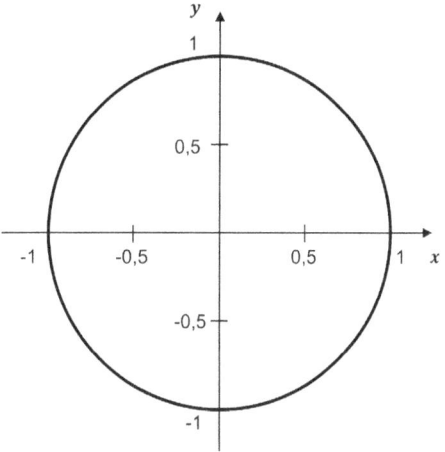

Abbildung 4.19 Der Einheitskreis

> Der Einheitskreis ist ein Kreis mit dem Radius $r = 1$, dessen Mittelpunkt im Ursprung des Koordinatensystems liegt.

4.4.1.5 Das Zeigermodell und die Sinus-Funktion

Mithilfe des Einheitskreises und sogenannten **Zeigern** können die Verläufe von Sinus- und Cosinus-Funktionen nachvollzogen werden. Im Folgenden wird dies anhand einer Sinus-Funktion näher erläutert.

Die Sinus-Funktion stellt in ihrem Verlauf eine harmonische (gleichmäßige) Schwingung dar. Sie pendelt immer symmetrisch um die x-Achse. Diese Schwingung kann mit einem Zeiger dargestellt werden, der sich mit konstanter Geschwindigkeit um einen festen Punkt dreht, wie in Abbildung 4.20 dargestellt.

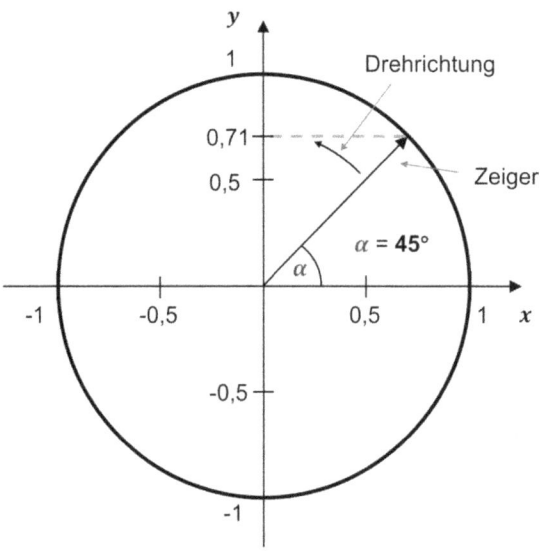

Abbildung 4.20 Einheitskreis mit Zeiger und Beispielwinkel $\alpha = 45°$

Die Ausgangsposition ist dabei, dass der Zeiger auf der x-Achse liegt und nach rechts, also in den positiven Zahlenbereich zeigt. In diesem Fall lautet der vom Zeiger eingeschlossene Winkel $\alpha = 0°$. Eine vollständige Schwingung der Sinus-Funktion entspricht einer kompletten Umdrehung des Zeigers, also $\alpha = 360°$. Die Drehung des Zeigers findet im **mathematisch positiven Drehsinn** statt. Der mathematisch positive Drehsinn lautet „gegen den Uhrzeigersinn". Diese Festlegung ist sehr wichtig, sie wird in den Kapiteln 4.7 und 4.8 zu Kondensatoren und Spulen im Wechselstromkreis noch einmal relevant.

> Der mathematisch positive Drehsinn lautet „gegen den Uhrzeigersinn".

Der feste Punkt, um den sich der Zeiger dreht, ist der Mittelpunkt des Einheitskreises, also der Ursprung des Koordinatensystems. Jede Position des Zeigers kann über den Winkel zwischen dem Zeiger und der x-Achse ausgedrückt werden. Dieser Winkel entspricht dem Phasenwinkel φ der Sinusfunktion.

> Der vom Zeiger des Einheitskreises und der x-Achse eingeschlossene Winkel entspricht dem Phasenwinkel φ der Sinusfunktion.

Von der Spitze des Zeigers kann eine zur x-Achse parallele Linie zur y-Achse gezogen werden. Der Schnittpunkt mit der y-Achse ergibt dabei einen bestimmten Wert. Dieser Wert entspricht genau dem Wert der Sinus-Funktion beim entsprechenden Phasenwinkel. Das beschriebene Verfahren nennt man **Projektion** des Zeigers auf die y-Achse. Jedem Winkel im Einheitskreis ist also ein bestimmter Wert zugeordnet, genau wie bei der Sinus-Funktion, bei der jedem Phasenwinkel φ ein bestimmter Funktionswert $f(\varphi)$ zugeordnet ist!

> Die Projektion des Zeigers im Einheitskreises auf die y-Achse bei einem bestimmten Winkel entspricht dem Funktionswert der Sinus-Funktion bei diesem Winkel.

Der beschriebene Zusammenhang ist anhand von zwei Beispielpunkten des Zeigers und der Sinusfunktion in nachfolgender Abbildung 4.21 gezeigt.

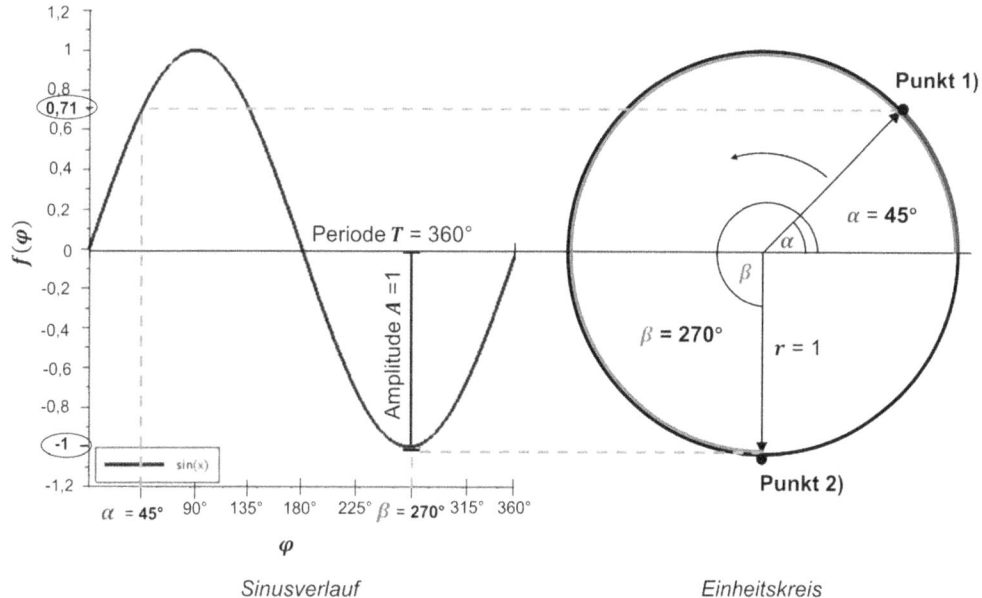

Abbildung 4.21 Sinusverlauf und Zeiger im Einheitskreis

Die Erklärungen zu den Beispielpunkten lauten:

- **Punkt 1)**: Wenn man den Zeiger im Einheitskreis bei einem Winkel von $\alpha = 45°$ auf die y-Achse projiziert, erhält man den Wert von etwa f(45°) $\approx$ 0,71. Denselben Funktionswert hat die Sinus-Funktion bei einem Phasenwinkel von $\varphi = 45°$ und einer Amplitude von $A = 1$.

- **Punkt 2)**: Wenn man den Zeiger bei einem Winkel von $\beta = 270°$ auf die y-Achse projiziert, erhält man den Wert von f(270°) = -1. Denselben Funktionswert hat die Sinus-Funktion bei einem Phasenwinkel von $\varphi = 270°$ und einer Amplitude von $A = 1$.

Einige charakteristische Winkel und zugehörige Funktionswerte der Sinus-Funktion sind in nachfolgender Tabelle aufgeführt.

Tabelle 4-3 Charakteristische Werte der Sinusfunktion

Phasenwinkel φ	Funktionswert $f(\varphi)$
0°	0
45°	0,71
90°	1
180°	0
270°	-1
360°	0

Wer diese Erläuterungen selbst ausprobieren und nachprüfen möchte, kann mit einem Taschenrechner testweise verschiedene Winkel für die Sinus-Funktion eingeben und dabei beispielsweise die Werte in Tabelle 4-3 überprüfen. Der Taschenrechner muss dabei auf Gradmaß eingestellt sein.

4.4.1.6 Winkelmaß und Bogenmaß

Wir haben bereits gelernt, dass eine Periode, also eine komplette Schwingung, $T = 360°$ umfasst. Diese Ausdrucksweise mittels einer Gradangabe wird **Winkelmaß** genannt.

Es gibt außerdem noch ein weiteres Maß, um einen Winkel zu beziffern: Das sogenannte **Bogenmaß**, bei dem Winkel in der Einheit **Radiant** mit der Abkürzung **rad** angegeben werden. Im Bogenmaß wird mit der mathematischen Konstanten $\pi \approx 3{,}142$ gearbeitet. Während im Winkelmaß eine Periode $T = 360°$ entspricht, entspricht eine Periode im Bogenmaß $T = 2 \cdot \pi$ rad.

Die Gleichung für die Umrechnung eines Winkels im Gradmaß α_W in einen Winkel im Bogenmaß α_B und umgekehrt lautet wie folgt:

$$\frac{\alpha_W}{360°} = \frac{\alpha_B}{2 \cdot \pi \, rad} \qquad (4.8)$$

Winkel α_W [Grad, °], Winkel α_B [Radiant, rad]

Die Grundlage für Gleichung (4.8) ist die Tatsache, dass der Umfang des Einheitskreises genau der Länge $l = 2 \cdot \pi$ entspricht, da der Umfang eines Kreises durch $l = 2 \cdot \pi \cdot r$ berechnet wird, wobei im Einheitskreis $r = 1$ gilt. Die Schlussfolgerung daraus ist, dass im Bogenmaß jedem Winkel α die entsprechende Teillänge l des Kreisumfangs des Einheitskreises zugeordnet wird.

> Das Bogenmaß ordnet jedem Winkel α die entsprechende Teillänge l des Umfangs des Einheitskreises zu.

Der beschriebene Zusammenhang ist zur Verdeutlichung in Abbildung 4.22 beispielhaft dargestellt.

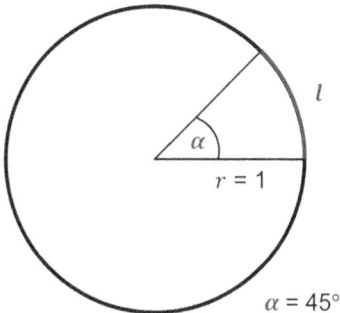

Abbildung 4.22 Grad- und Bogenmaß anhand des Einheitskreises

Wie anhand von Abbildung 4.22 erkennbar ist, entspricht die Bogenmaßlänge l der Länge des Teiles des Kreisumfangs, der vom Winkel α eingeschlossen wird.

Im folgenden Rechenbeispiel wird dargestellt, wie eine Umrechnung vom Winkelmaß ins Bogenmaß anhand von Gleichung (4.8) erfolgt. Dabei sei ein Winkel von $\alpha_W = 45°$ im Winkelmaß vorgegeben und der zugehörige Wert α_B im Bogenmaß gesucht.

4 Wechselstromtechnik

Rechenbeispiel:

Gegeben: $\alpha_W = 45°$ ⇨ *Winkelmaß*

Gesucht: α_B ⇨ *Bogenmaß*

$$\frac{\alpha_W}{360°} = \frac{\alpha_B}{2 \cdot \pi \, rad}$$

$$\frac{\alpha_W}{360°} \cdot 2 \cdot \pi \, rad = \alpha_B$$

$$\frac{45°}{360°} \cdot 2 \cdot \pi \, rad = \alpha_B = \frac{\pi}{4} \, rad \qquad ⇨ \frac{\pi}{4} \, rad \, entspricht \, 45°$$

Für Berechnungen ist es nützlich, einige gängige Winkelwerte im Gradmaß auch im Bogenmaß im Kopf zu haben. Daher sind einige Winkelmaß-Werte in folgender Tabelle mit der jeweiligen Bogenmaßangabe aufgeführt.

Tabelle 4-4 Winkel- und Bogenmaß

Winkelmaß	Bogenmaß
0°	0 rad
45°	$\frac{\pi}{4}$ rad
90°	$\frac{\pi}{2}$ rad
180°	π rad
270°	$\frac{3}{2} \cdot \pi$ rad
360°	$2 \cdot \pi$ rad

Nun können wir uns noch einmal den Verlauf der Sinus- und Cosinus-Funktion anschauen. Dieses Mal jedoch mit Angabe des Phasenwinkels φ im Winkel- **und** im Bogenmaß.

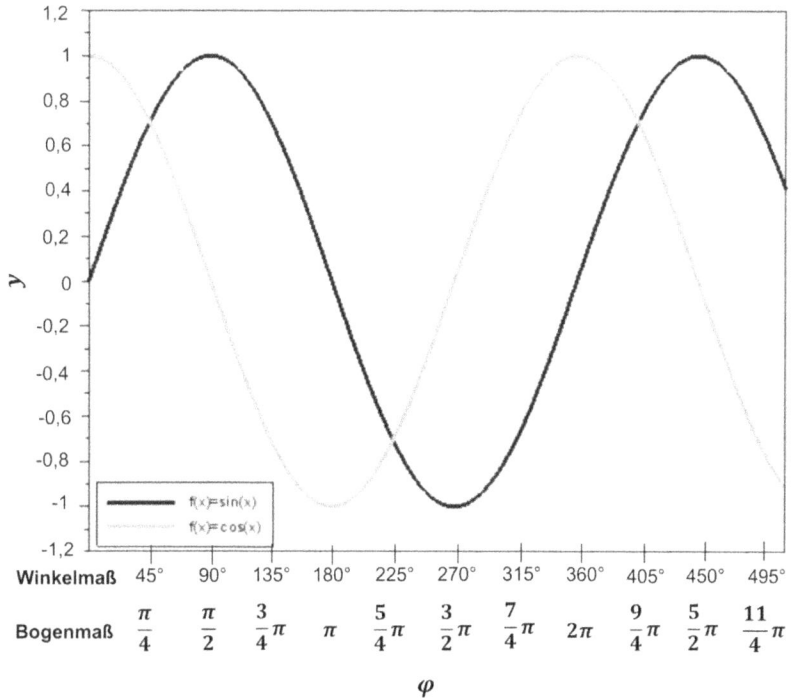

Abbildung 4.23 Sinus- und Cosinus-Funktion mit Grad- und Bogenmaß

Wir kennen nun die Berechnungsvorschriften im rechtwinkligen Dreieck, die Sinus- und die Cosinus-Funktion, den Einheitskreis und die Zeigerdarstellung der Sinus-Funktion sowie das Winkel- und das Bogenmaß. Damit sind wir mit den wichtigsten Trigonometrie-Grundlagen für die Wechselstromtechnik vertraut und beschäftigen uns im Folgenden mit dem zweiten relevanten mathematischen Themengebiet: den komplexen Zahlen.

4.4.2 Komplexe Zahlen

Das Themengebiet der komplexen Zahlen geht über die allgemein übliche Schulmathematik hinaus. Prinzipiell sind die Grundlagen zu den komplexen Zahlen aber nicht schwer zu verstehen. Man benötigt die komplexen Zahlen in der Wechselstromtechnik beispielsweise zur Berechnung von Wechselströmen und -spannungen.

4.4.2.1 Warum werden komplexe Zahlen in der Mathematik benötigt?

Bevor wir in den nächsten Unterkapiteln auf die Rolle der komplexen Zahlen in der Elektrotechnik eingehen, müssen wir zunächst die Rolle derselben in der Mathematik klären. Wir wollen dieses Kapitel so einfach wie möglich halten, da es in diesem Buch bekanntlich nicht um mathematische, sondern um elektrotechnische Zusammenhänge geht. Die mathematischen Werkzeuge sind nur Mittel zum Zweck und werden daher nur soweit wie nötig erklärt.

Zunächst stellen sich die Fragen: Was sind komplexe Zahlen und weshalb wurden sie in der Mathematik eingeführt?

In der Mathematik gibt es verschiedene Zahlenmengen, z. B. die natürlichen Zahlen $\mathbb{N}$, die ganzen Zahlen $\mathbb{Z}$, die rationalen Zahlen $\mathbb{Q}$ und die reellen Zahlen $\mathbb{R}$. Bei der Zahlenmenge der reellen Zahlen endet die Schulmathematik in der Regel. In Tabelle 4-5 wird ein Überblick zu den genannten Zahlenmengen gegeben

Tabelle 4-5 Zahlenmengen

Name	Beispiele	Beschreibung
Natürliche Zahlen $\mathbb{N}$	1, 2, 3, 4…	▪ werden benutzt, um zu zählen
Ganze Zahlen $\mathbb{Z}$	…-3, -2, -1, 0, 1, 2, 3…	▪ neben den natürlichen Zahlen auch 0 und die „negativen" natürlichen Zahlen
rationale Zahlen $\mathbb{Q}$	$\frac{1}{2}, \frac{1}{3}, -\frac{4}{9}$	▪ zusätzlich zu ganzen Zahlen auch Brüche mit ganzen Zahlen
reelle Zahlen $\mathbb{R}$	$\sqrt{3}$, π, e,	▪ zusätzlich zu rationalen Zahlen auch nichtperiodische Dezimalbrüche, z. B. $\sqrt{2}$

In der Schule wird gelehrt, dass für negative Zahlen unter einer Wurzel keine Lösung existiert. Dies ist bei Verwendung der reellen Zahlenmenge auch korrekt. Mit den **komplexen Zahlen** $\mathbb{C}$ kann jedoch auch für diese Problemstellung eine Lösung gefunden werden.

> Mithilfe der komplexen Zahlen kann auch die Wurzel aus negativen Zahlen gezogen werden.

Verdeutlichen wir diesen Sachverhalt anhand eines Rechenbeispiels. Es sei die Gleichung $x^2 + 1 = 0$ zu lösen.

Rechenbeispiel:

$x^2 + 1 = 0$

$x^2 = -1$

$\sqrt{x^2} = \sqrt{-1}$ ⇨ keine Lösung in ℝ

⇨ *Lösung im komplexen Zahlenbereich mit der imaginären Zahl j*

$x = j$

⇨ Es muss also gelten: $j \cdot j = -1$

Anhand des Rechenbeispiels ist der folgende Zusammenhang erkennbar:

$$j \cdot j = -1$$

Es gilt folglich außerdem:

$$j = \sqrt{-1}$$

Mit Hilfe der **imaginären Zahl j** können also Gleichungen gelöst werden, die mit der reellen Zahlenmenge nicht gelöst werden können. Die komplexen Zahlen erweitern folglich den reellen Zahlenbereich. Schauen wir uns nun an, wie eine komplexe Zahl aufgebaut ist.

4.4.2.2 Der Aufbau einer komplexen Zahl – Die kartesische Form

Eine komplexe Zahl ist in der **kartesischen Form** wie folgt aufgebaut:

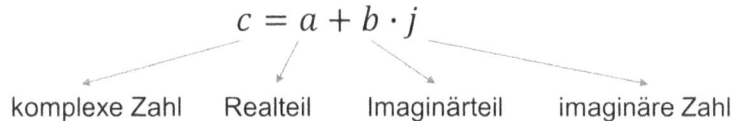

$$c = a + b \cdot j$$

komplexe Zahl Realteil Imaginärteil imaginäre Zahl

Sowohl a als auch b sind reelle Zahlen. Der Imaginärteil einer komplexen Zahl in kartesischer Form ist dadurch gekennzeichnet, dass er mit der imaginären Zahl j multipliziert wird. Der Realteil ist vom Imaginärteil durch ein „+" oder ein „-" getrennt.

> Eine komplexe Zahl in kartesischer Form besteht aus einem Realteil und einem Imaginärteil, welche durch „+" oder „-" getrennt werden.

4 Wechselstromtechnik

Es sei an dieser Stelle angemerkt, dass in der Mathematik für die imaginäre Zahl j eigentlich ein „i" verwendet wird. Um jedoch eine Verwechslung mit der Stromstärke I bzw. i auszuschließen, wird in der Elektrotechnik der Buchstabe j für die imaginäre Zahl verwendet.

Man kann komplexe Zahlen in der sogenannten **komplexen Ebene** visualisieren. Die komplexe Ebene ist wie ein kartesisches, zweidimensionales Koordinatensystem aufgebaut. Die x-Achse im kartesischen Koordinatensystem entspricht in der komplexen Ebene der **reellen Achse**. Die y-Achse im kartesischen Koordinatensystem entspricht in der komplexen Ebene der **imaginären Achse**. Auf der imaginären Achse werden alle imaginären Zahlen (... -2 j, -1 j, j, 2 j ...) aufgetragen.

Man kann komplexe Zahlen in der komplexen Ebene durch **Punkte** oder **Zeiger** visualisieren. Betrachten wir hierzu beispielhaft die komplexe Zahl c:

$$c = 4 + 6 \cdot j$$

Diese komplexe Zahl c ist in Abbildung 4.24 mit Hilfe von Zeigern dargestellt.

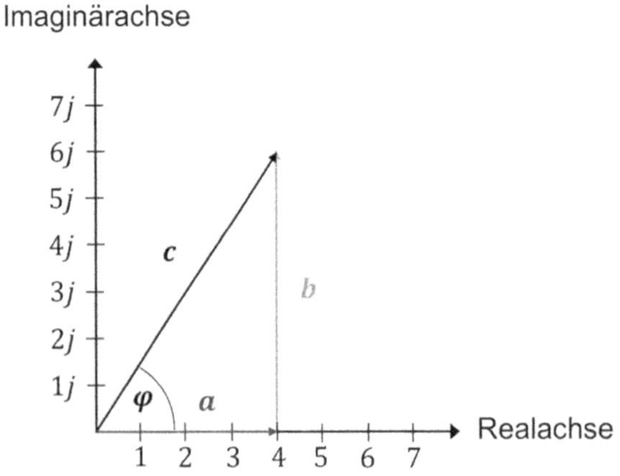

Abbildung 4.24 Beispielhafte komplexe Zahl in der komplexen Ebene

Wie anhand der Abbildung erkennbar, liegt der Zeiger, welcher den Realteil der Zahl c repräsentiert, in der x-Achse (dunkelgrauer Zeiger). Der Zeiger, welcher den Imaginärteil repräsentiert, liegt parallel zur y-Achse (hellgrauer Zeiger). Der Realteil entspricht also der horizontalen Koordinate des Punktes, der die komplexe Zahl repräsentiert, der Imaginärteil der vertikalen Koordinate. Man könnte eine komplexe Zahl also einfach als Punkt ansehen, ein Zeiger ist jedoch anschaulicher. Der Winkel φ kann über Tangens-Funktion errechnet werden.

> Eine komplexe Zahl hat die zwei Komponenten Realteil, welcher in Richtung der x-Achse liegt und Imaginärteil, welcher in Richtung der y-Achse liegt.

Da a und b reelle Zahlen sind, können sie auch den Wert 0 besitzen oder negative oder Dezimalwerte annehmen. Für ein besseres Verständnis sind in Abbildung 4.25 noch drei weitere beispielhafte komplexe Zahlen c_1, c_2 und c_3 dargestellt.

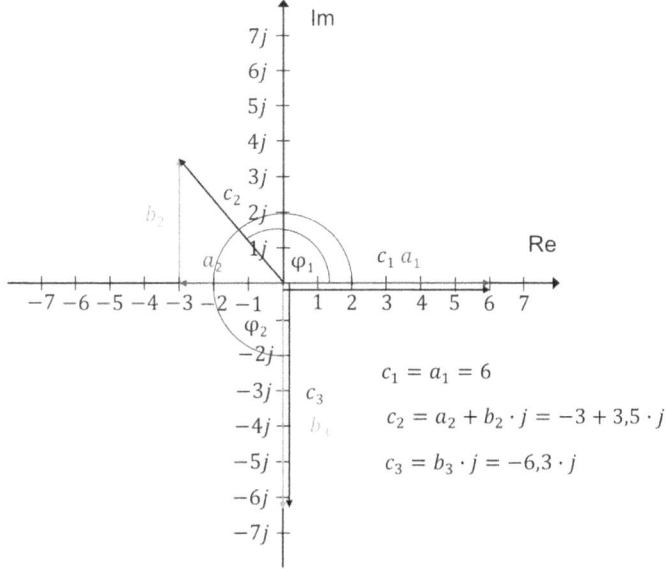

Abbildung 4.25 Weitere Beispiele für komplexe Zahlen

Wir können anhand der Beispiele in Abbildung 4.25 erkennen, dass eine komplexe Zahl auch nur einen Realteil (c_1) oder nur einen Imaginärteil (c_3) haben kann. Dann gilt $a = 0$ bzw. $b = 0$.

Die kartesische Form eignet sich besonders gut für die Addition und Subtraktion von komplexen Zahlen.

4.4.2.3 Addition und Subtraktion komplexer Zahlen in der kartesischen Form

Die Addition oder Subtraktion zweier komplexer Zahlen in der kartesischen Form ist einfach zu verstehen. Für die Addition zweier beispielhafter Zahlen c_1 und c_2 werden die Real- und Imaginärteile getrennt voneinander betrachtet und jeweils miteinander addiert. Für die Subtraktion müssen Real- und Imaginärteile der beiden Zahlen jeweils subtrahiert werden.

> Für die Addition bzw. Subtraktion zweier komplexer Zahlen werden Realteil und Realteil sowie Imaginärteil und Imaginärteil miteinander addiert bzw. subtrahiert.

4 Wechselstromtechnik

Betrachten wir zur Verdeutlichung der Erklärungen einige Beispiele. Das Multiplikationszeichen „·" vor der imaginären Zahl j wird üblicherweise, wie auch im Folgenden, weggelassen.

<u>Rechenbeispiele:</u>

Gegeben sind die drei folgenden komplexen Zahlen:

$c_1 = 3 + 5j$, $c_2 = -0{,}5 + 2i$ und $c_3 = -3j$

Zur Veranschaulichung werden verschiedene beispielhafte Additionen und Subtraktionen durchgeführt:

a) Addition von c_1 und c_2
$c_1 + c_2 = (3 + 5j) + (-0{,}5 + 2j)$
$= 3 - 0{,}5 + 5j + 2j$ ⇨ *Ordnen nach Real- und Imaginärteilen*
$= 2{,}5 + 7j$ ⇨ *Ergebnis der Addition*

b) Addition von c_2 und c_3
$c_2 + c_3 = (-0{,}5 + 2j) + (-3j)$
$= -0{,}5 + 2j - 3j$ ⇨ *Ordnen nach Real- und Imaginärteilen*
$= -0{,}5 - j$ ⇨ *Ergebnis der Addition*

c) Subtraktion von c_3 von c_1
$c_1 - c_3 = (3 + 5j) - (-3j)$
$= 3 + 5i + 3j$ ⇨ *Ordnen nach Real- und Imaginärteilen*
$= 3 + 8j$ ⇨ *Ergebnis der Subtraktion*

d) Subtraktion von c_1 von c_2
$c_2 - c_1 = (-0{,}5 + 2j) - (3 + 5j)$
$= -0{,}5 - 3 + 2j - 5j$ ⇨ *Ordnen nach Real- und Imaginärteilen*
$= -3{,}5 - 3j$ ⇨ *Ergebnis der Subtraktion*

Die Additionen und Subtraktionen können genauso gut als grafische Addition bzw. Subtraktion mit den entsprechenden Zeigern, welche die jeweilige komplexe Zahl repräsentieren, durchgeführt werden. Dies ist exemplarisch mit den Rechnungen a) und d) aus dem obigen Rechenbeispiel in Abbildung 4.26 gezeigt. Die resultierenden komplexen Zahlen c_{res1} und c_{res2} sind dabei jeweils als hellgrauer Zeiger dargestellt.

4 Wechselstromtechnik

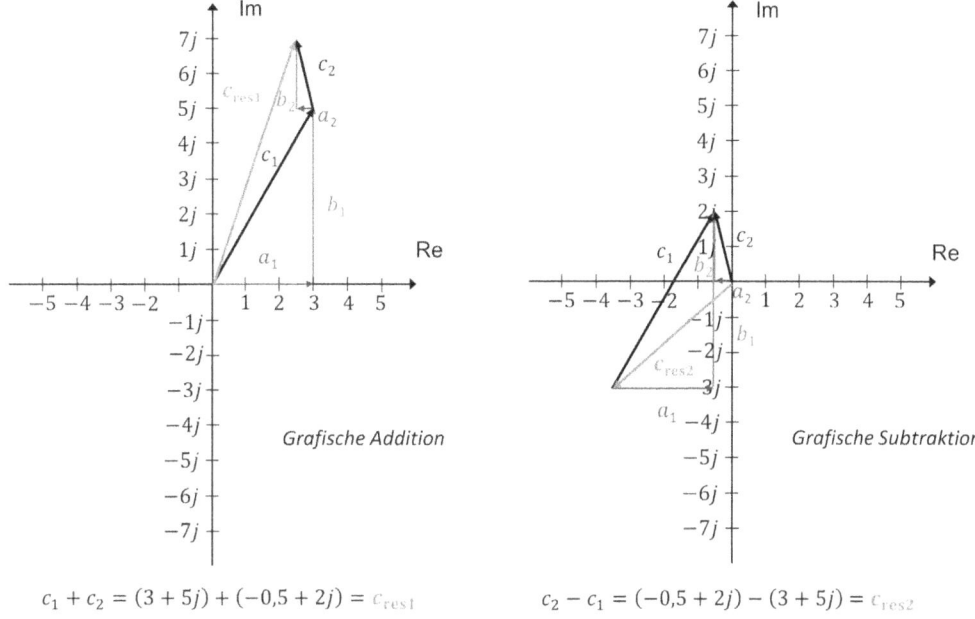

$c_1 + c_2 = (3 + 5j) + (-0{,}5 + 2j) = c_{res1}$ $\qquad$ $c_2 - c_1 = (-0{,}5 + 2j) - (3 + 5j) = c_{res2}$

Abbildung 4.26 Grafische Addition und Subtraktion zweier komplexer Zahlen

Die Vorgehensweise bei der grafischen Addition ist denkbar einfach. Es wird hierfür der Zeiger der komplexen Zahl c_2 an die Spitze des Zeigers c_1, welcher die erste komplexe Zahl repräsentiert, gesetzt. Das Verfahren gleicht jenem bei der Vektoraddition. Die resultierende Zahl c_{res1} wird dann durch einen Zeiger vom Ursprung zur Spitze von c_2 repräsentiert.

Bei der Subtraktion wird die Spitze des Zeigers c_1, welcher subtrahiert werden soll, an die Spitze des Zeigers c_2, von dem subtrahiert werden soll, gesetzt. Die resultierende Zahl c_{res2} wird dann durch den Zeiger vom Ursprung zum Startpunkt von c_1 repräsentiert.

4.4.2.4 Der Betrag einer komplexen Zahl

Wie bei Vektoren kann auch bei komplexen Zahlen der **Betrag** gebildet werden. Der Betrag einer komplexen Zahl entspricht der **Länge des Zeigers** vom Beginn zur Spitze des Zeigers, welcher die komplexe Zahl repräsentiert.

Der Betrag wird bei einer komplexen Zahl wie folgt gebildet:

a) Quadrieren von Realteil und Imaginärteil
b) Summe der beiden quadrierten Anteile bilden
c) Wurzel aus der Summe ziehen

4 Wechselstromtechnik

Für den Betrag $|c|$ einer komplexen Zahl c gilt nachfolgende Gleichung:

$$|c| = \sqrt{a^2 + b^2} \qquad (4.9)$$

Dabei ist $|c|$ der Betrag der komplexen Zahl c, a der Realteil und b der Imaginärteil.

> Für die Bildung des Betrags einer komplexen Zahl wird die Wurzel aus der Summe der quadrierten Real- und Imaginärteile gebildet.

Verdeutlichen wir die Erklärungen anhand der Betragsbildung der komplexen Zahl $c = 4 + 6j$.

Rechenbeispiel:

Gesucht: $|c|$ ⇨ *Betrag der komplexen Zahl c*

Gegeben: $c = 4 + 6j$

$|c| = \sqrt{a^2 + b^2}$

$|c| = \sqrt{4^2 + 6^2}$

$|c| \approx 7{,}21$

4.4.2.5 Die konjugiert komplexe Zahl

Die konjugiert komplexe Zahl c^* zu einer komplexen Zahl c ist einfach zu bilden. Man nennt den Vorgang des Konjugierens auch **Konjugation** einer komplexen Zahl. Es wird hierfür das Vorzeichen, welches den Real- und den Imaginärteil verbindet, umgedreht, also „+" wird zu „-" und umgekehrt.

> Für die Konjugation einer komplexen Zahl wird das Vorzeichen des Imaginärteils umgedreht.

Grafisch kann die beispielhafte komplexe Zahl $c = 4 + 6j$ mit der zugehörigen konjugiert komplexen Zahl $c^* = 4 - 6j$ wie in Abbildung 4.27 gezeigt dargestellt werden.

4 Wechselstromtechnik

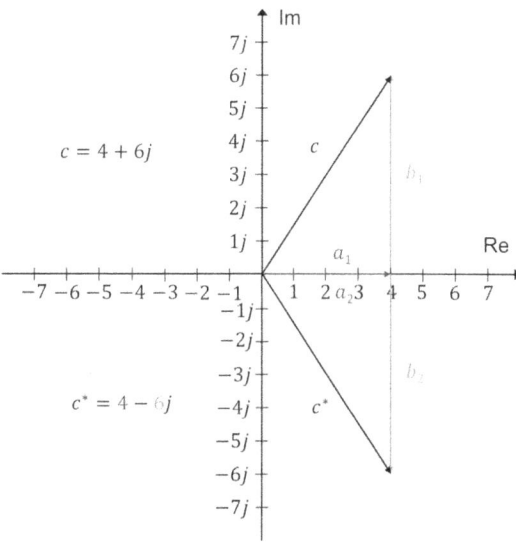

Abbildung 4.27 Konjugiert komplexe Zahl c^*

Anhand der Abbildung ist erkennbar, dass die konjugiert komplexe Zahl c^* nichts anderes ist als eine Achsenspiegelung der ursprünglichen komplexen Zahl c an der x-Achse.

4.4.2.6 Multiplikation von komplexen Zahlen in der kartesischen Form

In diesem letzten Abschnitt zu den mathematischen Grundlagen behandeln wir die Multiplikation von komplexen Zahlen in der kartesischen Form. Es sei an dieser Stelle erwähnt, dass neben der kartesischen Form auch noch zwei andere Darstellungsformen von komplexen Zahlen existieren. Diese lauten **Polarform** und **Exponentialform**. Multiplikationen und Divisionen von komplexen Zahlen werden eigentlich in diesen Formen durchgeführt. Die Einführung dieser Darstellungsformen würde allerdings den Umfang dieses ohnehin bereits großen Mathematik-Kapitels sprengen.

Die Vorgehensweise bei der Multiplikation zweier komplexer Zahlen in der kartesischen Form lautet wie folgt:

a) Die beiden komplexen Zahlen jeweils in Klammern schreiben
b) Ausmultiplizieren der Klammern

> Für die Multiplikation zweier komplexer Zahlen c_1 und c_2 müssen beide Zahlen in Klammern geschrieben und die Klammern dann ausmultipliziert werden.
>
> $$c_1 \cdot c_2 = (a_1 + b_1 j) \cdot (a_2 + b_2 j)$$

Betrachten wir zur Veranschaulichung der Erklärungen wieder ein Rechenbeispiel. Es sollen die zwei komplexen Zahlen c_1 und c_2 miteinander multipliziert werden.

<u>Rechenbeispiel:</u>

Gegeben: $c_1 = 3 + 5j$, $c_2 = -0{,}5 + 2j$

Gesucht: $c_3 = c_1 \cdot c_2$

$c_3 = c_1 \cdot c_2 = (3 + 5j) \cdot (-0{,}5 + 2j)$

$c_3 = 3 \cdot (-0{,}5) + 3 \cdot 2j + 5j \cdot (-0{,}5) + 5j \cdot 2j$ ⇨ *Ausmultiplizieren der zwei Klammerausdrücke*

$c_3 = -1{,}5 + 6j - 2{,}5j - 10$ ⇨ *Achtung: $j \cdot j = -1$*

$c_3 = -11{,}5 + 3{,}5j$

Die Division von komplexen Zahlen wird in diesem Buch nicht benötigt, daher werden wir nicht darauf eingehen.

Nun haben wir neben den relevanten Grundlagen der Trigonometrie auch die komplexen Zahlen in der kartesischen Form mit Aufbau, Betragsbildung, Konjugation und den drei Grundrechenarten Addition, Subtraktion und Multiplikation kennengelernt. Gewappnet mit diesem Wissen können wir uns nun mit dem Wechselstromkreis beschäftigen.

4.5 Der Wechselstromkreis

Bevor wir uns mit den Eigenschaften des **Wechselstromkreises** befassen, rufen wir uns noch einmal in Erinnerung, wie am Ende des ersten Kapitels ein nicht näher definierter Stromkreis dargestellt wurde.

Ein Stromkreis bestand nach diesen Erklärungen mindestens aus:

- Einer Quelle
- Einem geschlossenen System aus Leitern
- Einem Verbraucher

Die genannten Elemente existieren sowohl im Gleichstrom- als auch im Wechselstromkreis. Entscheidend, ob ein Gleichstrom- oder ein Wechselstromkreis vorliegt, ist die Art der **Quelle**, aus welcher der Kreis gespeist wird. Wie aus Unterkapitel 3.2 bekannt, stellt eine **Gleichspannungsquelle**, wie beispielsweise eine Batterie, eine konstante Gleichspannung zwischen ihren Polen bereit. Neben den Gleichspannungsquellen existieren auch **Wechselspannungsquellen**. Eine Haushaltssteckdose stellt beispielsweise eine Wechselspannungsquelle dar. Das Schaltungssymbol für Wechselspannungsquellen ist in Abbildung 4.28 gezeigt.

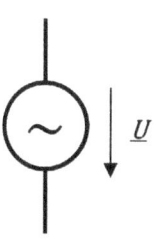

Abbildung 4.28
Schaltzeichen Wechselspannungsquelle

Die Quelle entscheidet also welche Stromart (Gleich- oder Wechselstrom) bereitgestellt wird, gleichwohl können beide Stromarten durch sogenannte Gleichrichter bzw. Wechselrichter in die jeweils andere Stromart umgeformt werden.

> Die Art der Quelle entscheidet, ob ein Gleich- oder Wechselstromkreis vorliegt. Beide Stromarten können ineinander umgeformt werden.

In den folgenden Kapitelabschnitten werden wir einen einfachen Wechselstromkreis sowie die wichtigsten Eigenschaften von Wechselspannung und Wechselstrom kennenlernen.

4.5.1 Sinusförmige Wechselspannung und Wechselstrom

Wir wissen bereits, dass Wechselgrößen wie Wechselspannung und Wechselstrom sich von Gleichgrößen durch die Änderung ihres Werteverlaufs unterscheiden. In Kapitel 4.1 zu Wechselgrößen wurde bereits erwähnt, dass der periodische Wechsel zwischen positiven und negativen Werten physikalisch einem Wechsel der Stromflussrichtung entspricht.

Da sich die Stromflussrichtung ständig ändert, gibt es in der Wechselstromtechnik auch keine technische oder physikalische Stromrichtung wie in der Gleichstromtechnik. Es werden quasi ständig Plus- und Minuspol an der Quelle getauscht. Folglich gibt es bei Wechselspannungsquellen keine Plus- und Minuspole.

4 Wechselstromtechnik

> Die Stromflussrichtung bei Wechselstrom ändert sich periodisch. Es gibt weder Plus- noch Minuspol an einer Wechselspannungsquelle.

Betrachten wir nun einen einfachen Wechselstromkreis und sehen wir uns die zugehörigen Spannungs- und Stromstärkeverläufe an zwei Messpunkten an. Der betrachtete Wechselstromkreis ist in Abbildung 4.29 links dargestellt. Der Kreis besteht aus einer Wechselspannungsquelle sowie einem Ohmschen Widerstand R. Die Spannung wird am Widerstand gemessen. Die Stromstärke wird an der eingezeichneten Stelle im Kreis gemessen. Die Symbole für die Geräte zur Aufnahme der Messgrößen (Stromstärke und Spannung) sind in Abbildung 4.29 in einer kleinen Legende unter der Schaltung aufgeführt. Für Wechselspannungsmessungen kann beispielsweise ein **Differential-Tastkopf** und für Wechselstrommessungen eine **Stromwandler-Messzange** eingesetzt werden. Neben der Schaltung des Stromkreises in Abbildung 4.29 wird dargestellt, welche Werteverläufe wir sehen würden, wenn wir diese Geräte an ein Messgerät mit Anzeige, beispielsweise ein **Oszilloskop**, anschließen würden.

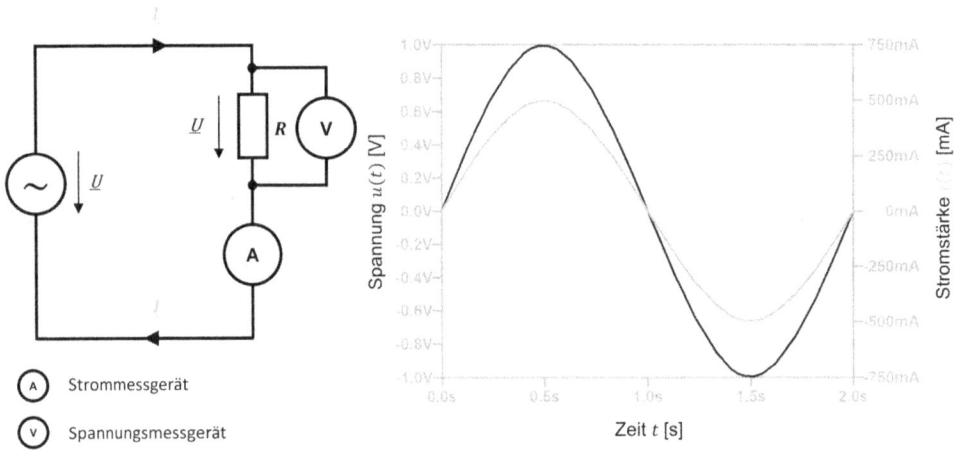

Abbildung 4.29 Wechselstromkreis mit Messpunkten und Anzeige

Wie anhand der Abbildung erkennbar ist, haben Strom und Spannung einen **sinusförmigen Werteverlauf** über die Zeit. Im Kapitel 4.4.1 zur Trigonometrie wurde die Sinusfunktion mit Gradangaben oder mit Bogenmaßangaben auf der x-Achse dargestellt. Dies ist auch nach wie vor richtig, eine Periode T entspricht auch in Abbildung 4.29 $T = 360°$ im Winkelmaß bzw. $T = 2\pi$ im Bogenmaß. Da **Wechselstrom** und **Wechselspannung** jedoch **zeitabhängige Größen** sind, wird zu ihrem Werteverlauf die Größe Zeit t in Sekunden oder Millisekunden auf der x-Achse aufgetragen, wie in Abbildung 4.29 dargestellt.

4 Wechselstromtechnik

Außerdem ist im Stromkreis in Abbildung 4.29 erkennbar, dass die eingezeichneten Ströme und Spannungen unterstrichen sind. Dies wird bei Wechselgrößen gemacht, um zu zeigen, dass es sich um komplexe Größen handelt. Wir werden hierauf näher im Kapitel 4.10.2 zur Wechselstromrechnung eingehen.

> Komplexe Größen werden unterstrichen, um als solche gekennzeichnet zu werden.

Wir kennen bereits einige Eigenschaften der in Abbildung 4.29 rechts dargestellten Sinus-Verläufe. Zu diesen gehören die Amplitude A und der Nullphasenwinkel φ_0, welcher für Strom und Spannung in Abbildung 4.29 $\varphi_0 = 0°$ beträgt. Da die Wechselspannung eine sinusförmige Größe ist, ist die allgemeingültige Gleichung dafür sehr ähnlich wie die bereits bekannte Gleichung (4.4) für sinusförmige Größen. Eine Wechselspannung $u(t)$ wird wie folgt als Gleichung ausgedrückt:

$$u(t) = \hat{u} \cdot \sin(\omega \cdot t + \varphi_0) \tag{4.10}$$

Augenblickswert $u(t)$ [Sekunde, s], Scheitelwert $\hat{u}$ [Spannung, V], Kreisfrequenz ω [1 pro Sekunde, $\frac{1}{s}$], Zeit t [Sekunde, s], Nullphasenwinkel φ_0 [Grad, °]

Einige Größen in Gleichung (4.10) sind neu für uns, zu diesen gehört unter anderem der Augenblickswert $u(t)$ oder die Kreisfrequenz ω. Auf die genannten Größen sowie auf weitere Eigenschaften der in Abbildung 4.29 dargestellten Wechselgrößen wird im Folgenden eingegangen. Alle gegebenen Erklärungen gelten sowohl für sinusförmige Wechselspannungen als auch für sinusförmige Wechselströme.

4.5.1.1 Periodendauer *T*, Frequenz *f* und Kreisfrequenz *ω*

Wir wissen bereits, dass die Sinus-Funktion eine periodisch schwingende Funktion ist. Dies bedeutet, dass nach der Zeitdauer von einer **Periodendauer *T*** immer wieder derselbe Funktionswert erreicht wird. Dies gilt auch für Wechselspannungen, die nicht sinusförmig verlaufen, wie beispielsweise Rechteck- oder „Sägezahn"-Spannungen. Diese Arten von Wechselspannung werden wir in diesem Buch jedoch nicht behandeln. Die Periodendauer T ist eine Zeitgröße und hat daher die SI-Einheit **Sekunde s**.

> Wechselspannungen und -ströme nehmen nach der Zeitdauer einer Periodendauer T immer wieder exakt denselben Wert an.

4 Wechselstromtechnik

Physikalisch bedeutet dies, dass der Stromfluss während jeder Periode zweimal seine Flussrichtung ändert. Während der positiven Halbwelle fließen die Elektronen in die eine Richtung und während der negativen Halbwelle in die andere Richtung.

Im Zusammenhang mit einer Schwingung kennen wir aus dem Alltag den Begriff **Frequenz**. Die Größe **Frequenz f** beschreibt, wie oft sich ein periodischer Schwingvorgang innerhalb einer Sekunde wiederholt. Die Einheit der Frequenz f lautet daher $\frac{1}{s}$, was gleichbedeutend mit der Einheit **Hertz** mit der Abkürzung **Hz** ist.

Für die Frequenz f und die Periode T gilt der folgende Zusammenhang:

$$f = \frac{1}{T} \qquad (4.11)$$

Frequenz f [Hertz, Hz], Periode T [Sekunde, s]

Die Periode T ist also der Kehrwert der Frequenz f und umgekehrt.

Die Frequenz f ist der Kehrwert der Periode T.

Im **europäischen Stromversorgungsnetz** haben Wechselstrom und Wechselspannung eine Frequenz von **$f = 50$ Hz**. Diese Frequenz gilt ebenso für die Netze in großen Teilen Asiens sowie Afrika. Der Strom ändert in diesen Netzen also 100 Mal pro Sekunde seine Flussrichtung. In den **USA**, einigen mittelamerikanischen Staaten sowie im westlichen Teil Japans beträgt die Frequenz im Stromversorgungsnetz $f = 60$ Hz. Wir können in einem kurzen Rechenbeispiel berechnen, wie lange die Periodendauer T jeweils ist.

<u>Rechenbeispiel:</u>

Gegeben: $f_{Eur} = 50\,Hz = 50\,\frac{1}{s}$, $f_{USA} = 60\,Hz = 60\,\frac{1}{s}$

Gesucht: T_{Eur}, T_{USA}

$f = \frac{1}{T}, T = \frac{1}{f}$

$T_{Europa} = \frac{1}{f_{Eur}} = \frac{1}{50\frac{1}{s}} = 0{,}02\,s = 20\,ms$

$T_{USA} = \frac{1}{f_{USA}} = \frac{1}{60\frac{1}{s}} = \approx 0{,}0167\,s = 16{,}7\,ms$

Wer einmal das Ladegerät seines Laptops oder Smartphones genauer anschaut, wird feststellen, dass darauf die besagten 50 / 60 Hertz als Frequenzangabe für die Eingangsspannung und den Eingangsstrom angegeben sind.

Die **Kreisfrequenz ω** in Gleichung (4.10) bildet zusammen mit der Zeit t und dem Nullphasenwinkel φ_0 das Argument (den „x-Wert") der Funktion $u(t)$. Das Argument lautet in Gleichung (4.10) „($\omega \cdot t + \varphi_0$)". Da φ_0 einen Winkel darstellt, muss auch aus dem Produkt „$\omega \cdot t$" ein Winkel resultieren, da sich eine einheitliche Größe im Argument ergeben muss. Betrachten wir hierfür die Gleichung für die Kreisfrequenz ω. Es gilt:

$$\omega = 2 \cdot \pi \cdot f \qquad (4.12)$$

Kreisfrequenz ω [1 pro Sekunde, $\frac{1}{s}$], Frequenz f [1 pro Sekunde, $\frac{1}{s}$]

Wenn wir also den Zusammenhang für ω aus Gleichung (4.12) in das Argument in Gleichung (4.10) einsetzen, können die Einheit der Frequenz und die Einheit der Zeit gekürzt werden:

$$\omega \cdot t + \varphi_0 = 2 \cdot \pi \cdot f \cdot t + \varphi_0$$

Dies erscheint beim ersten Lesen vielleicht etwas kompliziert. Durch das gleich folgende Rechenbeispiel sollte der Zusammenhang jedoch verständlich werden.

> Das Argument ($\omega \cdot t + \Delta\varphi$) in einer Wechselspannungsfunktion stellt einen Winkel im Bogenmaß dar, da die in ω enthaltene Frequenz f sich mit dem Zeitwert t kürzen lässt.

4.5.1.2 Augenblickswert und Scheitelwert

Nun kennen wir alle Größen aus Gleichung (4.10) außer den **Augenblickswert $u(t)$** sowie den **Scheitelwert $\hat{u}$**. Diese sind jedoch nicht weiter schwierig zu verstehen. Der Augenblickswert $u(t)$ ist der Funktionswert der Funktion. Er ordnet also jedem Zeitpunkt t einen Spannungswert u zu. Den **Scheitelwert $\hat{u}$** kennen wir bereits, jedoch unter einem anderen Namen. Er ist nichts anderes als die Amplitude A.

> Der Scheitelwert $\hat{u}$ einer sinusförmigen Spannung entspricht der Amplitude A der zugehörigen Sinus-Funktion.

4 Wechselstromtechnik

Schauen wir uns nun das bereits angekündigte Rechenbeispiel zu Gleichung (4.10) an. Es sei der Augenblickswert $u(t)$ nach $t = 30$ ms $= \frac{3}{100}$ s bei einem Scheitelwert von $\hat{u} = 1\,V$, einer Frequenz von $f = 10$ Hz und einem Nullphasenwinkel von $\varphi_0 = 30°$ gesucht.

Rechenbeispiel:

Gegeben: $f = 10\,Hz = 10\,\frac{1}{s}$, $\hat{u} = 1\,V$, $\varphi_0 = 30°$

Gesucht: $u\left(\frac{3}{100}s\right)$

$u(t) = \hat{u} \cdot sin\,(\omega \cdot t + \varphi_0)$ ⇨ Gleichung (4.10)

$\omega = 2 \cdot \pi \cdot f$ ⇨ Gleichung (4.12)

$u(t) = \hat{u} \cdot sin\,(2 \cdot \pi \cdot f \cdot t + \varphi_0)$ ⇨ (4.12) in (4.10) eingesetzt

$u\left(\frac{3}{100}s\right) = 1\,V \cdot sin\left(2 \cdot \pi \cdot 10\,\frac{1}{s} \cdot \frac{3}{100}\,s + 30°\right)$ ⇨ Werte eingesetzt

$u\left(\frac{3}{100}s\right) = 1\,V \cdot sin\left(2 \cdot \pi \cdot 10\,\frac{1}{s} \cdot \frac{3}{100}\,s + \frac{1}{6} \cdot \pi\right)$ ⇨ φ_0 ins Bogenmaß umgerechnet, Sekunden aus Argument kürzen

$u\left(\frac{3}{100}s\right) = 1\,V \cdot sin\left(\frac{3}{5} \cdot \pi + \frac{1}{6} \cdot \pi\right)$

$u\left(\frac{3}{100}s\right) = 1\,V \cdot sin\left(\frac{23}{30} \cdot \pi\right)$

$u\left(\frac{3}{100}s\right) = 1\,V \cdot sin\left(\frac{23}{30} \cdot \pi\right) \approx \mathbf{0{,}669\,V}$ ⇨ Taschenrechner auf Bogenmaß einstellen!

Nach $t = 30$ ms lautet die Höhe der Spannung also $u(30\,ms) \approx \mathbf{0{,}67\,V}$. Der Verlauf der Wechselspannung $u(t)$ aus dem Rechenbeispiel ist in nachfolgender Abbildung 4.30 dargestellt. Der Punkt $u(30\,ms)$, welchen wir im Rechenbeispiel ausgerechnet haben, ist in der Abbildung eingezeichnet.

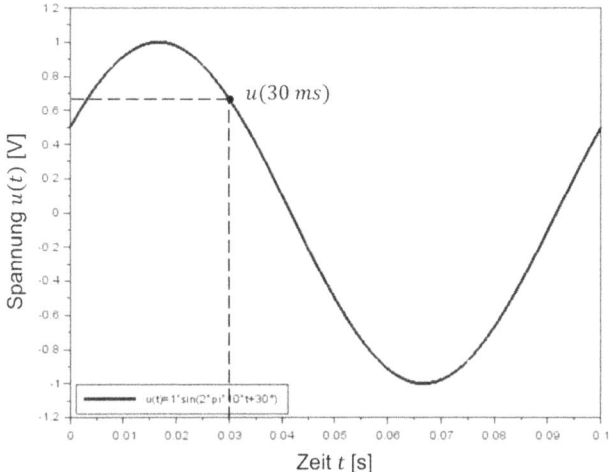

Abbildung 4.30 Spannung u(t) aus Rechenbeispiel

Damit haben wir die wesentlichen Merkmale einer Wechselspannung kennengelernt und können auch einzelne Spannungswerte für bestimmte Zeitpunkte bei gegebenen Parametern Scheitelwert $u(t)$, Nullphasenwinkel φ_0 und Frequenz f berechnen.

4.5.1.3 Zusammenfassung der Charakteristika einer sinusförmigen Wechselgröße

Halten wir nun noch einmal fest, welche drei Parameter eine sinusförmige Wechselspannung charakterisieren. Sie lauten:

1. Scheitelwert $\hat{u}$
2. Nullphasenwinkel φ_0
3. Frequenz f

Diese Parameter definieren sinusförmige Wechselgrößen, also sowohl Wechselspannungen als auch Wechselströme. Bei Wechselströmen werden für den Augenblickswert die Abkürzung $i(t)$ und für den Scheitelwert die Abkürzung $\hat{\imath}$ verwendet. Berechnungen können analog zur Wechselspannung durchgeführt werden.

> Eine sinusförmige Wechselgröße wird durch die drei Parameter Scheitelwert, Nullphasenwinkel und Frequenz eindeutig bestimmt.

4.5.1.4 Der Effektivwert U_{eff}

Eine letzte wichtige Eigenschaft einer sinusförmigen Spannung ist der **Effektivwert** U_{eff}. Der Index „eff" steht dabei naheliegender Weise für „effektiv". Im Englischen wird für den Effektivwert die Abkürzung U_{RMS} verwendet. Der Index „RMS" steht dabei für „Root mean square", was im Deutschen „quadratischer Mittelwert" heißt. Häufig wird der Index bei der Effektivwert-Angabe jedoch weggelassen. Wenn man also einfach nur „U" bei einer Spannungsangabe liest, ist dabei der Effektivwert gemeint. Will man den Scheitelwert einer sinusförmigen Spannung angeben, schreibt man $\hat{u}$.

Zwischen dem Scheitelwert $\hat{u}$ und dem Effektivwert U gilt bei **sinusförmigen** Wechselspannungen der folgende Zusammenhang:

$$\hat{u} = \sqrt{2} \cdot U \tag{4.13}$$

Scheitelwert $\hat{u}$ [Spannung, V], Effektivwert U [Spannung, V]

Genauso gilt für einen **sinusförmigen** Wechselstrom:

$$\hat{\imath} = \sqrt{2} \cdot I \tag{4.14}$$

Scheitelwert $\hat{\imath}$ [Stromstärke, A], Effektivwert I [Ampere, A]

Der Effektivwert stellt quasi einen Zusammenhang zwischen Wechselstrom / -spannung und Gleichstrom / -spannung her. Der Effektivwert eines Wechselstromes bzw. einer Wechselspannung gibt den Wert an, den ein Gleichstrom bzw. eine Gleichspannung haben müsste, um an einem Widerstand die gleiche Leistung umzusetzen.

> Die Effektivwerte für Stromstärke und Spannung bei Wechselstrom / -spannung entsprechen den Zahlenwerten, die Gleichstrom / -spannung annehmen müssten, um dieselbe Leistung wie die Wechselgrößen an einem Widerstand umzusetzen.

Der wohl bekannteste Effektivwert ist der Wert von $U = 230\,V$. Diese Spannung stellt eine Haushaltssteckdose in Deutschland bereit. Da dieser Wert ein Effektivwert ist, bedeutet dies, dass der Scheitelwert der Spannung einer Steckdose $\hat{u} = \sqrt{2} \cdot 230 \approx 325\,V$ beträgt. Um ein Gefühl für typische Spannungswerte zu bekommen, sind in nachfolgender Tabelle 4-6 einige typische und wichtige Werte von Geräten und Systemen aus dem Alltag aufgeführt. Dabei sind sowohl typische Gleich- als auch typische Wechselspannungswerte angegeben. Die Wechselspannungswerte sind immer als Effektivwert angegeben. Es ist dabei hinter jedem Beispiel vermerkt, ob es sich um Gleichspannung (DC) oder Wechselspannung (AC) handelt.

4 Wechselstromtechnik

Tabelle 4-6 Typische Spannungswerte AC und DC

Beispiel	Typischer Spannungswert	Spannungswert mit Präfix
AAA Batterie (DC)	1,5 V	1.500 mV
Netzteil für Smartphones (DC, Ausgangsspannung)	5 V	-
Autobatterie (DC)	12 V	-
Lebensgefahr für Menschen (AC)	50 V	-
Lebensgefahr für Menschen (DC)	120 V	0,12 kV
Haushaltssteckdose (AC)	230 V	0,23 kV
Mittelspannung im elektrischen Netz (AC)	20.000 V	20 kV
Hochspannung im elektrischen Netz (AC)	110.000 V	110 kV

Wie anhand der Werte in der Tabelle ersichtlich ist, werden bereits Spannungen ab $U = 50$ V AC (bei 50 Hz) und $U = 120$ V DC als lebensgefährlich für den Menschen eingestuft. Hierbei spielen jedoch noch einige weitere Faktoren, wie beispielsweise das berührende Körperteil oder der Untergrund auf dem man steht eine Rolle. So sind verschwitzte Hände gefährlicher als trockene Haut. Ein isolierender Kunststoffboden vermindert den Stromfluss durch den Körper, da er einen sehr hohen Widerstand gegen die Erde darstellt. Auch muss beachtet werden, dass nicht die Spannung als solche, sondern der durch den Körper fließende Strom die Gefährdung darstellt. So kann der Strom zu inneren Verbrennungen oder Muskelzucken, welches eine besondere Gefahr für das Herz darstellt, führen. Man sieht anhand dieser Grenzwerte, wie gefährlich eine Haushaltssteckdose bereits sein kann.

Weiterhin ist es interessant sich vor Augen zu führen, welche hohen Spannungen im elektrischen Versorgungsnetz erzeugt werden, um hohe Leistungen über weite Entfernungen zu transportieren. Wie wir bereits in Unterkapitel 4.3 gelernt haben, sind die Betriebsmittel, welche Wechselspannungen im elektrischen Versorgungsnetz erhöhen oder verringern, die Transformatoren.

4.5.2 Zeigerdiagramme in der Wechselstromtechnik

Wir wissen bereits aus Kapitelabschnitt 4.4.1 zur Trigonometrie, dass ein sinusförmiger Verlauf auch mit Hilfe eines Zeigers dargestellt werden kann, wie beispielsweise in Abbildung 4.21 auf Seite 149 gezeigt. Folglich können auch sinusförmige Spannungen und Ströme durch Zeiger dargestellt werden. Die Länge des Zeigers entspricht dabei der Amplitude der sinusförmigen Schwingung.

> Die Länge eines Spannungs- bzw. Stromzeigers entspricht der Amplitude der zugehörigen Sinus-Schwingung.

Werden mehrere Zeiger gleichzeitig in einem Bild dargestellt, wird dieses Bild **Zeigerdiagramm** genannt. Man arbeitet mit der Darstellung von Sinus-Schwingungen durch Zeiger, da mit diesen einfacher gerechnet werden kann als mit den Sinus-Funktionen. Wenn man beispielsweise zwei phasenverschobene Wechselgrößen mit gleicher Frequenz addieren möchte, ist dies mit Zeigern erheblich einfacher als mit den zugehörigen Sinus-Funktionen. Die Addition oder Subtraktion kann entweder geometrisch mit den Zeigern in einem Zeigerdiagramm oder mit Hilfe der komplexen Zahlen, welche den Zeigern entsprechen, durchgeführt werden.

> Mit Hilfe von Zeigerdiagrammen und komplexen Zahlen können vergleichsweise einfach Berechnungen mit sinusförmigen Schwingungen, z. B. Wechselströmen und -Spannungen, durchgeführt werden.

Am einfachsten ist der Zusammenhang zwischen Zeigerdarstellung und sinusförmigen Strom- und Spannungsverläufen anhand der konkreten Bauelemente Widerstand, Spule und Kondensator nachzuvollziehen. Daher werden wir an dieser Stelle nicht weiter auf Zeigerdiagramme eingehen, sondern werden diese direkt anhand der genannten Elemente betrachten.

4.6 Der Widerstand im Wechselstromkreis

Wie bei den Erklärungen zur Gleichstromtechnik beginnen wir auch bei der Wechselstromtechnik mit dem Ohmschen Widerstand R als erstes der drei elementaren Bauelemente L, C und R. Es sei an dieser Stelle noch einmal erwähnt, dass wir uns bei unseren Betrachtungen, wie im gesamten Wechselstromkapitel, ausschließlich auf sinusförmige Spannungen und Ströme beschränken.

4.6.1 Strom und Spannung an einem Widerstand

Wir haben bereits in Abbildung 4.29 auf Seite 164, ohne explizit darauf einzugehen, einen Widerstand in einem Wechselstromkreis betrachtet. Anhand des Verlaufes der Spannung, welche an dem Widerstand R abfällt und des Verlaufes des Stromes, der durch den Widerstand fließt, ist erkennbar, dass zwischen diesen beiden sinusförmigen Verläufen keine Phasenverschiebung $\Delta\varphi$ vorliegt. Man spricht in diesem Fall auch davon, dass Strom und Spannung **in Phase** sind.

> An einem Widerstand sind Strom und Spannung in Phase.

Generell gilt für die Phasenverschiebung zwischen Strom und Spannung folgender Zusammenhang:

$$\Delta\varphi = \varphi_U - \varphi_I \tag{4.15}$$

Nullphasenwinkel der Spannung φ_U [Grad, °], Nullphasenwinkel des Stromes φ_I [Grad, °], Phasenverschiebung zwischen Strom und Spannung $\Delta\varphi$ [Grad, °]

Die Winkel φ_U und φ_I sind die Nullphasenwinkel (s. Kapitel 4.4.1) von Spannung und Stromstärke. An einem Widerstand gilt also bei sinusförmiger Anregung für die Phasenverschiebung zwischen Strom und Spannung $\Delta\varphi = 0°$.

4 Wechselstromtechnik

Zur Verdeutlichung ist in nachfolgender Abbildung 4.31 der zeitliche Verlauf von Spannung $u(t)$ und Stromstärke $i(t)$ qualitativ, also ohne Zahlenwerte aus Abbildung 4.29 auf Seite 164 gezeigt. Neben den Werteverläufen ist das zugehörige Zeigerbild mit den Zeigern für die Spannung $\underline{U}$ und die Stromstärke $\underline{I}$ zum beliebig gewählten Zeitpunkt t_1 dargestellt.

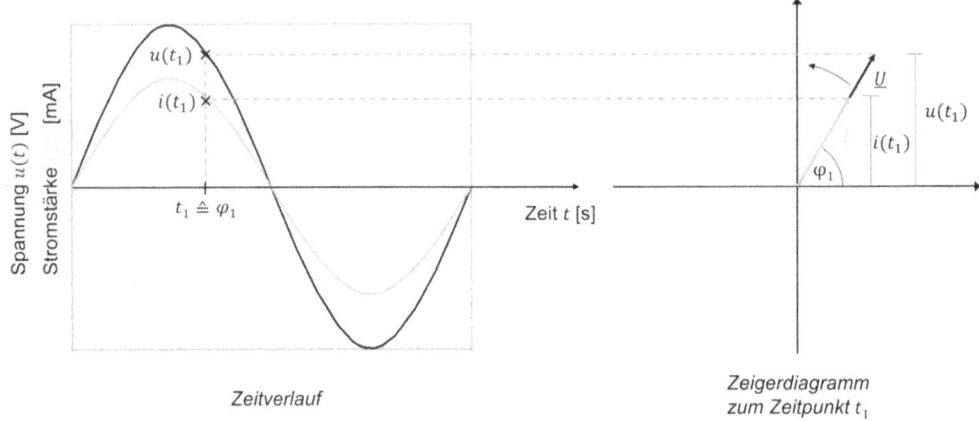

Abbildung 4.31 Stromstärke und Spannung an einem Widerstand mit Zeigerdiagramm

Wie anhand der Abbildung erkennbar ist, lautet die Phasenverschiebung zwischen Strom und Spannung wie eben beschrieben $\Delta\varphi = 0°$. Dies können wir sowohl am Zeitverlauf links als auch im Zeigerdiagramm rechts sehen. Im Zeigerdiagramm ist die fehlende Phasenverschiebung daran zu erkennen, dass die beiden Zeiger für Strom (hellgrau) und Spannung (dunkelgrau) direkt übereinanderliegen. Die Zeiger rotieren dabei mit einer bestimmten Geschwindigkeit, der sogenannten **Winkelgeschwindigkeit** ω. Diese ist zwar nicht identisch mit der Kreisfrequenz ω, sie kann jedoch genauso aus der Frequenz f bzw. der Periodendauer T berechnet werden (s. Gleichung (4.12)). Die Rotationsrichtung der Zeiger ist dabei im mathematisch positiven Sinne, also gegen den Uhrzeigersinn. Die Zeigerlänge des Stromzeigers sowie des Spannungszeigers entsprechen genau der Amplitude der jeweiligen Sinusschwingung. Es gilt, wie bereits im Kapitel 4.4.1 zur Trigonometrie beschrieben, dass die Projektion des Zeigers auf die y-Achse zu einem beliebigen Zeitpunkt dem jeweiligen Funktionswert der Sinusfunktion entspricht. Dieser Funktionswert ist in Abbildung 4.31 der Augenblickswert der Spannung zum Zeitpunkt t_1, also $u(t_1)$ bzw. der Augenblickswert der Stromstärke zum Zeitpunkt t_1, also $i(t_1)$.

> Die Projektion eines Spannungs- / Stromzeigers zu einem beliebigen Zeitpunkt t auf die y-Achse entspricht dem Augenblickswert der jeweiligen Größe zu diesem Zeitpunkt t.

4.6.2 Ohmscher Widerstand eines Widerstands im Wechselstromkreis

Die Überschrift zu diesem Unterkapitel klingt beim ersten Lesen vielleicht etwas eigenartig, wir werden im Folgenden aber noch verstehen, was es damit auf sich hat. Der Ohmsche Widerstand eines Widerstand-Bauelements kann im Wechselstromkreis wie im Gleichstromkreis über das Ohmsche Gesetz (Gleichung (3.3)) berechnet werden. Dafür verwendet man für Strom und Spannung jeweils die Effektivwerte. Die zugehörige Gleichung lautet also:

$$R = \frac{U}{I} \tag{4.16}$$

Ohmscher Widerstand R [Ohm, Ω], Effektivwert der Spannung U [Volt, V], Effektivwert der Stromstärke I [Ampere, A]

Man kann also festhalten, dass ein Widerstand sich im Wechselstromkreis genauso wie im Gleichstromkreis „verhält". Das bedeutet, dass ein Stromfluss einen Widerstand erfährt und eine zur Stromstärke proportionale Spannung am Widerstand abfällt.

Wichtig ist noch zu beachten, dass Sinusschwingungen von Strom und Spannung bei allen unseren Betrachtungen dieselbe Frequenz f haben. In den Zeigerdiagrammen bedeutet dies, dass Strom- und Spannungszeiger sich mit derselben Winkelgeschwindigkeit ω drehen. Dies wurde bis dato stillschweigend vorausgesetzt, daher sei es an dieser Stelle erwähnt.

Wenn man den Ohmschen Widerstand in der komplexen Ebene darstellen möchte, beispielsweise für Berechnungen in derselben, verwendet man die folgende Gleichung:

$$\underline{Z}_R = \frac{\underline{U}}{\underline{I}} \tag{4.17}$$

Impedanz $\underline{Z}_R$ [Ohm, Ω], komplexe Spannung $\underline{U}$ [Volt, V], komplexe Stromstärke $\underline{I}$ [Ampere, A]

Anhand der Legende unter der Gleichung ist erkennbar, dass der Ohmsche Widerstand in der komplexen Ebene **Impedanz $\underline{Z}_R$** genannt wird. Eine weitere mögliche Bezeichnung ist „**komplexer Widerstand**". Wir werden auf die Impedanz genauer im Kapitelabschnitt 4.10.1 eingehen.

Wir haben nun das Verhalten von Wechselspannung und -strom an einem Widerstand kennengelernt sowie einige wichtige Aspekte zu Zeigerdiagrammen in der Wechselstromtechnik betrachtet. Nun wenden wir uns den Merkmalen des Kondensators im Wechselstromkreis zu.

4 Wechselstromtechnik

4.7 Der Kondensator im Wechselstromkreis

Wir haben die grundlegenden Eigenschaften eines Kondensators bereits im Unterkapitel 3.9 zum Kondensator im Gleichstromkreis kennengelernt. In der Wechselstromtechnik kommen zu diesen Eigenschaften jedoch noch einige Aspekte dazu, die wir im Folgenden betrachten werden.

4.7.1 Strom und Spannung am Kondensator

Beginnen wir die Betrachtung des Kondensators im Wechselstromkreis ohne Vorerklärungen direkt mit einer einfachen Schaltung mit Messpunkten sowie der zugehörigen Visualisierung von Stromstärke und Spannung an den eingezeichneten Messpunkten.

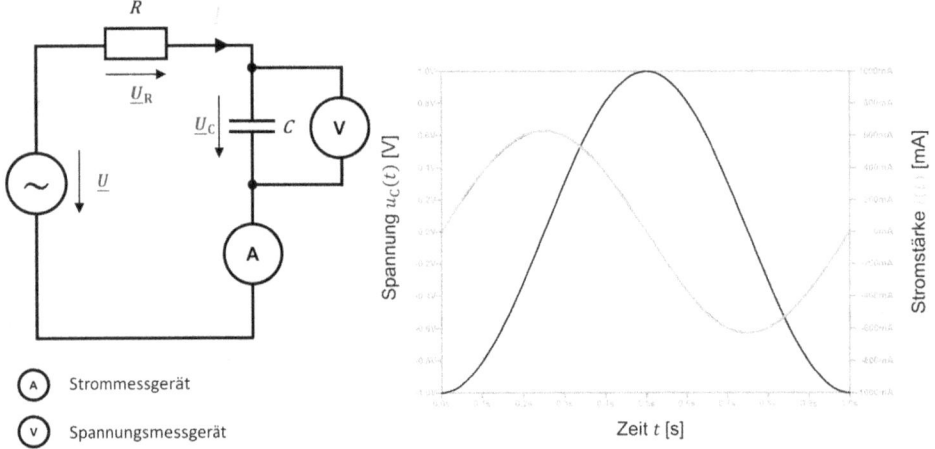

Abbildung 4.32 RC-Schaltung mit Messpunkten und Anzeige

Die Schaltung enthält eine Wechselspannungsquelle, einen Widerstand R, einen Kondensator C, ein Spannungsmessgerät, welches die am Kondensator abfallende Spannung misst sowie ein Strommessgerät, welches den im Kreis fließenden Strom misst. Im rechten Teil von Abbildung 4.32 sind die Messungen von Stromstärke (hellgrau) und Spannung (dunkelgrau) über einen Zeitraum von $t = 1$ s visualisiert. Dieser Zeitraum entspricht dabei genau der Periodendauer von $T = 1$ s. Wenn wir die Kurven für Spannung und Stromstärke mit jenen Abbildung 4.29 auf Seite 164 zum Widerstand vergleichen, fällt dabei ein Aspekt deutlich auf, nämlich die Phasenverschiebung $\Delta\varphi$ zwischen dem Spannungs- und Stromstärke-Funktionsverlauf. Während beim Widerstand R keine Phasenverschiebung vorliegt, ist in Abbildung 4.32 eine deutliche Verschiebung zwischen Strom und Spannung sichtbar.

Betrachten wir daher die dargestellten Kurvenverläufe anhand eines Zeigerdiagrammes genauer.

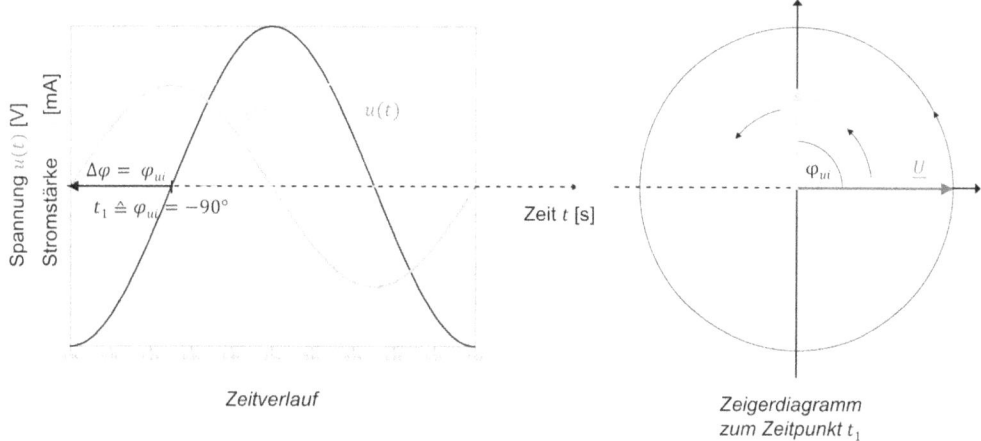

Zeitverlauf

Zeigerdiagramm zum Zeitpunkt t_1

Abbildung 4.33 Stromstärke und Spannung an Kapazität mit Zeigerdiagramm

Mithilfe des Zeigerdiagramms in Abbildung 4.33 können wir nun die genaue **Phasenverschiebung zwischen Strom und Spannung** ermitteln. Wir betrachten dafür den Zeitpunkt t_1 bei den Sinusverläufen links in der Abbildung. Anhand der gestrichelten Linien nach rechts ist erkennbar, welche Position die Zeiger im Zeigerdiagramm zu diesem Zeitpunkt t_1 haben.

Der Winkel φ_{ui} zwischen dem Stromzeiger und dem Spannungszeiger, welcher der Phasenverschiebung $\Delta\varphi$ zwischen beiden Kurven entspricht, beträgt betragsmäßig exakt $\varphi_{ui} = 90°$, wie im Zeigerdiagramm gut zu erkennen ist.

Diesen Winkel von $\varphi_{ui} = 90°$ könnten wir auch anhand der Sinuskurven berechnen. Eine Periodendauer entspricht hier genau $T = 1$ s. Wie wir wissen, entspricht eine Periode auch immer $T = 360°$ oder $T = 2\pi$. Wenn man nun den positiven Nulldurchgang der (dunkelgrauen) Spannungskurve betrachtet, liegt dieser genau bei $t = 0,25$ s. Mithilfe des Dreisatzes kann man errechnen, dass diese Zeit einem Winkel von $\varphi_{ui} = 90°$ im Gradmaß bzw. $\varphi_{ui} = \frac{\pi}{2}$ im Bogenmaß entspricht.

Diese Verschiebung von exakt $\varphi_{ui} = 90°$ zwischen der Stromstärkekurve und der Spannungskurve liegt bei einem idealen Kondensator immer vor.

> Die Phasenverschiebung $\varphi_{ui} = \Delta\varphi$ zwischen Spannung und Strom beträgt beim idealen Kondensator $\Delta\varphi = 90°$.

Auch können wir den **voreilenden Zeiger** anhand von Abbildung 4.33 leicht identifizieren: Es ist der Stromzeiger, welcher dem Spannungszeiger nach dem mathematisch positiven Drehsinn um $\Delta\varphi = 90°$ vorauseilt. Man könnte genauso sagen, dass der Spannungszeiger dem Stromzeiger um $\Delta\varphi = 90°$ nacheilt. Dies ist ein wichtiger Zusammenhang bei der Betrachtung von Kondensatoren in der Wechselstromtechnik.

> Beim Kondensa**tor** eilt der Strom **vor**.

Dieser „Merke-Spruch" ist eine bekannte Eselsbrücke in der Elektrotechnik, um immer im Kopf zu haben, welche Größe beim Kondensator vorauseilt.

Wir können uns nun auch überlegen, warum der Strom der Spannung beim Kondensator vorauseilt. Wie wir aus dem Kapitelabschnitt 3.9.4 zum Aufladevorgang des Kondensators wissen, ist der Kondensator für den fließenden Strom im ersten Moment durchlässig und die Spannung baut sich erst während dem Aufladevorgang auf. Folglich kommt es zu einer Verzögerung zwischen Strom und Spannung, die sich in der Phasenverschiebung und dem vorauseilenden Strom bemerkbar macht. Bei diesen Überlegungen wird auch klar, warum der Kondensator für Wechselstrom keine Sperre wie für Gleichstrom darstellt: Bei Wechselstrom wird der Kondensator aufgrund der sich periodisch ändernden Stromrichtung ständig aufgeladen und wieder entladen.

> Für Wechselstrom ist der Kondensator keine Sperre, da er aufgrund der sich periodisch ändernden Stromrichtung ständig auf- und wieder entladen wird.

Es sei an dieser Stelle erwähnt, dass die gegebenen Erklärungen in diesem Unterkapitel für den **idealen Kondensator** gelten.

4.7.2 Der Widerstand eines Kondensators im Wechselstromkreis

Im Unterkapitel 3.9 zum Kondensator im Gleichstromkreis haben wir gelernt, dass der Kondensator sich nach dem Aufladevorgang wie eine Sperre für den Strom verhält, also quasi wie ein unendlich großer Widerstand. Wir wissen ebenfalls bereits, dass dies bei Wechselstrom nicht der Fall ist. Nun wollen wir uns den Widerstand eines Kondensators, den sogenannten **kapazitiven (Blind-)Widerstand** genauer anschauen.

Ein Kondensator stellt einen Widerstand für den Strom dar, da der Strom nicht einfach wie bei einem normalen Leiterstück unbegrenzte Zeit in eine Richtung durchfließen kann. Im Gegensatz zum Ohmschen Widerstand „entzieht" der ideale Kondensator mit seinem rein kapazitiven Widerstand dem Stromfluss jedoch keine Energie, es gibt also keine Umwandlung von elektrischer Energie in Wärmeenergie am idealen Kondensator. Vielmehr wird die Energie beim Aufladen im elektrischen Feld zwischen den Elektroden des Kondensators gespeichert und beim Entladen wieder abgegeben. Daher gehört der kapazitive Widerstand zu den sogenannten **Blindwiderständen**. Ein Blindwiderstand wird auch **Reaktanz** genannt.

> Ein kapazitiver Widerstand gehört zu den Blindwiderständen. Ein Blindwiderstand wird auch Reaktanz genannt.

Das Formelzeichen für den kapazitiven Blindwiderstand lautet X_C. Wie alle Widerstände hat der kapazitive Blindwiderstand die Einheit Ohm mit dem Einheitenzeichen Ω. Der kapazitive Blindwiderstand eines Kondensators kann über die folgende Gleichung berechnet werden:

$$X_C = \frac{1}{\omega \cdot C} \qquad (4.18)$$

Kapazitiver Blindwiderstand X_C [Ohm, Ω], Kreisfrequenz ω
[1 pro Sekunde, $\frac{1}{s}$], Kapazität C [Farad, F]

Wir erinnern uns, die Kreisfrequenz ist nach Gleichung (4.12) als $\omega = 2 \cdot \pi \cdot f$ definiert. Anhand Gleichung (4.18) ist erkennbar, dass der kapazitive Blindwiderstand mit steigender Frequenz in seiner Höhe abnimmt. Das heißt, je häufiger der Strom pro Sekunde die Richtung wechselt, desto weniger Einfluss hat der Kondensator auf den Stromfluss.

> Ein kapazitiver Blindwiderstand nimmt mit steigender Frequenz ab.

Wenn man den kapazitiven Blindwiderstand in der komplexen Ebene darstellen möchte, beispielsweise für Berechnungen in derselben, muss man Gleichung (4.18) noch um die imaginäre Zahl j ergänzen. Die Gleichung sieht dann wie folgt aus:

$$\underline{Z}_C = \frac{1}{j \cdot \omega \cdot C} \qquad (4.19)$$

Impedanz $\underline{Z}_C$ [Ohm, Ω], imaginäre Zahl j, Kreisfrequenz ω
[1 pro Sekunde, $\frac{1}{s}$], Kapazität C [Farad, F]

Der komplexe Widerstand des Kondensators $\underline{Z}_C$ kann in der komplexen Ebene auch als Zeiger dargestellt werden, welcher auf der imaginären Achse oder parallel dazu liegt. In der komplexen Ebene wird der Widerstand des Kondensators **Impedanz** $\underline{Z}_C$ oder auch **komplexer Widerstand** genannt. Wir werden auf die Impedanz genauer im Kapitel 4.10.1 eingehen.

4.8 Die Spule im Wechselstromkreis

Wir haben die grundlegenden Eigenschaften einer Spule bereits im Kapitel 3.10 zur Spule im Gleichstromkreis kennengelernt. In der Wechselstromtechnik kommen zu diesen Eigenschaften jedoch noch einige Aspekte dazu, welche wir im Folgenden näher betrachten werden.

4.8.1 Strom und Spannung an der Spule

Wir beginnen, wie beim Kondensator, auch die Betrachtungen der Spule im Wechselstromkreis mit einer einfachen Schaltung, bestehend aus einer Wechselspannungsquelle, einem Widerstand R einer Spule L sowie zwei Messpunkten, einmal zur Spannungsmessung über der Spule und einmal zur Stromstärkemessung im Kreis. Auch wird wieder der zeitliche Verlauf von Stromstärke im Kreis und an der Spule abfallende Spannung rechts neben dem Schaltbild visualisiert.

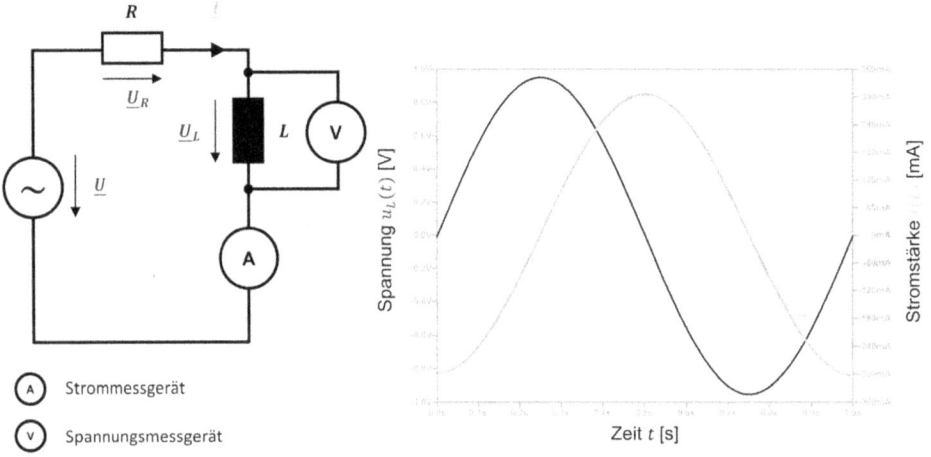

Abbildung 4.34 RL-Schaltung mit Messpunkten und Anzeige

Auf den ersten Blick sieht die Visualisierung von Stromstärke und Spannung an der Spule sehr ähnlich aus wie jene in Abbildung 4.32 auf Seite 176 zur Kondensator-Schaltung. Es ist wieder eine deutliche Phasenverschiebung zwischen der Stromstärke- und Spannungs-Funktion erkennbar. Bei genauerer Betrachtung fällt jedoch auf, dass die Stromstärke- und der Spannungskurve im Vergleich zum Kondensator sozusagen vertauscht sind! Anhand von Abbildung 4.34 ist erkennbar, dass bei der Spule die **Spannung** gegenüber dem **Strom voreilt**.

Schauen wir uns die Kurvenverläufe auf der Anzeige auch bei der Spule anhand eines Zeigerdiagrammes genauer an.

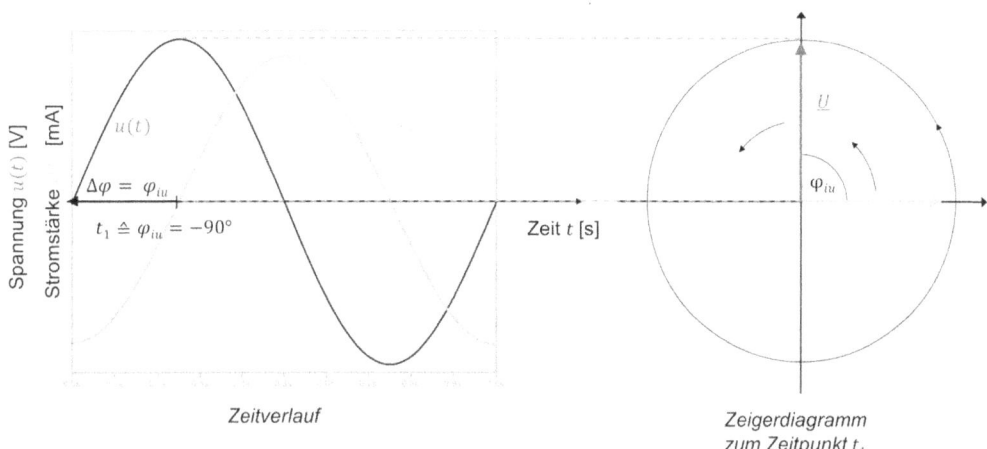

Abbildung 4.35 Stromstärke und Spannung an Induktivität mit Zeigerdiagramm

In Abbildung 4.35 ist das Zeigerdiagramm zum Zeitpunkt t_1 dargestellt, zu welchem der positive Nulldurchgang der Stromstärke-Funktion stattfindet. Wir können nun wieder am Zeigerdiagramm ablesen, wie groß die **Phasenverschiebung** $\Delta\varphi$ zwischen Strom und Spannung ist, also der Winkel φ_{iu} zwischen den beiden Zeigern. Es ist erkennbar, dass der Winkel zwischen den beiden Zeigern wieder betragsmäßig $\varphi_{iu} = 90°$ beträgt.

> Die Phasenverschiebung $\Delta\varphi = \varphi_{iu}$ zwischen Strom und Spannung beträgt bei der idealen Spule $\Delta\varphi = 90°$.

Bei der Spule ist der voreilende Zeiger jedoch nicht der Stromzeiger wie beim Kondensator, sondern der Spannungszeiger. Dies ist anhand des Zeigerdiagrammes in Abbildung 4.35 gut zu sehen. Auch für die Spule gibt es eine einprägsame Eselsbrücke, um sich den Zusammenhang zwischen Stromstärke- und Spannungsverläufen an diesem Bauelement zu merken.

> Bei der Induktiv**ität** kommt der Strom zu sp**ät**.

Bei der Induktivität können wir uns ebenfalls wieder überlegen, warum hier die Spannung vorauseilt. Wie wir aus Kapitel 3.10 zur Spule im Gleichstromkreis wissen, induziert sich die Spule beim Aufladevorgang eine Spannung, welche einen Strom hervorruft, der entgegen dem Aufladestrom fließt und diesen damit in seiner Höhe zunächst reduziert. Es gilt die Wasserrad-Analogie. Dieser Vorgang spielt

4 Wechselstromtechnik

sich auch beim Wechselstrom ab. Während die Spannung zu Beginn in voller Höhe an der Spule anliegt, kann der Strom zunächst nur eingeschränkt fließen. Diese Verzögerung verursacht die Phasenverschiebung zwischen Spannungs- und Stromstärke-Funktion.

Auch bei diesen Erklärungen gilt wieder, dass sie für die **ideale Spule** gelten.

4.8.2 Der Widerstand einer Spule im Wechselstromkreis

Wie der Kondensator stellt auch die Spule einen Widerstand für den Stromfluss eines Wechselstromes dar. Dies ist naheliegend, da wir bereits wissen, dass ein Strom eine Spule zunächst nicht ungehindert durchfließen kann. Der Widerstand einer Spule wird **induktiver (Blind-)Widerstand** genannt. Der induktive Widerstand ist, wie der kapazitive Widerstand, ein **Blindwiderstand**, da auch bei der (idealen) Spule dem Stromfluss keine elektrische Energie in Form von Umwandlung in Wärme „entzogen" wird. Stattdessen wird die elektrische Energie beim Aufladevorgang im magnetischen Feld gespeichert und beim Entladevorgang wieder abgegeben.

Das Formelzeichen für den induktiven Blindwiderstand lautet X_L. Auch der induktive Blindwiderstand hat die Einheit Ohm mit dem Einheitenzeichen Ω. Der induktive Blindwiderstand kann über die folgende Gleichung berechnet werden:

$$X_L = \omega \cdot L \qquad (4.20)$$

Induktiver Widerstand X_L [Ohm, Ω], Kreisfrequenz ω
[1 pro Sekunde, $\frac{1}{s}$], Selbstinduktivität L [Henry, H]

Auch hier gilt für die Kreisfrequenz ω wieder Gleichung (4.12) auf Seite 167. Anhand Gleichung (4.20) ist erkennbar, dass der induktive Widerstand mit steigender Frequenz zunimmt. Je öfter der Strom also pro Sekunde die Flussrichtung wechselt, desto größer wird der induktive Widerstand.

Ein induktiver Widerstand nimmt mit steigender Frequenz zu.

Wie der kapazitive Widerstand kann auch der induktive Widerstand in der komplexen Ebene als komplexer Widerstand dargestellt werden. Hierfür muss Gleichung (4.20) mit der imaginären Zahl *j* multipliziert werden. Dann ergibt sich die folgende Gleichung:

$$\underline{Z_L} = j \cdot \omega \cdot L \quad (4.21)$$

Impedanz $\underline{Z}_L$ [Ohm, Ω], imaginäre Zahl *j*, Kreisfrequenz ω [1 / Sekunde, $\frac{1}{s}$], Selbstinduktivität *L* [Henry, H]

In Unterkapitel 4.10 werden wir diese Gleichung noch einmal aufgreifen. Auch beim komplexen Widerstand der Spule gilt wieder, dass dieser als Zeiger dargestellt werden kann, welcher auch wieder auf der imaginären Achse, bzw. parallel dazu liegt.

4.9 Die drei Bauelemente R, C und L auf einen Blick

Zur besseren Einprägsamkeit und zum besseren Verständnis sind die wichtigsten Eigenschaften der Bauelemente Widerstand R, Kondensator C und Spule L im Wechselstromkreis in nachfolgender Tabelle 4-7 noch einmal zusammengefasst.

Tabelle 4-7 Übersicht über die Bauelemente R, C und L im Wechselstromkreis

Name	Widerstand R	Kondensator C	Induktivität L
Schaltzeichen mit U und I	$\underline{U}_R$	$\underline{U}_C$	$\underline{U}_L$
Funktionsverlauf Strom und Spannung	Keine Phasenverschiebung	Strom eilt um $\Delta\varphi = 90°$ vor	Spannung eilt um $\Delta\varphi = 90°$ vor
Wechselstromwiderstand	$X_R = R$	$X_C = \dfrac{1}{\omega C}$	$X_L = \omega L$
Zeigerdiagramm	$\underline{U}_R$	$\underline{U}_C$	$\underline{U}_L$

Die in der Tabelle dargestellten Zusammenhänge sind absolut grundlegend in vielen elektrotechnischen Betrachtungen, daher lohnt es sich, sich diese gut einzuprägen.

4.10 Komplexe Wechselstromrechnung

4.10.1 Was ist eine Impedanz?

Wir haben bereits die Begriffe „Ohmscher Widerstand" sowie „Blindwiderstand", welcher sowohl den kapazitiven als auch den induktiven Widerstand umfasst, kennengelernt. Auch wurde bereits der Begriff **Impedanz $\underline{Z}$** eingeführt. Die Impedanz ist der sogenannte **komplexe Widerstand**.

Ein komplexer Widerstand setzt sich aus dem Ohmschen Widerstand, welcher in der komplexen Ebene auch **Wirkwiderstand** genannt wird, und dem Blindwiderstand zusammen. Zusammen bilden sie die Impedanz, welche das Verhältnis von Wechselstromstärke zu Wechselspannung angibt. Allgemein kann die Impedanz wie folgend ausgedrückt werden:

$$\underline{Z} = \frac{\underline{U}}{\underline{I}} \qquad (4.22)$$

Impedanz $\underline{Z}$ [Ohm, Ω], komplexe Spannung $\underline{U}$ [Volt, V], komplexe Stromstärke $\underline{I}$ [Ampere, A]

Während in der Gleichstromtechnik nur der Ohmsche Widerstand R existiert, treten in der Wechselstromtechnik auch induktive und kapazitive Blindwiderstände auf und um diese ebenfalls zu berücksichtigen, wurde die Impedanz $\underline{Z}$ eingeführt. Die Gleichung (4.22) stellt sozusagen das „Ohmsche Gesetz der Wechselstromtechnik" dar. Das Unterstreichen der Formelzeichen in Gleichung (4.22) bedeutet, dass es sich dabei um komplexe Größe handelt, wie bereits in Kapitelabschnitt 4.5.1 beschrieben.

Man kann die Impedanz auch als komplexe Zahl ausdrücken. Der Realteil ist dann der Ohmsche Widerstand bzw. der Wirkwiderstand. Der Imaginärteil wird durch die Blindwiderstände gebildet. Man kann die Impedanz dann wie folgend schreiben:

$$\underline{Z} = R + jX \qquad (4.23)$$

Impedanz $\underline{Z}$ [Ohm, Ω], Ohmscher Widerstand [Ohm, Ω], Blindwiderstand X [Ohm, Ω]

Ein solcher komplexer Widerstand $\underline{Z}$ stellt eine komplexe Zahl dar und kann, wie alle komplexen Zahlen, durch Zeiger visualisiert werden. Machen wir ein Beispiel zu einem komplexen Widerstand $\underline{Z}$ mit einer Zeigerdarstellung in der komplexen

Ebene. Die nachfolgende Darstellung Abbildung 4.36 wird auch **Widerstandsdreieck** genannt. Das abgebildete Widerstandsdreieck würde sich bei einer Reihenschaltung eines Ohmschen Widerstandes mit einer idealen Spule ergeben.

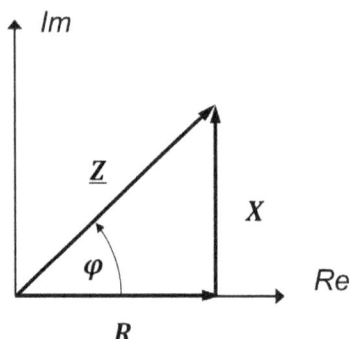

Abbildung 4.36 Zeigerdarstellung einer beispielhaften Impedanz $\underline{Z}$

Der Winkel φ zwischen dem Realteil R und der Impedanz $\underline{Z}$ stellt die Phasenverschiebung $\Delta\varphi$ zwischen der Stromstärke- und Spannungs-Funktion dar. Wie wir aus Kapitelabschnitt 4.4.2 zu den komplexen Zahlen wissen, entspricht die Länge eines Zeigers einer komplexen Zahl dem Betrag dieser komplexen Zahl. Die Länge des Zeigers für die Impedanz $\underline{Z}$ kann also durch die Bildung des Betrages von der komplexen Zahl $\underline{Z}$ bestimmt werden. Der Betrag des komplexen Widerstandes $\underline{Z}$ wird **Scheinwiderstand Z** genannt. Der Scheinwiderstand Z wird nicht unterstrichen, da er keine komplexe Zahl, sondern eine reelle Zahl darstellt.

> Der Betrag Z des komplexen Wiederstandes $\underline{Z}$ wird Scheinwiderstand genannt.

Wir können außerdem über die Gleichung (4.3) zur Tangens-Funktion den Winkel φ zwischen dem Realteil R und der Impedanz $\underline{Z}$ bestimmen. Im folgenden Kapitel werden die eben gegebenen Erklärungen anhand eines Rechenbeispiels verdeutlicht. Es ist noch zu beachten, dass der Zeiger für den komplexen Widerstand $\underline{Z}$ nicht wie die Zeiger für die Stromstärke $\underline{I}$ und die Spannung $\underline{U}$ rotiert. Dies liegt daran, dass sich der Wert des komplexen Widerstandes $\underline{Z}$, wie auch der Wert des Ohmschen Widerstandes R und des Blindwiderstandes X zeitlich nicht ändert. Diese Aussage gilt bei konstanter Frequenz f.

> Der Zeiger des komplexen Wiederstandes $\underline{Z}$ steht fest und rotiert nicht, da sich der Wert von $\underline{Z}$ bei konstanter Frequenz zeitlich nicht ändert.

4.10.2 Kurze Einführung in die komplexe Wechselstromrechnung

Wir werden die Ausführungen zur komplexen Wechselstromrechnung an dieser Stelle kurzhalten, da diese bereits Bestandteil eines Ingenieurstudiums sind und eigentlich nicht mehr zu einer Einführung in die Elektrotechnik gehören.

Wichtig ist zunächst zu wissen, dass die Regeln zur Reihen- und Parallelschaltung für Widerstände, welche wir im Unterkapitel 3.5 kennen gelernt haben, auch bei der Wechselstromrechnung gelten. Nur wird in der Wechselstromrechnung nicht mit reinen Ohmschen Widerständen, sondern mit komplexen Widerständen gerechnet. Auch gelten in der Wechselstromrechnung die Kirchhoffschen Gesetze (Knoten- und Maschenregel, s. Unterkapitel 3.7) nach wie vor. Beachtenswert ist dabei jedoch, dass in der Wechselstromtechnik mit komplexen Strömen und Spannungen gerechnet wird.

> Die Regeln zur Reihen- und Parallelschaltung sowie die Kirchhoffschen Gesetze gelten auch in der Wechselstromtechnik.

Als Beispiel für eine einfache komplexe Wechselstromrechnung betrachten wir die Schaltung aus Abbildung 4.34 zur Spule im Wechselstromkreis auf Seite 180. Es handelt sich dabei um eine Reihenschaltung eines Ohmschen Widerstandes R sowie einer Spule L.

Für diese Schaltung sollen die folgenden Eigenschaften berechnet werden:

a) Der Blindwiderstand X_L der Spule
b) Die Gesamtimpedanz $\underline{Z}$ der Schaltung
c) Der Scheinwiderstand Z der Schaltung, also der Betrag der Impedanz $\underline{Z}$
d) Die Phasenverschiebung $\Delta\varphi$ zwischen Strom und Spannung, welcher gleichzeitig auch der Winkel φ zwischen Ohmschem Widerstand R und Impedanz $\underline{Z}$ ist
e) Die Amplitude $\hat{\imath}$ des fließenden komplexen Wechselstromes

Der Ohmsche Widerstand soll dabei den Wert von $R = 100\ \Omega$ und die Spule eine Induktivität von $L = 2$ mH besitzen. Die Spannung der Spannungsquelle soll eine Frequenz von $f = 1$ kHz und eine Amplitude von $\hat{u} = 12$ V besitzen.

4 Wechselstromtechnik

Rechenbeispiel:

Gegeben: $R = 100\ \Omega, L = 2\ mH = 2 \cdot 10^{-3}\ H, f = 1\ kHz = 1000\ \frac{1}{s}, U = 12\ V$

Gesucht: $X_L, \underline{Z}, Z, \varphi, \hat{\imath}$

a) Blindwiderstand X_L der Spule

$X_L = \omega \cdot L = 2 \cdot \pi \cdot f \cdot L$ ⇨ *siehe Gleichung (4.20)*

$X_L = 2 \cdot \pi \cdot 1\,000\ Hz \cdot 2 \cdot 10^{-3}\ H = \mathbf{12{,}57\ \Omega}$

b) Gesamtimpedanz $\underline{Z}$ der Reihenschaltung

$\underline{Z} = R + jX_L$ ⇨ *siehe Gleichung (4.23)*

$\underline{Z} = \mathbf{100\ \Omega + j12{,}57\ \Omega}$

c) Scheinwiderstand Z (entspricht dem Betrag der Gesamtimpedanz $\underline{Z}$)

$Z = \sqrt{R^2 + X_L{}^2}$ ⇨ *siehe Gleichung (4.9)*

$Z = \sqrt{(100\ \Omega)^2 + (12{,}57\ \Omega)^2} = \mathbf{100{,}79\ \Omega}$

d) Die Phasenverschiebung $\Delta\varphi$ zwischen Strom und Spannung (gleichzeitig auch Winkel zwischen Ohmschem Widerstand R und Impedanz $\underline{Z}$)

=> *Wir benutzen die Tangens-Funktion, dabei ist R die Ankathete und X_L die Gegenkathete (s. Abbildung 4.36 auf Seite 186)*

$\tan(\varphi) = \frac{X_L}{R}$ ⇨ *Siehe Gleichung (4.3)*

$\varphi = \arctan\left(\frac{X_L}{R}\right)$

$\varphi = \arctan\left(\frac{12{,}57\ \Omega}{100\ \Omega}\right) = \mathbf{7{,}16°}$

e) Die Amplitude des fließenden komplexen Wechselstromes I

$Z = \frac{\hat{u}}{\hat{\imath}}$ ⇨ *Siehe Gleichung (4.22), hier allerdings nicht die komplexen Größen, sondern jeweils die Amplituden-Werte, also die Beträge verwenden*

$\hat{\imath} = \frac{\hat{u}}{Z}$

$\hat{\imath} = \frac{12\,V}{100{,}79\,\Omega} = \mathbf{0{,}12\,A}$

Dieses Rechenbeispiel soll nur einmal andeuten, wozu die mathematischen „Werkzeuge", welche wir in diesem Buch kennengelernt haben, wie die trigonometrischen Funktionen oder die komplexen Zahlen eigentlich eingesetzt werden. Wie bereits zu Beginn dieses Unterkapitels erwähnt, soll in diesem Buch nur ein kurzer Einblick in die komplexe Wechselstromrechnung gegeben werden. Für eine fundierte Einarbeitung in diese Thematik sei an dieser Stelle auf wissenschaftliche Grundlagenliteratur und auf die entsprechenden Vorlesungen eines Ingenieurstudiums verwiesen. Einige hilfreiche Grundlagenwerke werden am Ende dieses Buches zur weiterführenden Lektüre genannt.

4.11 Leistung im Wechselstromkreis

Wir haben die elektrische Leistung bereits in der Gleichstromtechnik im Unterkapitel 3.6 kennengelernt. Elektrische Leistung wurde dabei als Produkt von (konstanter) Spannung U und (konstanter) Stromstärke I definiert (s. Gleichung (3.5)).

Nun stellt sich die Frage, wie wir die Leistung in der Wechselstromtechnik berechnen können, wo doch Stromstärke und Spannung einer zeitlichen Änderung unterliegen und häufig auch noch eine Phasenverschiebung zueinander aufweisen?

Die Antwort auf diese Frage ist nicht in ein oder zwei Sätzen zu beantworten, daher wollen wir uns in diesem Unterkapitel damit beschäftigen. In der Wechselstromtechnik werden drei verschiedene „Leistungs-Arten" unterschieden. Diese sind:

- **Wirkleistung** P
- **Blindleistung** Q
- **Scheinleistung** S

Wir werden im Folgenden auf diese drei Leistungs-Arten näher eingehen. Generell wird die Leistung in der Wechselstromtechnik als Produkt der zeitabhängigen

Stromstärke $i(t)$ und der zeitabhängigen Spannung $u(t)$ berechnet. Dieses Produkt wird **Augenblicksleistung $p(t)$** genannt. Für die Augenblicksleistung $p(t)$ gilt also die folgende Gleichung:

$$p(t) = u(t) \cdot i(t) \tag{4.24}$$

Augenblicksleistung $p(t)$ [Watt, W], Spannung $u(t)$ [Volt, V],
Stromstärke $i(t)$ [Ampere, A]

4.11.1 Wirkleistung, die Arbeiterin unter den Leistungen
4.11.1.1 Was ist Wirkleistung?

Der vermutlich am einfachsten zu verstehende Leistungstyp in der Wechselstromtechnik ist die **Wirkleistung P**. Die Wirkleistung P ist der Anteil der Leistung in der Wechselstromtechnik, der tatsächlich in einem Verbraucher in mechanische Energie („Arbeit") oder thermische Energie („Wärme") umgesetzt wird. An einem Elektromotor beispielsweise wird die Wirkleistung über einen bestimmten Zeitraum in mechanische Energie, welche zum eigentlichen Antrieb dient und in thermische Energie, also Abwärme, umgesetzt. Diese Energie, also mechanische Arbeit und Wärme, wird auch **Wirkenergie** genannt. Sie wird von den „Stromzählern" der Energieversorger in jedem Haushalt erfasst.

4.11.1.2 Wie kommt Wirkleistung zustande?

Wenn Strom und Spannung keinerlei Phasenverschiebung aufweisen, also bei $\Delta\varphi = 0°$, dann liegt reine Wirkleistung vor. Wie wir bereits wissen, ist dies bei einem idealen Widerstand der Fall.

> An einem idealen Widerstand wird reine Wirkleistung umgesetzt.

Schauen wir uns zur Verdeutlichung einmal in nachfolgender Abbildung 4.37 die zeitlichen Verläufe von Spannung und Stromstärke am Ohmschen Widerstand in der Schaltung in Abbildung 4.29 auf Seite 164 an. Diese Schaltung besteht aus einer Wechselspannungsquelle und einem Ohmschen Widerstand R. In nachfolgender Abbildung 4.37 ist unter den Verläufen von Stromstärke und Spannung das Produkt derselben, also der Verlauf der Augenblicksleistung $p(t)$, dargestellt. Diese Augenblicksleistung $p(t)$ ist die Leistung, die am Widerstand über die Zeit in Wärmeenergie umgesetzt wird.

4 Wechselstromtechnik

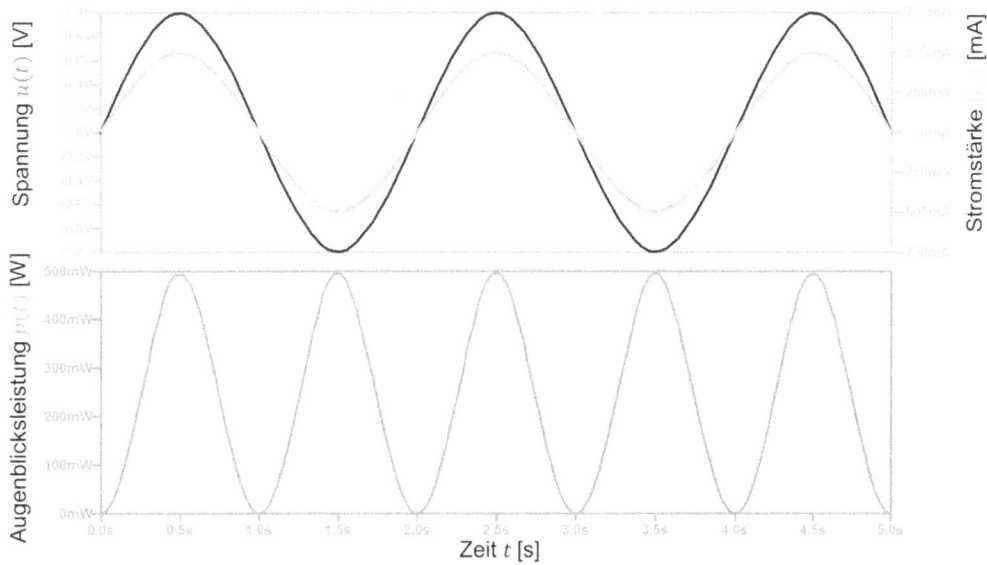

Abbildung 4.37 Stromstärke und Spannung an einem Ohmschen Widerstand sowie die resultierende Augenblicksleistung

Wie an Abbildung 4.37 erkennbar ist, nimmt die Stromstärke immer dann einen positiven Wert an, wenn auch die Spannung einen positiven Wert annimmt. Selbiges gilt für negative Werte. Das Produkt aus diesen beiden Größen ist also immer positiv oder gleich 0, wie man am darunter gezeigten Graphen der Augenblicksleistung $p(t)$ gut sehen kann.

Da die Augenblicksleistung $p(t)$ zu jedem Zeitpunkt einen anderen Wert annimmt, kann man sie in der Praxis nicht direkt angeben. Um einen festen Wert für die Augenblicksleistung angeben zu können, bildet man daher den **zeitlichen Mittelwert** derselben. Dieser Mittelwert entspricht der Wirkleistung P, welche am Widerstand in Wärme umgesetzt wird.

> Bei sinusförmigen Vorgängen entspricht der zeitliche Mittelwert der Augenblicksleistung $p(t)$ der Wirkleistung P.

Ohne an dieser Stelle auf längere Herleitungen einzugehen, schauen wir uns die relevante Gleichung für diesen Mittelwert bzw. die Wirkleistung P an.

$$P = U \cdot I \cdot \cos(\varphi) \tag{4.25}$$

Wirkleistung P [Watt, W], Effektivwert der Spannung U [Volt, V], Effektivwert der Stromstärke I [Ampere, A], Phasenverschiebung φ [Grad, °]

Durch die $\cos(\varphi)$-Funktion in der Gleichung wird eine mögliche Phasenverschiebung zwischen Stromstärke und Spannung berücksichtigt. Wenn keine Phasenverschiebung vorliegt, gilt $\cos(0°) = 1$ und es können einfach die Effektivwerte von Spannung und Stromstärke multipliziert werden, um die Wirkleistung zu berechnen. Die Einheit der Wirkleistung P lautet wie in der Gleichstromtechnik **Watt** mit dem **Einheitenzeichen W**.

Ohne Phasenverschiebung zwischen Stromstärke und Spannung ist die Leistung im Wechselstromkreis also eine reine Wirkleistung. Liegt jedoch eine Phasenverschiebung $\Delta\varphi$ zwischen dem Strom- und dem Spannungsverlauf vor, kommt noch eine weitere Leistungs-Art ins Spiel, die sogenannte Blindleistung Q. Mit dieser beschäftigen wir uns im folgenden Kapitelabschnitt.

4.11.2 Blindleistung

4.11.2.1 Was ist Blindleistung?

Die zweite Leistungsart in der Wechselstromtechnik ist die **Blindleistung Q**. Im Gegensatz zur Wirkleistung P kann die Blindleistung Q keine Arbeit verrichten. Man kann also mit reiner Blindleistung weder einen Elektromotor antreiben, noch einen Heizstrahler betreiben oder eine Lampe zum Leuchten bringen.

> Blindleistung ist der Anteil der Leistung in der Wechselstromtechnik, der nicht sinnvoll genutzt werden kann.

Dann stellt sich natürlich die Frage, was diese Blindleistung überhaupt soll und ob man diese nicht einfach vermeiden kann? Die Antwort darauf lautet „nein" und zwar aus zweierlei Gründen. Zum einen tritt Blindleistung in Wechselstromkreisen immer auf und ist quasi unvermeidbar, da diese nie nur rein Ohmsche Elemente beinhalten, sondern immer auch induktive und kapazitive Elemente. Zum anderen wird Blindleistung im elektrischen Energienetz auch benötigt, nämlich zur **Stabilisierung der Spannung** bei der elektrischen Energieübertragung, vor allem bei den höheren Spannungsebenen ($U = 110$ kV und höher).

4 Wechselstromtechnik

> Blindleistung wird im elektrischen Energieversorgungsnetz zur Spannungsstabilisierung benötigt.

Man kann sich die Rolle der Blindleistung in diesen höheren Spannungsebenen anhand eines fliegenden Flugzeugs vorstellen. Wir stellen uns ein Passagierflugzeug vor, welches von München nach Berlin fliegt. Nach dem Abheben steigt das Flugzeug zunächst immer weiter auf, bis es seine Reiseflughöhe erreicht. Diese Reiseflughöhe wird für das eigentliche Ziel, nämlich dem Erreichen von Berlin, nicht zwangsläufig benötigt. Um jedoch effizient (geringerer Luftwiderstand) nach Berlin zu kommen, wird auf dieser Höhe geflogen.

Im elektrischen Versorgungsnetz ist dies ähnlich. Für eine effiziente Energieübertragung wird eine hohe Spannung, beispielsweise $U = 110$ kV, zur Übertragung genutzt. Dies wäre im Flugzeugmodell die Flughöhe.

Der Pilot des Flugzeugs muss immer wieder nachjustieren, um die **Reiseflughöhe zu halten**. Dieses Nachjustieren trägt nicht direkt zum Erreichen des Ziels, also der Ankunft in Berlin bei, sie ist jedoch für einen sicheren Flug notwendig. Das Ziel wird durch den Vortrieb des Flugzeugs erreicht.

Genauso muss das zuständige Energieversorgungsunternehmen immer wieder Maßnahmen ergreifen, um die **Spannung** auf dem konstanten Niveau, beispielsweise auf $U = 110$ kV **zu halten**. Diese Spannungsstabilisierung wird mithilfe der Blindleistung realisiert. Sie trägt jedoch nichts zum eigentlichen Ziel, nämlich dem Energietransport vom Ort A zum Ort B bei. Dieses Ziel wird durch die Wirkleistung realisiert. Sie entspricht dem Vortrieb des Flugzeugs. Der beschriebene Zusammenhang zwischen Wirk- und Blindleistung sowie der Spannung ist zur Verdeutlichung noch einmal in Abbildung 4.38 dargestellt.

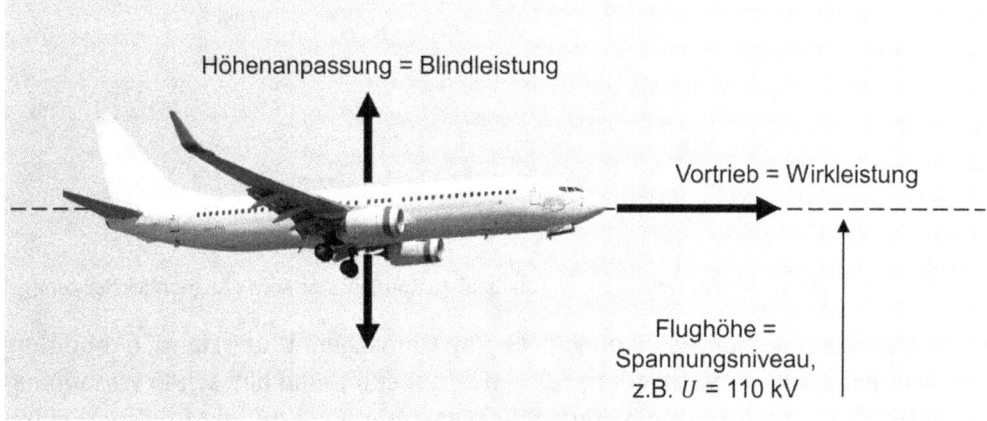

Abbildung 4.38 Wirk- und Blindleistung anhand des Flugzeug-Modells

4.11.2.2 Wie kommt Blindleistung zustande?

Wie wir wissen, kommt es zu einer Phasenverschiebung zwischen Stromstärke und Spannung, sobald induktive Bauelemente und / oder kapazitive Bauelemente in einem Wechselstromkreis vorkommen. In der Realität kommt es immer zu einer gewissen Phasenverschiebung zwischen Strom und Spannung, da alle Bauelemente auch in geringem Ausmaß induktive sowie kapazitive Eigenschaften haben. Ein Kabel wirkt beispielsweise mit den dicht beieinanderliegenden Leitern wie ein Kondensator, also kapazitiv. Ein Transformator oder auch ein Elektromotor hat große Spulen verbaut und wirkt deshalb insgesamt auch wie eine solche, also induktiv.

An einer idealen Spule oder einem idealen Kondensator liegt eine Phasenverschiebung von genau $\Delta\varphi = 90°$ vor. Schauen wir uns einmal an, was dies für die Augenblicksleistung $p(t)$ an einem solchen Bauteil bedeutet. Wir verwenden hierfür die Reihenschaltung eines Ohmschen Widerstandes R und einer Kapazität C aus Abbildung 4.32 auf Seite 176. In nachfolgender Abbildung 4.39 sind oben die Verläufe von Spannung und Stromstärke am Kondensator gezeigt. Unter diesen ist der Verlauf des Produktes von Stromstärke- und Spannung, also der Augenblicksleistung $p(t)$ dargestellt.

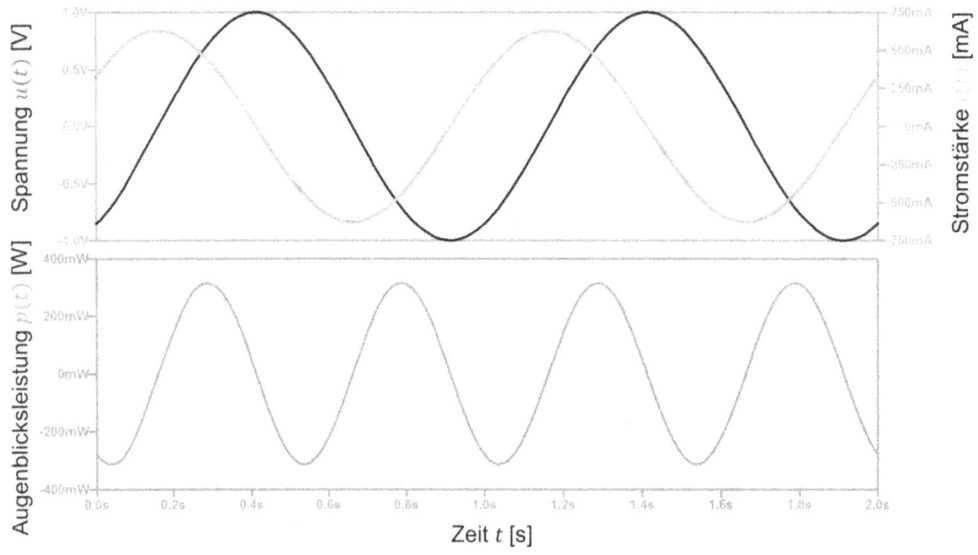

Abbildung 4.39 Stromstärke und Spannung an idealem Kondensator sowie Augenblicksleistung

Während die Augenblicksleistung $p(t)$ am Ohmschen Widerstand (Abbildung 4.37) immer positive Werte oder $p(t) = 0$ W angenommen hat, sehen wir anhand von Abbildung 4.39, dass die Augenblicksleistung am Kondensator immer um

$p(t) = 0$ W **pendelt**. Wenn wir nun den Mittelwert (wir erinnern uns, der Mittelwert entspricht der Wirkleistung) dieser Augenblicksleistung bilden, erkennen wir, dass dieser $P = 0$ W ergibt. Es wird also **keine Wirkleistung** an einem **idealen Kondensator** umgesetzt. Es liegt **reine Blindleistung** vor. Dasselbe gilt für eine ideale Spule.

> An einem idealen Kondensator oder einer idealen Spule wird reine Blindleistung umgesetzt.

Man spricht bei reiner Blindleistung auch davon, dass sie immer zwischen Kondensator bzw. Spule und Quelle „hin- und herpendelt". Beim Kondensator gilt: Der Strom fließt zum Kondensator, dort baut sich das elektrische Feld auf, dann ändert sich die Stromrichtung, das Feld baut sich wieder ab und der Strom fließt wieder zur Quelle zurück. Bei der Spule gilt dasselbe, nur mit dem Unterschied, dass hier ein magnetisches Feld auf- und abgebaut wird. Bei idealen Elementen ohne Verluste könnte dieser Vorgang unendlich lange von statten gehen ohne Energie zu benötigen.

Wir können die Blindleistung Q über eine ähnliche Gleichung wie die Wirkleistung P berechnen. Die Gleichung lautet:

$$Q = U \cdot I \cdot \sin(\varphi) \tag{4.26}$$

Blindleistung Q [Var, var], Effektivwert der Spannung U [Volt, V], Effektivwert der Stromstärke I [Ampere, A], Phasenverschiebung φ [Grad, °]

Warum dieses Mal die Sinus-Funktion in der Gleichung verwendet wird, werden wir im folgenden Unterkapitel nachvollziehen. Die Einheit für die Blindleistung lautet „Var" und hat gleichzeitig auch das Einheitenzeichen „**var**". Die Einheit Var bedeutet ausgeschrieben **V**olt **A**mpere **R**eactive.

In der Realität gibt es in einem Wechselstromkreis immer Ohmsche, induktive und kapazitive Elemente. Die induktiven und kapazitiven Elemente heben sich in ihrer Wirkung dabei gegenseitig auf, das Stichwort hierfür lautet **Blindleistungskompensation**. Auf diese gehen wir an dieser Stelle jedoch nicht weiter ein, da dies zu weit gehen würde. Wir merken uns nur, dass sich induktive und kapazitive Bauelemente in ihrer Wirkung gegenseitig kompensieren. In aller Regel überwiegt jedoch eine kapazitive oder induktive Wirkung. Dann kommt es zu einer Phasenverschiebung zwischen der Gesamtspannung, welche in Summe über allen Elementen abfällt und dem Gesamtstrom im Wechselstromkreis. Je nachdem, ob kapazitive oder induktive Elemente überwiegen, spricht man von **kapazitiver Blindleistung** oder induktiver Blindleistung. Wenn ein Verbraucher sich induktiv verhält, spricht man auch von Blindleistungsaufnahme, dann folgt der Strom der Spannung an diesem Verbraucher. Wenn ein Verbraucher sich kapazitiv verhält, spricht man auch von Blindleistungsabgabe, dann folgt die Spannung dem Strom an diesem Verbraucher.

> Ein Verbraucher mit induktivem Verhalten nimmt Blindleistung auf, ein Verbraucher mit kapazitivem Verhalten gibt Blindleistung ab.

Generell bewirkt kapazitive Blindleistung eine Spannungsanhebung im Netz, während induktive Blindleistung spannungssenkend wirkt. Deshalb wird von den großen Kraftwerksgeneratoren neben Wirkleistung meist auch kapazitive Blindleistung eingespeist, da das Netz in der Regel induktiv wirkt, was durch die Einspeisung kapazitiver Blindleistung kompensiert wird. Nun können wir auch das Flugzeugmodell noch besser verstehen. Die Spannungsregelung (= Nachjustieren der Flughöhe) wird im elektrischen Energienetz auf den höheren Spannungsebenen über die Blindleistung realisiert, genauer gesagt durch die Einspeisung kapazitiver Blindleistung (spannungserhöhend) oder induktiver Blindleistung (spannungssenkend).

Wenn in einem Wechselstromkreis Ohmsche, kapazitive und induktive Elemente vorkommen, dann wird in diesem Kreis Wirkleistung umgesetzt und es tritt Blindleistung auf. Die Voraussetzung für das Auftreten von Blindleistung ist dabei, dass sich kapazitive und induktive Elemente nicht kompensieren. Zusammen ergeben Wirk- und Blindleistung die sogenannte Scheinleistung S.

4.11.3 Warum ist Scheinleistung kein frisch gezapftes Bier?

Die dritte der drei Leistungs-Arten in der Wechselstromtechnik ist die **Scheinleistung S**. Die Scheinleistung S resultiert aus der **komplexen Addition** von Wirk- und Blindleistung. Dies lässt sich am besten anhand des **Leistungsdreiecks** erklären. Dieses ist ganz ähnlich aufgebaut wie das Widerstandsdreieck, welches wir im Zusammenhang mit dem komplexen Widerstand $\underline{Z}$ kennengelernt haben. Wir können das Leistungsdreieck in der komplexen Ebene darstellen. Dann liegt der Zeiger für die Wirkleistung P in der Realachse, der Zeiger für die Blindleistung Q in der imaginären Achse bzw. parallel dazu und der Zeiger für die Scheinleistung ergibt sich aus der Summe der beiden erstgenannten Zeiger. Der Winkel φ zwischen Wirkleistung P und Scheinleistung S stellt wieder die Phasenverschiebung $\Delta\varphi$ zwischen Strom und Spannung dar. Ein beispielhaftes Leistungsdreieck ist in nachfolgender Abbildung 4.40 dargestellt. Außerdem sind die einzelnen Leistungszeiger beschriftet und die Gleichungen zur Berechnung von Wirk- und Blindleistung angegeben (s. Trigonometrie-Gleichungen aus Kapitel 4.4.1).

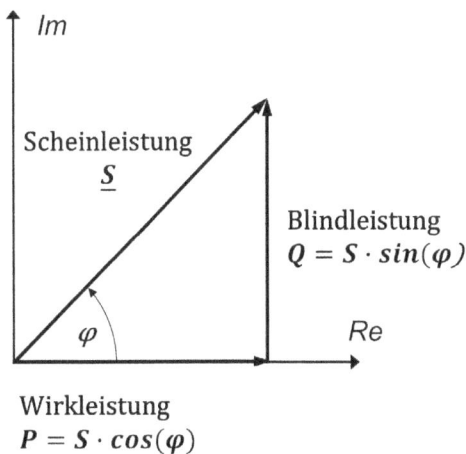

Abbildung 4.40 Zusammenhang zwischen Wirk- Blind- und Scheinleistung

Nun verstehen wir auch, was es mit den Funktionen $\cos(\varphi)$ und $\sin(\varphi)$ in den Gleichungen (4.25) und (4.26) zu Wirk- und Blindleistung auf sich hat. Sie sind Teil der bereits bekannten Trigonometrie-Funktionen zur Berechnung im rechtwinkligen Dreieck. Die Einheit für die Scheinleistung lautet **Voltampere [VA]**.

Ein wichtiger Faktor, welcher im Zusammenhang mit Wirk-, Blind- und Scheinleistung häufig auftritt, ist der **Wirkfaktor $\cos(\varphi)$**. Dieser gilt für sinusförmige Größen und kann zwischen $0 < \cos(\varphi) < 1$ liegen (Cosinus-Funktion). Er gibt das Verhältnis von Wirk- zu Scheinleistung an (s. Abbildung 4.40 unterste Gleichung).

> Der Wirkfaktor $\cos(\varphi)$ gibt das Verhältnis von Wirk- zu Scheinleistung an.

Im deutschen elektrischen Energieversorgungsnetz liegt der Wirkfaktor in der Regel ungefähr bei $\cos(\varphi) \approx 0{,}9$. Dies bedeutet, dass 90 % der Scheinleistung im Netz als Wirkleistung zur Verfügung steht. Dieses Verhältnis ist jedoch nicht naturgegeben, sondern muss durch die Netzbetreiber durch Blindleistungskompensationsmaßnahmen, beispielsweise durch eine entsprechende Einspeisung durch die Kraftwerksgeneratoren sichergestellt werden.

Häufig wird der Zusammenhang zwischen Wirk-, Blind- und Scheinleistung mit dem sogenannten „Bierglas-Vergleich" erklärt. Die Erklärung dabei ist, dass die Wirkleistung dem reinen Bier im Glas entspricht, während die Blindleistung mit dem Schaum oben auf dem Bier gleichzusetzen ist. Dieser Vergleich mag für das Verständnis der Eigenschaften von Wirkleistung (verrichtet Arbeit) und Blindleistung (verrichtet keine Arbeit, ist aber Teil der Scheinleistung) hilfreich sein, führt aber zu einem falschen Verständnis bei der Addition von Wirk- und Blindleistung.

4 Wechselstromtechnik

Wirk- und Blindleistung können **nicht** einfach arithmetisch addiert werden, um die Scheinleistung zu berechnen, da dann die Phasenverschiebung $\Delta\varphi$ nicht berücksichtigt wird. Stattdessen muss der Betrag der Scheinleistung als komplexe Zahl gebildet werden. Verdeutlichen wir diesen Zusammenhang anhand eines Vergleichs des Leistungsdreiecks (korrekt) mit dem Bierglas-Modell (falsch). Es sei dafür eine Wirkleistung von $P = 5$ kW und eine Blindleistung von $Q = 3$ kvar gegeben.

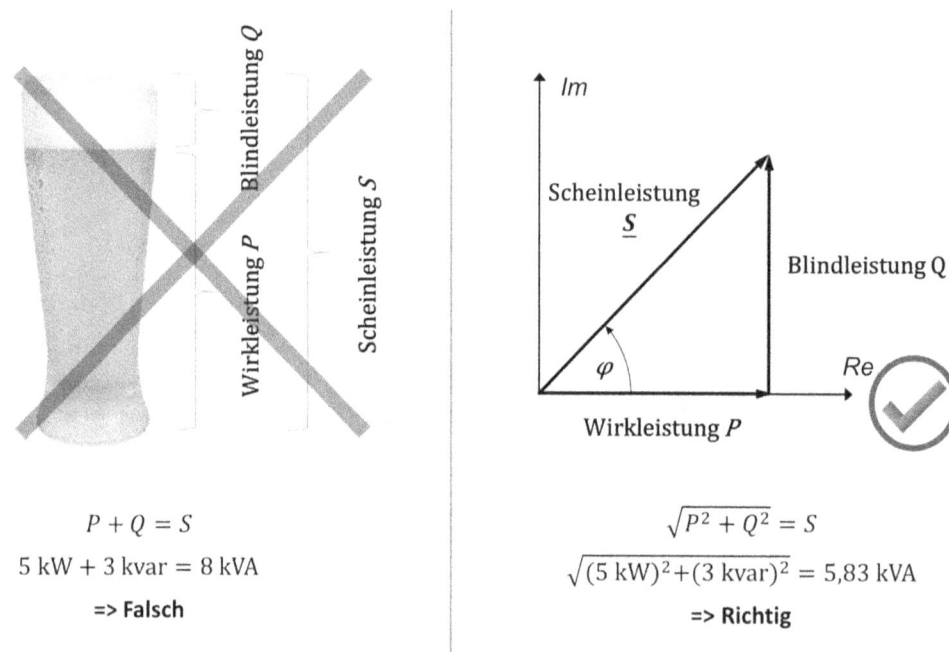

Abbildung 4.41 Bierglasvergleich vs. Leistungsdreieck

Wie wir sehen, kommt für unser Zahlenbeispiel beim Bierglas-Modell ein falscher Zahlenwert für den Betrag der komplexen Scheinleistung $\underline{S}$ heraus, da wir die Phasenverschiebung $\Delta\varphi$ zwischen Strom und Spannung dabei nicht berücksichtigen. Über das Leistungsdreieck kann durch Betragsbildung der komplexen Zahl $\underline{S}$ (Scheinleistung in komplexer Form) der korrekte Wert für die Scheinleistung S (Betragswert der Scheinleistung) berechnet werden.

> Scheinleistung darf nicht durch die arithmetische Addition von Wirk- und Blindleistung errechnet werden. Es muss das Leistungsdreieck verwendet werden.

5 Wie geht es weiter?

Nun haben wir die wichtigen und elementaren Grundlagen in der Elektrotechnik behandelt und können dieses Buch abschließen. Wer als Leser nach wie vor Interesse an der Elektrotechnik hat (was ich hoffe), dem möchte ich an dieser Stelle wissenschaftliche Grundlagenliteratur empfehlen, um tiefer in die Materie einzusteigen. Die wichtigsten Zusammenhänge kennen Sie als Leser jetzt bereits und Sie werden sich deutlich leichter mit diesen Büchern tun.

Drei gut und verständlich geschriebene Grundlagenwerke sind die Folgenden:

1) **Grundlagen der Elektrotechnik** von Gert Hagemann, aus dem AULA Verlag
   ⇨ Gut strukturiert aufgebaut
   ⇨ Viele Übungsaufgaben mit Lösungen enthalten
2) **Elektrotechnik – ein Grundlagenbuch** von Dieter Zastrow, aus dem Springer Verlag
   ⇨ Gut nachvollziehbare Erklärungen
   ⇨ Vergleichsweise wenig Herleitungen, dafür viele Übungsaufgaben und Beispiele
3) **Grundlagen der Elektrotechnik** von Heinrich Frohne, Karl-Heinz Löcherer, Hans Müller, Thomas Harriehausen und Dieter Schwarzenau, aus dem Vieweg + Teubner Verlag
   ⇨ Sehr umfangreicher Inhalt
   ⇨ Sehr detaillierte und theoretisch fundierte Erklärungen

Jedes dieser Werke eignet sich sehr gut für die weiterführende Lektüre.

Ich wünsche Ihnen viel Erfolg bei Ihrer weiteren Ausbildung und freue mich über Feedback über YouTube (Stichwort „Elektrotechnik einfach erklärt") oder über meine E-Mail-Adresse info@elektrotechnik-einfach.de.

Formelzeichen, Übersichten und Formelsammlung

Griechische Formelzeichen in diesem Buch

Formelzeichen	Einheit	Bezeichnung der Größe
ε	$\frac{F}{m}$	Permittivität
μ	$\frac{H}{m}$	Permeabilität
ρ	$\frac{\Omega \cdot mm^2}{m}$	Spezifischer Widerstand
τ	s	Zeitkonstante
φ	V	Elektrisches Potential
φ	°	Phasenwinkel
ω	$\frac{1}{s}$	Kreisfrequenz

Lateinische Formelzeichen in diesem Buch

Formelzeichen	Einheit	Bezeichnung der Größe
A	m^2	Fläche
B	T	Magnetische Flussdichte
C	F	Kapazität
d	m	Abstand
E	J	Energie
E	$\frac{V}{m}$	Elektrische Feldstärke
f	Hz	Frequenz
F	N	Kraft

Formelzeichen	Einheit	Bezeichnung der Größe
G	S	Elektrischer Leitwert
I	A	Stromstärke
I_V	cd	Lichtstärke
l	m	Länge
L	H	Induktivität
m	kg	Masse
N	mol	Stoffmenge
p	Pa	Druck
P	W	(Wirk-)Leistung
Q	C	Ladung
Q	var	Blindleistung
r	m	Radius
R	Ω	Ohmscher Widerstand
s	m	Strecke
t	s	Zeit
S	VA	Scheinleistung
T	K	Temperatur
T	s	Periodendauer
U	V	Spannung
X	Ω	Blindwiderstand
W	J	Arbeit
Z	Ω	Impedanz

Formelzeichen, Übersichten und Formelsammlung

Wichtige Übersichten

Wichtige Präfixe zur Darstellung kleiner Zahlen:

Name	Symbol	Zehnerpotenz	Ausgeschriebene Zahl
Milli	m	10^{-3}	0,001 (Ein Tausendstel)
Mikro	µ	10^{-6}	0,000001 (Ein Millionstel)
Nano	n	10^{-9}	0,000000001 (Ein Milliardstel)
Piko	p	10^{-12}	0,000000000001 (Ein Billionstel)

Wichtige Präfixe zur Darstellung großer Zahlen:

Name	Symbol	Zehnerpotenz	Ausgeschriebene Zahl
Kilo	k	10^{3}	1.000 (Tausend)
Mega	M	10^{6}	1.000.000 (Million)
Giga	G	10^{9}	1.000.000.000 (Milliarde)
Terra	T	10^{12}	1.000.000.000.000 (Billion)

SI-Basiseinheiten:

Basisgröße	Formelzeichen	Einheit	Einheitenzeichen
Länge	l	Meter	m
Masse	m	Kilogramm	kg
Zeit	t	Sekunde	s
Stromstärke	I	Ampere	A
Temperatur	T	Kelvin	K
Stoffmenge	N	Mol	mol
Lichtstärke	I_V	Candela	cd

Formelzeichen, Übersichten und Formelsammlung

Das griechische Alphabet:

Großbuchstabe	Kleinbuchstabe	Buchstabe ausgeschrieben	Buchstabe gesprochen
A	α	Alpha	„Alfa"
B	β	Beta	„Beta"
Γ	γ	Gamma	„Gamma"
Δ	δ	Delta	„Delta"
E	ε	Epsilon	„Epsilon"
Z	ζ	Zeta	„Zeta"
H	η	Eta	„Eta"
Θ	θ	Theta	„Theta"
I	ι	Iota	„Jota"
K	κ	Kappa	„Kappa"
Λ	λ	Lambda	„Lambda"
M	μ	My	„Mü"
N	ν	Ny	„Nu"
Ξ	ξ	Xi	„Xi"
O	o	Omikron	„Omikron"
Π	π	Pi	„Pi"
P	ρ	Rho	„Ro"
Σ	σ	Sigma	„Sigma"
T	τ	Tau	„Tau"
Y	υ	Ypsilon	„Üpsilon"
Φ	φ	Phi	„Fi"
X	χ	Chi	„Chi"
Ψ	ψ	Psi	„Psi"
Ω	ω	Omega	„Omega"

Anmerkung: Die hellgrau geschriebenen Buchstaben sind weniger wichtig für uns Elektrotechniker.

Formelzeichen, Übersichten und Formelsammlung

Spannungs- und Stromquelle:

	Schaltzeichen	Funktion
Spannungsquelle allgemein (kann Gleich- oder Wechselspannungsquelle sein)		Liefert eine konstante Spannung, unabhängig vom fließenden Strom.
Stromquelle allgemein		Liefert einen konstanten Strom, unabhängig von der abgegriffenen Spannung.
Wechselspannungsquelle		Liefert eine Wechselspannung, welche unabhängig vom fließenden Strom ist.

Formelzeichen, Übersichten und Formelsammlung

Die drei grundlegenden passiven Bauelemente:

Widerstand

Charakteristische Größe	Ohmscher Widerstand
Formelzeichen	R
Einheit	Ohm [Ω]

Schaltzeichen Bauelement

Kondensator

Charakteristische Größe	Kapazität
Formelzeichen	C
Einheit	Farad [F]

Schaltzeichen Bauelement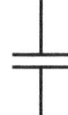

Spule

Charakteristische Größe	Induktivität
Formelzeichen	L
Einheit	Henry [H]

Schaltzeichen Bauelement

Formelzeichen, Übersichten und Formelsammlung

Gleich-, Wechsel- und Mischgrößen:

Größe	Beispielhafter Werteverlauf	Charakteristika
Gleichgröße		Konstanter Wert über die Zeit
Wechselgröße		**Bipolarer** Werteverlauf **Mittelwert** des Werteverlaufes **gleich Null**
Mischgröße (Gleichanteil dominant)		Sich ändernder **unipolarer** Werteverlauf (Nur positive Werte und Null o. nur negative Werte und Null)
Mischgröße (Wechselanteil dominant)		**Bipolarer** Werteverlauf **Mittelwert** des Werteverlaufes **ungleich Null**

Formelzeichen, Übersichten und Formelsammlung

Einige typische Winkel- und Bogenmaßwerte:

Winkelmaß	Bogenmaß
0°	0 rad
45°	$\frac{\pi}{4}$ rad
90°	$\frac{\pi}{2}$ rad
180°	π rad
270°	$\frac{3}{2} \cdot \pi$ rad
360°	$2 \cdot \pi$ rad

Die drei grundlegenden passiven Bauelemente im Wechselstromkreis:

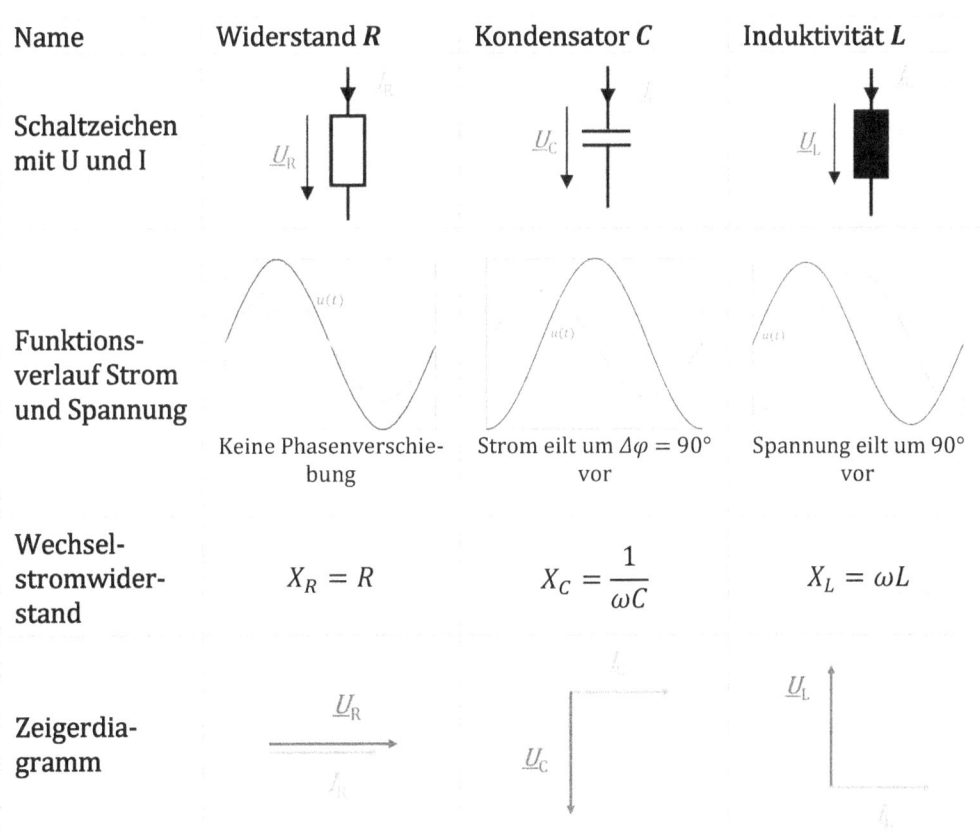

Name	Widerstand R	Kondensator C	Induktivität L
Schaltzeichen mit U und I			
Funktionsverlauf Strom und Spannung	Keine Phasenverschiebung	Strom eilt um $\Delta\varphi = 90°$ vor	Spannung eilt um 90° vor
Wechselstromwiderstand	$X_R = R$	$X_C = \dfrac{1}{\omega C}$	$X_L = \omega L$
Zeigerdiagramm			

207

Formelsammlung

Zu berechnende Größe	Gleichung	Gleichungsnummer
Leistung P, allgemein	$P = \dfrac{W}{t} = \dfrac{E}{t}$	(1.1)
Wirkungsgrad η	$\eta = \dfrac{E_{ab}}{E_{zu}}$	(1.2)
Stromstärke I	$I = \dfrac{\Delta Q}{\Delta t}$	(1.3)
Spannung U	$U = \varphi_1 - \varphi_2$	(1.4)
Permeabilität μ	$\mu = \mu_r \cdot \mu_0$	(2.1)
Magnetische Flussdichte B	$B = \dfrac{F}{I \cdot s}$	(2.2)
Induzierte Spannung U_{ind}	$U_{ind} = -\dfrac{d(B \cdot A)}{dt}$	(2.3)
Elektrische Feldstärke E	$E = \dfrac{F}{Q}$	(2.4)
Ohmscher Widerstand R	$R = \rho \cdot \dfrac{l}{A}$	(3.1)
Leitwert G	$G = \dfrac{1}{R}$	(3.2)
Spannung U	$U = R \cdot I$	(3.3)
Elektrische Arbeit W	$W = E = U \cdot Q$	(3.4)
Konstante elektrische Leistung P	$P = U \cdot I$	(3.5)
Kapazität C eines Plattenkondensators	$C = \varepsilon_r \cdot \varepsilon_0 \cdot \dfrac{A}{d}$	(3.6)
Ladung Q eines Kondensators	$Q = C \cdot U$	(3.7)
Elektrische Feldstärke E eines Plattenkondensators	$E = \dfrac{U}{d}$	(3.8)
Energie im elektrischen Feld W_{el}	$W_{el} = \dfrac{1}{2} C \cdot U^2$	(3.9)

Zeitkonstante τ_C eines Kondensators	$\tau_C = R \cdot C$	(3.10)
Stromstärke $i(t)$ an einem Kondensator	$i(t) = C \cdot \frac{du(t)}{dt}$	(3.11)
Induktivität einer langgezogenen Zylinderspule L	$L = \mu_0 \cdot \mu_r \cdot N^2 \cdot \frac{A}{l}$	(3.12)
Energie im Magnetfeld W_{mag}	$W_{mag} = \frac{1}{2} L \cdot I^2$	(3.13)
Induzierte Spannung bei mehreren Windungen U_{ind}	$U_{ind} = -\frac{N \cdot d(B \cdot A)}{dt}$	(3.14)
Induzierte Spannung $u_{selbst\_ind}(t)$ an einer Spule	$u_{selbst\_ind}(t) = L \cdot \frac{di(t)}{dt}$	(3.15)
Zeitkonstante τ_L einer Spule	$\tau_L = \frac{L}{R}$	(3.16)
Cosinus-Funktion (rechtwinkliges Dreieck)	$\cos(\alpha) = \frac{\text{Ankathete}}{\text{Hypotenuse}}$	(4.1)
Sinus-Funktion (rechtwinkliges Dreieck)	$\sin(\alpha) = \frac{\text{Gegenkathete}}{\text{Hypotenuse}}$	(4.2)
Tangens-Funktion (rechtwinkliges Dreieck)	$\tan(\alpha) = \frac{\text{Gegenkathete}}{\text{Ankathete}}$	(4.3)
Allgemeine Sinus-Funktion	$f(\varphi) = A \cdot \sin(T \cdot (\varphi + \varphi_0)) + d$	(4.4)
Periode in allgemeiner Sinus-Funktion	$T = \frac{360°}{b}$	(4.5)
Phasenverschiebung $\Delta\varphi$	$\varphi_{01} - \varphi_{02} = \Delta\varphi$	(4.6)
Allgemeine Cosinus-Funktion	$f(\varphi) = A \cdot \cos(T \cdot (\varphi + \varphi_0)) + d$	(4.7)
Umrechnungsvorschrift Winkel- und Bogenmaß	$\frac{\alpha_W}{360°} = \frac{\alpha_B}{2 \cdot \pi\, rad}$	(4.8)
Betragsbildung bei komplexen Zahlen	$|c| = \sqrt{a^2 + b^2}$	(4.9)
Wechselspannung $u(t)$	$u(t) = \hat{u} \cdot \sin(\omega \cdot t + \varphi_0)$	(4.10)
Frequenz f	$f = \frac{1}{T}$	(4.11)
Kreisfrequenz ω	$\omega = 2 \cdot \pi \cdot f$	(4.12)

Scheitelwert $\hat{u}$ und Effektivwert U	$\hat{u} = \sqrt{2} \cdot U$	(4.13)
Scheitelwert $\hat{\imath}$ und Effektivwert I	$\hat{\imath} = \sqrt{2} \cdot I$	(4.14)
Phasenverschiebung zwischen Spannung und Strom $\Delta\varphi$	$\Delta\varphi = \varphi_U - \varphi_I$	(4.15)
Ohmscher Widerstand R	$R = \dfrac{U}{I}$	(4.16)
Impedanz $\underline{Z}_R$	$\underline{Z}_R = \dfrac{U}{I}$	(4.17)
Kapazitiver Blindwiderstand X_C	$X_C = \dfrac{1}{\omega \cdot C}$	(4.18)
Impedanz Kondensator $\underline{Z}_C$	$\underline{Z}_C = \dfrac{1}{j \cdot \omega \cdot C}$	(4.19)
Induktiver Blindwiderstand X_L	$X_L = \omega \cdot L$	(4.20)
Impedanz Spule $\underline{Z}_L$	$\underline{Z}_L = j \cdot \omega \cdot L$	(4.21)
Impedanz, allgemein $\underline{Z}$	$\underline{Z} = \dfrac{U}{I}$	(4.22)
Impedanz, kartesische Form $\underline{Z}$	$\underline{Z} = R + jX$	(4.23)
Augenblicksleistung $p(t)$	$p(t) = u(t) \cdot i(t)$	(4.24)
Wirkleistung P	$P = U \cdot I \cdot \cos(\varphi)$	(4.25)
Blindleistung Q	$Q = U \cdot I \cdot \sin(\varphi)$	(4.26)

Stichwortverzeichnis

A

Abszisse 140
Ampere 35
Amplitude 141
Arbeit 21
Atom 28
Atomschalen 29
Aufladevorgang 94, 114
Augenblicksleistung 190
Augenblickswert 167

B

Bauelement 66
Bewegungsinduktion 55
Blindleistung 192
Blindwiderstand 179, 182
Bogenmaß 150
Bohrsches Atommodell 28

C

Cosinus-Funktion 144
Coulomb 28
Coulomb-Kraft 29

D

DC 62
Dielektrikum 89
Durchschlag 95
Durchschlagfestigkeit 95

E

Effektivwert 169
Eigeninduktivität 115
Einheit 16
Einheitskreis 147
elektrische Feldkonstante 91
elektrische Feldstärke 59, 96
elektrisches Feld 57, 94
Elektroden 89

Elektromagnet 114
Elektronen 28
Elektronengas 31
Elektronenmangel 38, 57
Elektronenüberschuss 38, 57
Elementarladung 28
Energie 21, 96, 114
Energieerhaltung 25
Entladevorgang 98, 120
Erde 41
Erdpotential 41
Erzeuger 80
Erzeugern 87
Erzeuger-Zählpfeilsystem 87

F

Farad 89, 92
Feld 45
Feldlinie 45
Feldstärke 45
Frequenz 166

G

Gegeninduktivität 117
Generator 135
Gleichgröße 62
Gleichspannungsquelle 163
Gleichstromtechnik 61
Griechisches Alphabet 18

H

Henry 106
Hertz 166

I

imaginäre Zahl 156
Imaginärteil 155
Impedanz 175, 180, 185
Induktion 55
Induktionsgesetz 54

Stichwortverzeichnis

Induktivität 106
Innenwiderstand 64
Isolator 71

J

Joule 21

K

Kapazität 89
Kirchhoffsche Gesetze 81
Klemmenspannung 64
Knotengleichung 83
Knotenregel 82
komplexe Ebene 156
komplexe Wechselstromrechnung 187
komplexe Zahlen 153
komplexer Widerstand 175, 180, 185
Kondensator 89, 176
Kreisfrequenz 167
Kurzschlussstrom 64

L

Ladung 28
Ladungsträger 28
Ladungsträgerausgleich 41
Leerlaufspannung 64
Leistung 21, 78, 189
Leiter 36
Leitung 32
Leitwert 71
Lenzsche Regel 55
Lorentzkraft 54

M

magnetische Feldkonstante 49, 108
magnetische Flussdichte 53
magnetisches Feld 47
Masche 84
Maschenregel 84
Masse 41
Mischgröße 130

N

Nulldurchgang 142

Nullphasenwinkel 142
nullphasige Schwingung 142

O

Ohm 66
Ohmscher Widerstand 66
Ohmsches Gesetz 72
Ordinate 140
Ordnungszahl 30

P

Parallelschaltung 75
Periode 141
Periodendauer 165
Permanentmagnet 47
Permeabilität 48, 108
Permittivität 91
Phasenverschiebung 144, 173, 177
physikalische Größe 16
physikalischen Stromrichtung 42
Plattenkondensator 89
Pol 38
Potential 40
Potentialdifferenz 41
Präfix 15
Protonen 28

Q

Quelle 32, 38
Quellenspannung 64

R

Realteil 155
rechte-Faust-Regel 51
Reihenschaltung 73
relative Permittivität 91
Ruheinduktion 56

S

Schaltbild 32
Schaltplan 32
Schaltzeichen 32
Scheinleistung 196
Scheinwiderstand 186

Stichwortverzeichnis

Scheitelwert 167
Schwingung 148
SI-Basiseinheiten 19
Sinus-Funktion 140
Spannung 38
Spannungspfeil 81
Spannungsquelle 63
spezifischer Widerstand 70
Spule 106, 180
Strom 32, 35
Stromkreis 32, 39
Strompfeil 81
Stromquelle 65
Stromrichtung 42
Stromstärke 35
Système International 18

T

technische Stromrichtung 42, 51
Tesla 53
Transformator 136
Trigonometrie 137

V

Valenzelektron 31
Verbraucher 32, 39, 80
Verbrauchern 86

Verbraucher-Zählpfeilsystem 86
Verluste 25
Volt 38, 40

W

Wassermodell 33, 109, 125
Wattstunde 21
Wechselgröße 124
Wechselspannungsquelle 163
Wechselstromtechnik 123
Widerstand 66, 173
Widerstandsdreieck 186
Winkelgeschwindigkeit 174
Winkelmaß 150
Wirkfaktor 197
Wirkleistung 190
Wirkungsgrad 25
Wirkwiderstand 185

Z

Zählpfeil 81
Zählpfeilsysteme 85
Zeiger 148
Zeigerdiagramm 172, 174
Zeitkonstante τ_C 98
Zeitkonstante τ_L 119
Zylinderspule 107